普通高等教育“十三五”规划教材——油气田化学系列
中国石油和石化工程教材出版基金资助项目

油气田基础化学

主　编　陈海群
副主编　白金美　张少辉

中国石化出版社

内 容 提 要

本书介绍了与钻井工程、采油工程、油气集输工程相关的化学知识，从油气田生产应用出发，将石油生产中涉及的无机化学、分析化学、有机化学、物理化学、胶体与界面化学等基础知识融合在一起，并结合油气田生产的实际情况进行典型应用案例的分析。全书共分八章，内容包括气体与溶液、电化学基础及金属材料的防腐、分析化学基础、有机及高分子化合物、表面现象、表面活性剂、溶胶、乳状液与泡沫等。

本书可作为高等院校石油工程、油气储运工程、应用化学等相关专业本科生、研究生和教师的教学用书，也可供油气田相关技术部门研究人员和技术人员参考使用。

图书在版编目（CIP）数据

油气田基础化学 / 陈海群，白金美，张少辉主编．
—北京：中国石化出版社，2019.6
普通高等教育“十三五”规划教材．油气田化学系列
ISBN 978-7-5114-5340-2

Ⅰ.①油… Ⅱ.①陈… ②白… ③张… Ⅲ.①油田化学-高等学校-教材 Ⅳ.①TE39

中国版本图书馆 CIP 数据核字（2019）第 095342 号

未经本社书面授权,本书任何部分不得被复制、抄袭,或者以任何形式或任何方式传播。版权所有,侵权必究。

中国石化出版社出版发行

地址:北京市朝阳区吉市口路 9 号
邮编:100020 电话:(010)59964500
发行部电话:(010)59964526
http://www.sinopec-press.com
E-mail:press@sinopec.com
北京柏力行彩印有限公司印刷
全国各地新华书店经销

*

787×1092 毫米 16 开本 11 印张 274 千字
2019 年 7 月第 1 版 2019 年 7 月第 1 次印刷
定价:39.00 元

PREFACE 前言

近年来，随着石油工业的迅速发展，种类繁多的化学剂和化学方法在石油工业中的应用日益广泛，油气田化学已发展成为石油科学的一个重要分支。油气田化学是研究油气田作业中各种化学问题的应用科学，也就是说它主要研究石油工业上游作业中所遇到的化学问题。从钻井开始到把原油、天然气输送到炼油厂前整个过程中的化学问题都属于油气田化学的研究范围。由于化学也是认识油层和改造油层的重要手段，因此各门基础化学(无机化学、有机化学、分析化学、物理化学、表面化学、胶体化学等)自然成为油气田化学的基础。

本书从油气田生产应用出发，将石油生产中涉及的无机化学、有机化学、物理化学、胶体与界面化学、分析化学等基础知识融合在一起，并结合油气田生产的实际情况进行典型应用案例的分析。全书共分八章，内容包括气体与溶液、电化学基础及金属材料的防腐、分析化学基础、有机及高分子化合物、表面现象、表面活性剂、溶胶、乳状液与泡沫等。

本书由陈海群任主编，负责全书的编写立项和统稿，白金美、张少辉任副主编，由陈海群、白金美、张少辉、万国赋、郭文敏共同编写。本书出版得到“中国石油和石化工程教材出版基金”资助，在编写的过程中得到了常州大学教务处、石油工程学院以及石油化工学院的大力支持；同时，本书在编写时得到了石油工程教研室全体老师以及秦婧昱、姚大川等研究生和本科生的大力帮助，在此一并表示感谢。书中参考并引用了许多相关的教材、书籍、期刊、产品样本及技术手册，在此对被引用文献的有关作者表示衷心的感谢！

油气田基础化学涉及面广，专业性强，由于编者水平有限，书中难免有疏漏之处，热诚希望广大师生提出宝贵意见。

CONTENTS 目 录

第一章　气体与溶液

物质的聚集态是指物质分子集合的状态，又称物态，是一般物质在一定的温度和压力条件下所处的相对稳定的状态。常见的聚集态有三种，即气态、液态和固态(俗称物质的三态)，相应的物质分别称为气体、液体和固体，它们是以分子或原子为基元的三种聚集状态(图1-1)。水蒸气、水和冰是物质水的常见三态。由于不同物质的熔点、沸点不同，在常温下的聚集态也是不同的，如氧、氢、氮的单质在常温下为气态，只在极低温度下才为液态或固态；金、钨等金属单质在常温下为固态，只在极高温度下才为液态或气态。

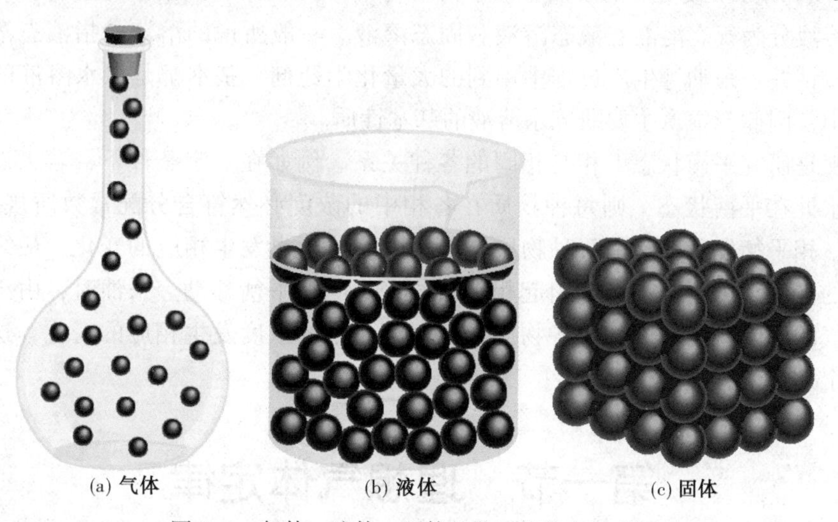

图1-1　气体、液体、固体的分子聚集态示意图

固态物质中的微粒(包括离子、原子或者分子)都是紧密排列，间距很小，粒子之间有很强的吸力，所以粒子只能在各自的平衡位置附近作无规律的振动。固体有一定的形状和大小，流动性差，一般不存在自由移动的离子，它们的导电性通常由自由移动的电子引起。在受到不太大的外力作用时，固体的大小和形状改变很小。

液态物质与固态物质不同，液体具有“各向同性”(不同方向上物理性质相同)特点。这是因为物体由固态变成液态时，温度升高使得分子或原子运动加剧，不可能再保持原来的固定位置，于是具有了流动性。这时分子或原子间的吸引力还比较大，使它们不会分散远离，因此液体具有一定的体积，形状随容器而定，可微压缩。

气态物质与液态物质一样也是一种流体，可流动，可变形，与液体不同的是易被压缩。由于气态物质中分子或原子作无规则热运动，无平衡位置，也不能维持在一定距离，因此气体没有固定的体积和形状，能自发地充满容器。

在钻井、采油和原油集输过程中常遇到或用到气体，例如气层的气、从原油中脱出的气、为了保持地层压力向地层注入的气、气体钻井用的气、用管道输送的气等都属于这里讲的气体。

石油与天然气的开发与利用过程中，涉及多种气体，例如油气藏中存在的天然气(包括油田气、气田气、泥火山气、煤层气和生物生成气等)、提高采收率过程中用到的气驱气、原油炼制副产的炼厂气等。这些生产过程中都会涉及气体的相关计算，因此本章主要介绍理想气体及实际气体的性质及相关计算方法。

气体的性质(如黏度、密度、压缩性等)在钻井、采油和油气集输过程的许多计算中都会用到。为了知道气体的性质，必须知道气体所处的状态，即气体所处的温度、压力和在这些条件下一定物质的量的气体所具有的体积。因此本章只介绍气体温度(T)、压力(p)、体积(V)及其物质的量(n)的一些常用计算方法。

溶液是由两种或两种以上物质组成的均匀、稳定的分散体系，又称均相体系。被分散的物质(溶质)以分子或更小的质点分散于另一物质(溶剂)中，故溶液是混合物。接聚集状态来分，溶液分为气态溶液、液态溶液和固态溶液。一般所说的溶液是指液态溶液，特别是水溶液，钻井、采油等生产过程中用到的大量化学药剂，基本都是以水溶液的形式添加到工作剂中，因此，本章主要研究水溶液的基本性质。

相平衡是研究平衡状态下相与相间的各种关系。例如在一定条件下，若天然气、地层油和地层水处在平衡状态，则每种物质在各相中的浓度必然符合分配常数所规定的数值。条件变了，相平衡发生变化，每种物质在各相中的浓度也发生相应的变化，最终在新条件下达到新的平衡。由于条件变化引起相平衡的变化叫相平衡移动。采油时，由于压力下降引起天然气的不断脱出，原油中各物质在油气两相中的浓度发生相应的变化，这是相平衡移动的一个例子。

第一节　理想气体定律

一、理想气体状态方程式

自 17 世纪到 19 世纪初期，由于蒸汽机和内燃机发展的需要，一些物理学家广泛研究了气体的性质。他们从大量研究中先后总结出低压气体的一些经验规律，这些规律表明，气体的温度、压力、体积及其物质的量之间是有联系的。它们的联系可以用下面三个定律加以概括。

1. 波义耳定律

在一定温度条件下，一定量气体的体积与其压力成反比，即

$$V \propto \frac{1}{p}$$

2. 盖·吕萨克定律

在一定压力和一定物质的量下，气体的体积与热力学温度成正比，即

$$V \propto T$$

3. 阿伏伽德罗定律

在一定温度和一定压力下，气体的体积与物质的量成正比，即

$$V \propto n$$

联合以上三个定律，可得

$$V \propto \frac{nT}{p}$$

若以 R 为比例常数，将上式写成等式，可得

$$pV = nRT \tag{1-1}$$

式中 R——摩尔气体常量，又称通用气体常数；

p——气体的压力，常用单位为 Pa 或 kPa；

V——气体的体积，常用单位为 L 或 m^3；

T——气体的热力学温度，K；

n——气体的物质的量，mol。

像这种联系压力、体积、温度及物质的量的方程式，叫状态方程式。

【例 1－1】 在标准状况下，当 $p = 101.325\text{kPa}$，$T = 273.15\text{K}$，$n = 1.0\text{mol}$ 时，$V = 22.414\text{L} = 22.414\times10^{-3}\text{m}^3$。计算摩尔气体常数 R。

解： 由式(1-1)得

$$R = \frac{pV}{nT} = \frac{101.325\times22.414\times10^{-3}}{1.0\times273.15} = 8.314(\text{Pa}\cdot\text{m}^3\cdot\text{K}^{-1}\cdot\text{mol}^{-1})$$

当压力 p 和体积 V 的单位不同时，摩尔气体常数 R 的取值也随之改变。本书常用的 R 取值列于表 1-1。

表 1-1 摩尔气体常数的取值

p 的单位	V 的单位	R 的取值及单位
atm	L	$0.082\text{atm}\cdot\text{L}\cdot\text{K}^{-1}\cdot\text{mol}^{-1}$
Pa	L	$8314\text{Pa}\cdot\text{L}\cdot\text{K}^{-1}\cdot\text{mol}^{-1}$
kPa	L	$8.314\text{kPa}\cdot\text{L}\cdot\text{K}^{-1}\cdot\text{mol}^{-1}$
Pa	m^3	$8.314\text{Pa}\cdot\text{m}^3\cdot\text{K}^{-1}\cdot\text{mol}^{-1}$ 或 $8.314\text{J}\cdot\text{K}^{-1}\cdot\text{mol}^{-1}$

低压气体的状态方程式 $pV=nRT$ 是根据当时的实验条件确定下来的，但随着实验技术的改进和高压技术的发展，人们开始发现这些规律仅仅是气体的近似规律。因为在压力较高时，这些规律都有偏差，只有在低压时才比较符合，并且压力越低，符合的程度越好。根据这个事实，人们很自然地想到：如果压力极低($p \to 0$)，则任何气体都应该完全符合 $pV=nRT$ 状态方程式。因此提出了理想气体的概念，认为理想气体完全符合 $pV=nRT$ 状态方

程式，并将这个方程式称为理想气体状态方程式。

理想气体是一种假想的气体，应具有两个特征：① 由于压力极低，气体体积很大，气体分子间距离很远，因此可以认为分子间没有相互作用力；② 分子本身的体积与气体体积相比很小，可以忽略。

虽然理想气体并不存在，但许多实际气体，特别是那些不容易液化、凝聚的气体(如氮气、氢气、氧气等)在常温常压下的性质非常接近理想气体。因此，通常将常温常压下的气体近似看作理想气体来处理，可用理想气体状态方程进行相应的计算。

【例 1-2】在 1000℃和 98.7kPa 下，硫蒸气的密度为 0.597g·L^{-1}。试通过计算写出硫蒸气的分子式。

解：由理想气体状态方程可知：

$pV=nRT \rightarrow pV=\frac{m}{M}RT \rightarrow (\rho=\frac{m}{V})$ 可以得出

$$M=\frac{\rho RT}{p}=\frac{0.597\times 8.314\times(1000+273)}{98.7}=64.02(\text{g}\cdot\text{mol}^{-1})$$

S 元素的相对原子质量为 32.065，求得的相对分子质量为 64.02，所以硫蒸气的分子式为 S_2。

由于理想气体概念的引入，使我们能够通过实际气体与理想气体的偏差去认识实际气体的本质，并从实际气体的本质出发，修正理想气体状态方程，使其能用于实际气体的计算。

在生活、生产以及科学实验中所遇到的气体常常是混合气体，如空气、天然气等。为了解混合气体中某一种组分气体在恒温恒容下的压力或在恒温恒压下的体积，前人总结出分压定律和分体积定律。

为了研究的方便，这里所讨论的混合气体是指几种理想气体的混合物，而且各组分气体之间不发生化学反应。

二、分压定律

1. 组分气体

在日常研究工作中所遇到的气体通常都是混合气体，如空气。因此，把组成混合气体的每一种气体称为组分气体，用 B 表示。在以后的研究中均假设它们为理想气体。

2. 分压力

分压力是对于总压力而言的。混合气体整体对器壁所施加的压力称为总压力，而组分气体 B 的分压力是在同一温度下组分气体 B 单独存在并占有混合气体的体积时对器壁所施加的压力，用符号 p_B 表示。借助于图 1-2 可以更清楚地了解总压和分压的概念。

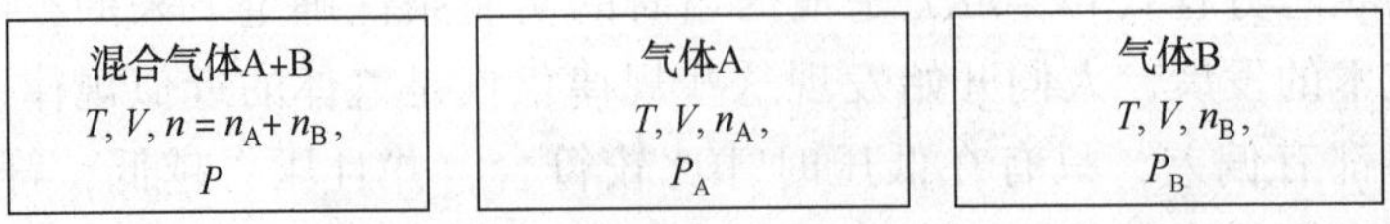

混合气体A+B $T, V, n=n_A+n_B$, P	气体A T, V, n_A, P_A	气体B T, V, n_B, P_B

图 1-2　总压和分压示意图

因组分气体为理想气体，故满足理想气体状态方程，即

$$p_B = n_B RT \tag{1-2}$$

式中 p_B——组分气体 B 的分压；

n_B——组分气体 B 的物质的量；

V——混合气体的总体积；

R——摩尔气体常量；

T——混合气体的热力学温度。

3. 气体分压定律

气体分压定律是 1807 年由道尔顿首先提出的，因此又称道尔顿分压定律。该定律表述为：在温度与体积恒定时，混合气体的总压(力)等于各组分气体分压(力)之和，其数学表达式为

$$p = p_1 + p_2 + \cdots + p_i \tag{1-3}$$

或者

$$p_B = p y_B \tag{1-4}$$

式(1-4)是道尔顿分压力定律的另一种表达式。式(1-4)说明，混合气体中个别气体的分压力等于总压力与它在混合气体中的物质的量分数的乘积。

严格来说，道尔顿分压力定律所概括的总压力与分压力之间的关系仅适用于理想状态或低压下的混合气体。由于这些公式简单，用起来方便，所以在实际工作中，特别是在缺少数据的时候，也常用它们对高压混合气体做近似计算。

【例 1-3】把 30L 压力为 0.97×10^5 Pa、温度为 55 ℃的氮气和 20L 压力为 0.85×10^5 Pa、温度为 15 ℃的氧气压入 25L 容器中，容器内温度为 37 ℃。

① 容器内的最终压力为多少？

② 氮气和氢气的分压分别为多少？

解：对于各组分气体，因混合前后 n 不变，故

$$\frac{p_{前} V_{前}}{T_{前}} = \frac{p_B V}{T}$$

则

$$p(N_2) = \frac{p_{前} V_{前}}{V T_{前}} = \frac{0.97 \times 10^5 \times 30 \times (273+37)}{25 \times (273+55)} = 1.10 \times 10^5 (Pa)$$

同理

$$p(H_2) = \frac{p_{前} V_{前}}{V T_{前}} = \frac{0.85 \times 10^5 \times 20 \times (273+37)}{25 \times (273+15)} = 0.73 \times 10^5 (Pa)$$

故

$$p = p(N_2) + p(H_2) = 1.10 \times 10^5 + 0.73 \times 10^5 = 1.83 \times 10^5 (Pa)$$

三、分体积定律

1. 分体积

混合气体中某一组分 B 的分体积 V_B 是该组分单独存在并具有与混合气体相同温度和压

力时所占有的体积(图1-3)。用理想气体状态方程表示为

$$p_B V = n_B RT \tag{1-5}$$

或

$$p_B = \frac{n_B RT}{V} \tag{1-6}$$

式中 p——混合气体的总压；

n_B——组分气体B的物质的量；

V_B——组分气体B的分体积；

R——摩尔气体常量；

T——混合气体的热力学温度。

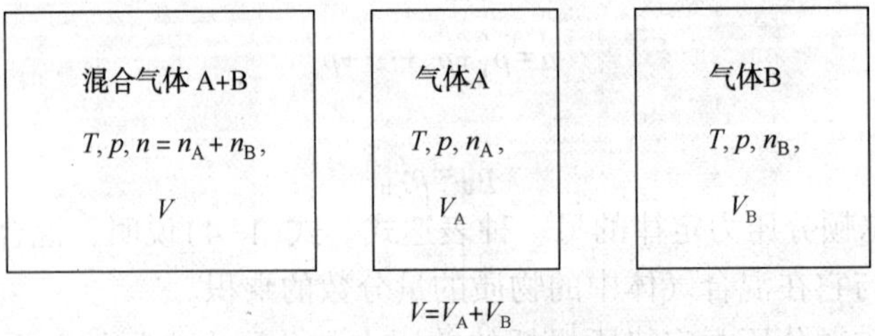

混合气体A+B	气体A	气体B
$T, p, n=n_A+n_B$,	T, p, n_A,	T, p, n_B,
V	V_A	V_B

$V=V_A+V_B$

图1-3　总体积和分体积示意图

2. 分体积定律

分体积定律由法国物理学家阿马加在1880年提出，其内容是：理想混合气体的总体积等于各组分气体的分体积之和。该定律也适用于低压下的真实气体混合物，但高压下一般不再适用。

分体积定律的数学表达式为

$$V = V_1 + V_2 + \cdots + V_i \tag{1-7}$$

或

$$V = \sum_B V_B \tag{1-8}$$

代入式(1-7)得

$$V = (n_1 + n_2 + \cdots)\frac{RT}{p} = \frac{nRT}{p} \tag{1-9}$$

将式(1-6)和式(1-9)两式相除，用y_B表示物质的量分数，可得

$$\frac{V_B}{V} = \frac{n_B}{n} = y_B \tag{1-10}$$

即

$$V_B = V y_B \tag{1-11}$$

式(1-11)是阿马加分体积定律的另一种表达式。式(1-11)说明，混合气体中个别气体的分体积等于总体积与它在混合气体中的物质的量分数的乘积。

分体积定律也只适用于理想状态或低压下的混合气体，但也可以对高压的混合气体做近似计算。

【例 1-4】某潜水员潜至水下 30m 处作业，海水的密度为 1.03 g·cm^{-3}，温度为 20 ℃。在这种条件下，若维持 O_2、N_2 混合气中 $p(O_2)=21$ kPa，则氧气的体积分数为多少？以 1.000 L 混合气体为基准，计算氧气的分体积和氮的质量（重力加速度取 9.807m·s^{-2}）。

解：水下 30 m 处的压力是由 30 m 高的海水和海面的大气共同产生。海面上的空气压力为 100 kPa，则

$$\begin{aligned} p &= \rho g h_{水} + 100\text{kPa} \\ &= 1.03 \times 9.807 \times 30 + 100 \\ &= 303 + 100 \\ &= 403(\text{kPa}) \end{aligned}$$

由公式 $\dfrac{p(O_2)}{p}=\dfrac{V(O_2)}{V}=x(O_2)$ 得

$$x(O_2)=\frac{p(O_2)}{p}=\frac{21}{403}\times 100\%=5.2\%$$

若混合气体体积为 1.000 L，则氧气的分体积

$$V(O_2)=x(O_2)V=0.052\times 1.000=0.052(\text{L})$$

氦气的分体积

$$V(\text{He})=V-V(O_2)=1.000-0.052=0.948(\text{L})$$

代入式(1-1)得

$$m(\text{He})=\frac{MpV(\text{He})}{RT}=\frac{4.00\times 403\times 0.948}{8.314\times(273+20)}=0.627(\text{g})$$

氧气的分体积为 0.052L，氦的质量为 0.627g。

第二节　实际气体的状态方程式

一、范德华方程式

1. 实际气体对理想气体的偏差

为了建立适用于实际气体的状态方程式，首先需要研究分析各种实际气体对理想气体的偏差情况。为了更清楚地了解这种偏差，以 pV_m 为纵坐标，以 p 为横坐标，作 pV_m-p 恒温线，图 1-4 是根据实测数据绘出的实际气体的恒温线。

理想气体在 pV_m-p 关系图上的恒温线是一条与横坐标平行水平线，在同样温度下，实际气体在 pV_m-p 关系图上的恒温线偏离水平线。与水平线偏离越远，说明实际气体与理想气体的偏差越大。

从 pV_m-p 关系图上可以看出，不同气体对理想气体的偏差情况不同，这说明气体的种类对偏差有影响。例如 CO_2 的恒温线，随着 p 的增加，pV_m 值先下降，逐渐降到最低点，继而上升，然后超出水平线，pV_m 值越来越大。H_2 的恒温线虽然也偏离水平线，但却是上升的。实际上，若在适当的低温下，H_2 也会出现像 CH_4 那样的曲线。可见，实际气体与理想

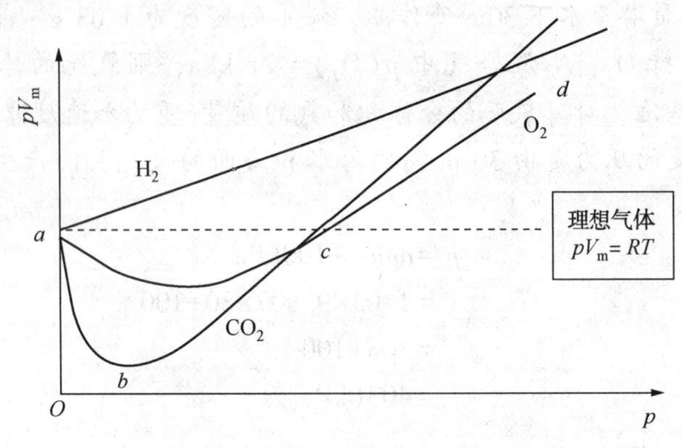

图 1-4　实际气体的 pV_m-p 关系图

气体的偏差程度与气体的性质、温度和压强有关。

实际气体对理想气体产生偏差的原因主要有两个方面。

① 理想气体分子本身不占体积，实际气体分子本身却有体积。在高温低压时，由于气体稀薄，气体分子本身体积与它运动空间相比可以忽略；而在高压低温时，气体分子本身体积就不能忽略了。

② 理想气体分子间无作用力，实际气体分子间却有作用力。而且通常以分子间的吸引力为主。在温度较高时，由于分子运动剧烈，分子动能较大，相对而言，分子间的作用力可以忽略；而在低压时，气体密度小，分子间距离较大，分子间的作用力也可以忽略。但在低温或高压下，分子间的作用力就不能忽略。

事实上，气体分子具有体积正是分子间具有排斥力的一种表现形式。因此可以说，实际气体分子间存在作用力是偏差产生的主要原因。下面对它做进一步的讨论。

分子间作用力包括吸引力和排斥力。这两种力是相互对立，又是同时存在的。

分子间的吸引力又称范德华力，它主要有三个来源：

(1) 定向力

这种力主要发生在极性分子之间，因为极性分子(例如 HCl)中的正负电荷中心不在一起，每个分子都有一恒定的偶极矩，分子的负极端与相邻分子的正极端相互吸引，分子的正极端也可与另一分子的负极端相互吸引。这种力与分子间距离的 7 次方成反比。分子的热运动会削弱定向作用，因此温度越高，定向作用力越小。

(2) 诱导力

若体系中既有极性分子也有非极性分子(如 HCl 与 N_2的混合物)时，极性分子的负极或正极的作用，可使非极性分子原来重合在一起的正负电荷中心产生了暂时的偏离，因而在非极性分子中产生了暂时的诱导偶极矩，它可与极性分子相吸引。这种吸引力的大小随极性分子极性强度的增大而增大。非极性分子越易被诱导和极化(实际上极性分子亦可被诱导和极化)，则这种吸引力也越大。这种力的大小也与分子间距的 7 次方成反比。

(3) 色散力

这种吸引力是由电子在核外运动的不均匀性产生的。这是一种普遍存在的分子间力。它也存在于非极性分子间，例如 N_2能液化就是一个证明。这种力的大小也与分子间距离的

7 次方成反比。

分子间的排斥力是由于分子靠近时两分子的电子层间和原子核间同号电荷的排斥作用所引起的。气体液化后不易压缩就是这种力存在的一个证明。对大多数气体，这种力的大小与分子间距离的 13 次方成反比。

由于吸引力和排斥力是相互对立又是同时存在的，所以应综合考虑它们的作用。这个综合作用可用分子间作用力曲线(图 1-5)表示出来。

从图 1-5 可以看到，在分子间距离较大时，分子间的作用力主要是吸引力(1-2 段)。随着分子间距离的缩短，排斥力比吸引力增长得更快，所以分子间力达到最大值(点 2)后就开始迅速减弱(2-3 段)，这时，分子要进一步靠近，就要克服相当大的排斥力(3-4 段)。因此，在分子间距离较小时，分子间作用力主要是排斥力。

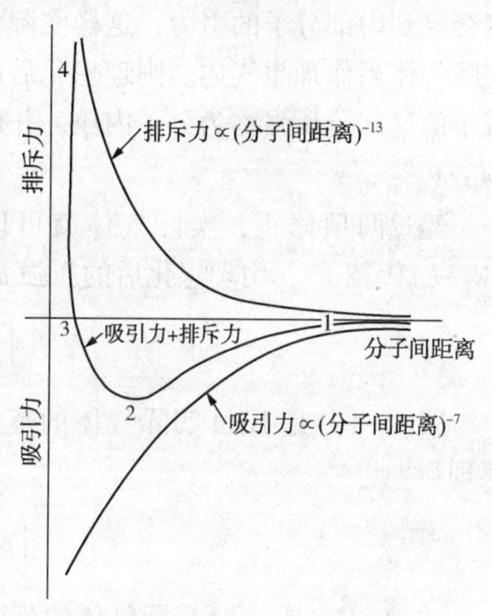

图 1-5　分子间作用力曲线

可用这些变化规律解释图 1-4 的实际气体的恒温线。

实际气体的等温线可分成 *abc* 和 *cd* 两段。在 *abc* 段，由于压力较低，分子间距离较大，这时，排斥力虽然存在，但起主要作用的是吸引力。若令理想气体和实际气体处于相同的压力 p，由于吸引力的影响，所以 $V_{实际}<V_{理想}$，亦即 $(pV)_{实际}<(pV)_{理想}$。这与实际的结果相符。在 *cd* 段，由于压力较大，分子间的距离缩短，这时吸引力虽然存在，但排斥力起主要作用。同样令理想气体和实际气体处在相同的压力 p 下，由于排斥力的影响，所以 $V_{实际}>V_{理想}$，亦即图中 $(pV)_{实际}>(pV)_{理想}$ 的情况。

可见，分子间存在作用力是实际气体对理想气体偏差的实质。下面介绍的实际气体状态方程式就是从分子间存在作用力这个实质出发，去寻找更准确的、应用范围更广的状态方程式，解决实际气体的 p、V、T、n 的计算。

2. 范德华方程式

为寻找准确地描述实际气体 p、V、T 之间关系的方程式，已经有很多人提出了若干个实际气体的状态方程式，其中既简单又实用的是范德华方程式。

1881 年范德华根据实际气体分子间有作用力和分子本身有体积，对理想气体状态方程式中的 p 和 T 进行修正，从而得出范德华方程式。

(1) 体积修正

1mol 理想气体状态方程式为 $pV_m=RT$，式中 V_m 为容器的体积，是 1mol 气体分子自由活动的空间。对于实际气体，考虑到气体分子本身占有体积，1mol 气体分子自由活动的空间就不再是容器体积，而必须从 V_m 中减去一个与气体分子本身体积有关的修正量 b，即把 V_m 换成 V_m-b。b 是与气体种类有关的常数。

(2) 压强修正

在理想气体状态方程式 $pV_m=RT$ 中，p 是指气体分子间无作用力时，气体分子碰撞器壁所产生的压强。对于实际气体，由于气体分子间引力存在，当气体分子要碰撞器壁时，必然会受到内部分子的引力，这样实际气体产生的压强要比无引力存在产生的压强小。若把实际气体当作理想气体。则理想化后的压强应是实测压强 p 再加上减小的部分，范德华把减小的这部分压强称为分子内压。并认为内压是 a/V_m^2。这样实际气体理想化后的压强应是 $p+a/V_m^2$。

经过两项修正，实际气体就可以当作理想气体处理，用分子实际自由活动的空间 (V_m-b) 代替 V_m，用理想化后的压强 $p+a/V_m^2$ 代替 p，即得到

$$\left(p+\frac{a}{V_m^2}\right)(V_m-b)=RT \tag{1-12}$$

式(1-12)是 1mol 实际气体的范德华方程式。对于 $n$mol 实际气体，将 $V_m=V/n$ 代入，整理得

$$\left(p+\frac{n^2a}{V^2}\right)(V-nb)=nRT \tag{1-13}$$

式(1-13)是 $n$mol 实际气体的范德华方程式。式(1-13)中 a、b 是与气体种类有关的物性常数，称为范德华常数，它们分别于分子间作用力和气体分子体积的大小有关。常见气体的 a、b 值列于表 1-2 中，使用时注意它们的单位，压强和体积的单位改变时，这些常数的数值也会改变。

表 1-2　常见气体的范德华常数

物质	$a/10^{-1}\cdot Pa\cdot m^6\cdot mol^{-1}$	$b/10^{-6}\cdot m^3\cdot mol^{-1}$	物质	$a/10^{-1}\cdot Pa\cdot m^6\cdot mol^{-1}$	$b/10^{-6}\cdot m^3\cdot mol^{-1}$
H_2	0.25	26.7	NH_3	4.26	37.4
N_2	1.37	38.6	Cl_2	6.58	56.2
CO	1.50	39.6	H_2O	5.52	30.4
O_2	1.39	31.9	CH_4	2.25	42.8
CO_2	3.66	42.8			

一方面范德华方程式的推导具有理论依据，另一方面 a、b 常数值又必须通过实验确定，因此它是一个半理论半经验方程，在中压范围(几兆帕)内，使用范德华方程式比理想气体状态方程式有较高的准确性，但在压力更高时，也存在较大的偏差，表 1-3 列出的数据表明了该事实。

表 1-3　320K 时二氧化碳气体的摩尔体积

p/Pa	实测值/$L\cdot mol^{-1}$	范德华方程式计算值/$L\cdot mol^{-1}$	理想气体状态方程式计算值/$L\cdot mol^{-1}$
1.01325×10^5	26.2	26.2	26.3
1.01325×10^6	2.52	2.53	2.63
4.05300×10^6	0.54	0.55	0.66
1.01325×10^7	0.098	0.10	0.26

【例 1-5】1mol 二氧化碳气体在温度为 321K 和体积为 1.32L 的容器中，测得压强为 1.86MPa，试分别用理想气体状态方程和范德华方程计算压强并与实测值比较[$a=0.366$ ($Pa\cdot m^6\cdot mol^{-1}$)，$b=4.28\times10^{-5}$ ($m^3\cdot mol^{-1}$)]。

解：按照理想气体状态方程计算

$$p=\frac{RT}{V_m}=\frac{8.314\times321}{1.32\times10^{-3}}=2.02\times10^6(Pa)=2.02MPa$$

按范德华方程计算

$$p=\frac{RT}{V_m-b}-\frac{a}{V_m^2}=\frac{8.314\times321}{1.32\times10^{-3}-4.28\times10^{-5}}-\frac{3.66\times10^{-1}}{(1.32\times10^{-3})^2}=1.88\times10^6Pa=1.88MPa$$

与实测值比较，相对误差分别是

$$\frac{2.02-1.86}{1.86}\times100\%=3.6\%$$

$$\frac{1.87-1.86}{1.86}\times100\%=1.1\%$$

可见范德华方程计算结果与实测值比较，相对误差小。

运用范德华方程式虽然解决了中高压气体的有关计算，但要查找物性常数 a、b 数值，这给使用带来了不便。同时发现，运用范德华方程式计算 p 和 T 较为简单，但若要计算 V 和 n，则相当麻烦。所以我们希望找到一个普遍适用而计算起来又方便的方程式来处理实际气体，而这一方法的得出与气体的液化有关。

二、压缩因子

理想气体状态方程式表达了一个与气体性质无关的普遍化规律，而范德华方程以及许多其他实际气体状态方程式中都含有与气体特性有关的常数，而且这些实际气体状态方程式用起来也不方便，即使是最简单的范德华方程式，使用时也必须查常数 a、b。求 V、n 时还会遇到解三次方程的麻烦。因此人们更希望能找到一个既简单又能普遍适用于实际气体的规律。

1. 压缩因子的定义

范德华方程式引入两个修正项修正 $pV=nRT$ 公式。使它能用于实际气体 p、V、T、n 的计算。在工程上，为简便地解决实际气体 p、V、T 之间的关系，经过长期的探索，在理想气体状态方程基础上用一个修正因子代替范德华方程式的两个修正项，把实际气体与理想气体之间的偏差都归结到这个修正因子中去，使它能用于实际气体的 p、V、T、n 的计算。

通常把这个修正因子称为压缩因子，以符号 Z 表示。修正后的方程式可表示为

$$pV=ZnRT \tag{1-14}$$

对于理想气体，任何温度和压强下，$Z=1$。对于实际气体，一般情况下 $Z\neq1$；当 $Z>1$ 时，说明该实际气体不易压缩；当 $Z<1$ 时，说明该实际气体较易压缩。Z 值的大小表示实际气体压缩的难易程度。

实际气体的 Z 值既与气体的种类有关，又与气体的状态有关。因此在使用式(1-14)时，必须解决的问题是：如何求出 Z 值及在什么条件下各种实际气体才会有相同的 Z 值。

2. 对应状态定律

(1) 对比状态参数

为把实际气体在任意状态下的 p、V_m、T 和临界状态联系起来，定义如下：

对比压强 $$p_r=\frac{p}{p_c}$$

对比温度 $$T_r=\frac{T}{T_c}$$

对比体积 $$V_r=\frac{V_m}{V_c}$$

p_r、V_r、T_r统称为对比状态参数。当它们的数值均为 1 时，表明物质处于临界状态。p_r、V_r、T_r的大小表明物质所处状态距离临界状态的远近程度。

(2) 对应状态定律

大量实验证明，各种实际气体在相同的对比压强 p_r和对比温度 T_r时，具有相同的对比体积 V_r，称此时的气体处于对应状态，该规律称为对应状态定律。

根据对比参数的定义，把 1mol 实际气体的 p、V_m、T 分别写成 $p=p_rp_c$，$V_m=V_rV_c$，$T=T_rT_c$，代入 $pV_m=ZRT$，即

$$Z=\frac{p_rp_cpV_rV_c}{RT_rT_c}=\frac{p_cV_c}{RT_c}\cdot\frac{p_rV_r}{T_r}=Z_c\cdot\frac{p_rV_r}{T_r}$$

Z_c是临界状态时的压缩因子，各种实际气体的 Z_c基本相等。各种实际气体处于对应状态时，根据对应状态定律 p_r、V_r、T_r也相等；因此，在 p_r、T_r相同时，Z 也是相同的。这个结果可以表述为：处于对应状态的各种气体具有基本相同的压缩因子。

3. 实际气体的普遍化计算——压缩因子图

把公式 $pV=ZnRT$ 应用于实际气体，关键是求压缩因子。工程上常用压缩因子图来求 Z。

通过对一些气体的实验测定，得出在不同 p_r、T_r 时的一系列 Z 值，将这些数据归纳整理，就绘制出了压缩因子图，如图 1-6 所示。

压缩因子图适用于各种实际气体。当已知某种气体的 p、T 时，求出 p_r、T_r，由图 1-7 即可查出相对应的 Z 值，把 Z 值代入 $pV=ZnRT$，就可以求出气体的体积 p，该方法称为压缩因子图法。

【例 1-6】求温度为 313K 和压强为 6MPa 二氧化碳气体的摩尔体积 V_m，分别按理想气体计算和用压缩因子图计算，实验测定结果为 0.304L · mol^{-1}。二氧化碳的$p_c=7.386$MPa，$T_c=304.15$K。

解：① 按理想气体计算：

$$V_m=\frac{RT}{p}=\frac{8.314\times313}{6\times10^6}=4.34\times10^{-4}(m^3\cdot mol^{-1})$$

② $p_r=p/p_c$，$T_r=T/T_c$，查压缩因子图得 $Z=0.66$。

$$V_m=ZRT/p=\frac{0.66\times8.314\times313}{6\times10^6}=2.86\times10^{-4}(m^3\cdot mol^{-1})$$

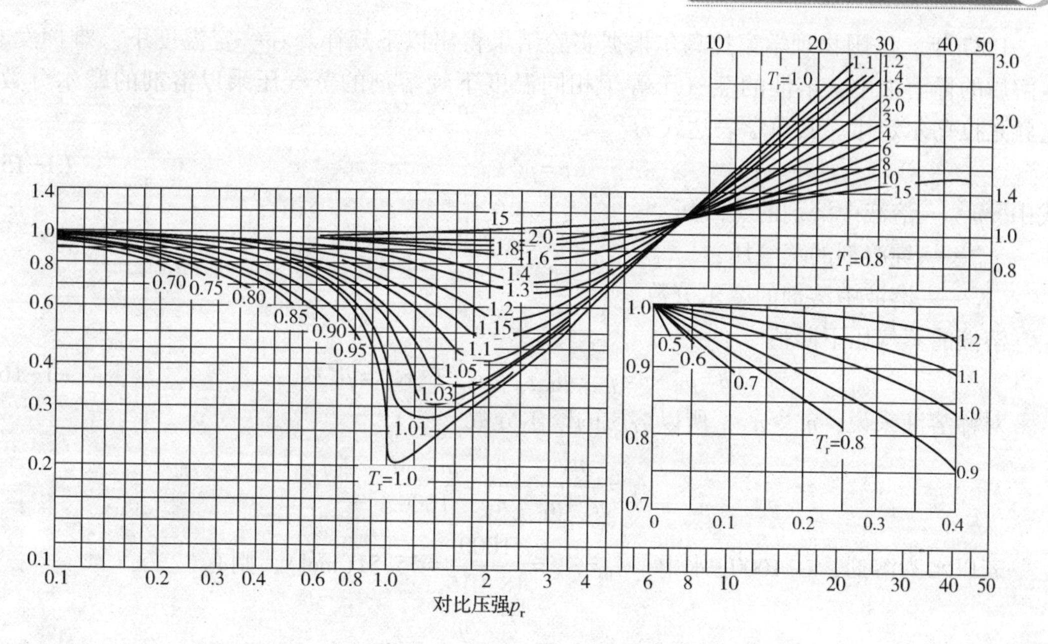

图 1-6　气体压缩因子与对比压强、对比温度关系图

第三节　稀溶液的基本定律

一、拉乌尔定律

在单位时间内，当由液面蒸发的分子数与由气相回到液相的分子数相等时，气、液两相处于平衡状态，这时的蒸气压称为饱和蒸气压。在一定温度下，纯溶剂的饱和蒸气压是一定的。当在纯溶剂中加入难挥发的非电解质溶质后，由于纯溶剂的部分表面被溶质分子占据(图 1-7)，逸出溶液液面的分子数相应减少，导致达到平衡时，溶液表面蒸发的分子数和从气相中回到溶液表面的分子数较纯溶剂有所减少，即产生溶液蒸气压下降的现象。

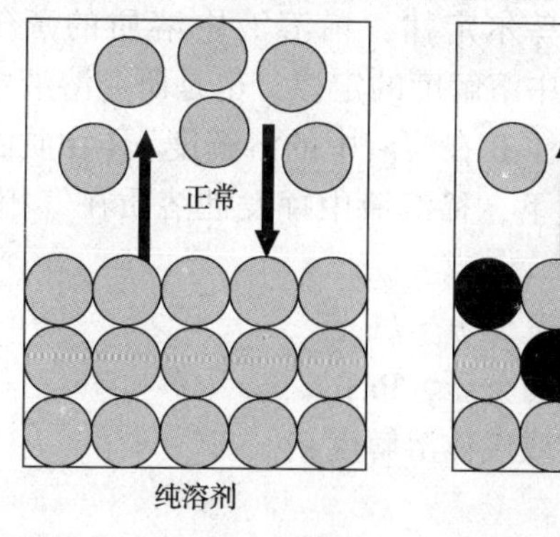

图 1-7　蒸气压下降示意图

1887 年，法国物理学家拉乌尔根据实验结果得出以下规律：在一定温度下，难挥发非电解质的稀溶液中，溶液的蒸气压等于相同温度下纯溶剂的蒸气压乘以溶剂的摩尔分数，这就是拉乌尔定律。其数学表达式为

$$p=p_B^* x_B \tag{1-15}$$

式中 p——溶液中溶剂的蒸气压；

p_B^*——纯溶剂的蒸气压；

x_B——溶液中溶剂的摩尔分数。

溶液的蒸气压下降值

$$\Delta p=p_B^* -p=p_B^* -p_B^* x_B=p_B^*(1-x_B)=p_B^* x_A \tag{1-16}$$

对稀溶液来说，$n_B \gg n_A$，所以溶质的摩尔分数

$$x_A=\frac{n_A}{n_A+n_B}\approx\frac{n_A}{n_B}=\frac{m \cdot M}{1000}$$

若以水为溶剂，在 1000g 水中，$n_B=n_{水}=\frac{1000}{18.015}=55.51(mol)$，则有

$$\Delta p=p_B^* x_A\approx p_B^* \frac{m}{55.51}=km$$

式中 k——与溶剂性质有关的常数；

m——溶液的质量摩尔浓度，$mol \cdot kg^{-1}$。

因此，拉乌尔定律也可以这样叙述：在一定温度下，稀溶液的蒸气压下降与溶液的质量摩尔浓度成正比。

拉乌尔定律最初是在研究不挥发性非电解质的稀溶液时总结出来的，后来发现，对于其他稀溶液中的溶剂，该定律也适用。在任意满足 $x_A\rightarrow 1$ 的溶液中，溶剂分子所受的作用力几乎与纯溶剂分子所受作用力相同。所以，在一个溶液中，若其中某组分的分子所受的作用力与纯态时基本相等，则该组分的蒸气压就服从拉乌尔定律。

因此得出，拉乌尔定律只适用于稀溶液，随着溶质的物质的量的增加，拉乌尔定律的实验值和计算值的偏差会越来越大。

二、亨利定律

稀溶液中溶剂的蒸气压遵循拉乌尔定律，稀溶液中溶质的蒸气压则遵循另一条规律——亨利定律，是关于气体在液体中溶解度的定律，也是研究溶液中溶质蒸气压的定律。

亨利定律：在一定的温度下，气体 B 在溶液中的溶解度 x_B(物质的量分数)与该气体的平衡分压 p_B成正比。或者在一定温度下，稀溶液中挥发性溶质在气相中的平衡分压与其在溶液中的物质的量分数成正比。

$$p_B=kx_B \tag{1-17}$$

式中 p_B——稀溶液上方溶质 B 的平衡分压，Pa；

x_B——溶质 B 的物质的量分数或气体溶解度；

k——亨利常数或溶解度常数。

由于亨利定律适用于稀溶液，溶质分子很少，其作用力与溶质单独存在时不同，表达

式中的比例常数不再是纯组分的蒸气压而是亨利常数 k，其值与溶剂、溶质的性质和温度有关，当溶液一定时，只与温度有关。

利用亨利定律应注意：

① 亨利定律仅适用于稀溶液和低中压气体。

② 亨利定律只适用于溶质在气相和液相中分子形式相同的物质，如 HCl 溶于苯和氯仿时，在气相和液相中均以 HCl 分子形式存在，适用于亨利定律；而 HCl 溶于水时，则不能以 HCl 分子形式存在，不适用于亨利定律。

③ 气体混合物溶于同一种溶剂时，亨利定律对各种气体分别适用，其公式中的压强分别为该种气体的分压，而不是总压。

④ 若稀溶液溶剂的蒸气压遵从拉乌尔定律，溶质的蒸气压遵从亨利定律，则溶液的蒸气压可用下列公式进行计算。

$$p=p_A+p_B=p_A^*x_A+p_B^*x_B$$

拉乌尔定律中的比例常数是纯溶剂的饱和蒸气压，而亨利定律中的比例常数是亨利常数的单位相同，均为 Pa。

【例 1-7】质量分数为 0.05 的乙醇水溶液，在 $p=100\text{kPa}$ 下，加热到 99℃ 时沸腾。在该温度下，纯水的饱和蒸气压为 92kPa，求在该温度时，若乙醇的物质的量分数为 0.03 时的水溶液的蒸气压和乙醇的分压。

解：质量分数为 0.05 和物质的量分数为 0.03 的乙醇水溶液均可以看作稀溶液，因此，溶剂 A 遵从拉乌尔定律，溶质 B 遵从亨利定律。

先将质量分数 0.05 换算成物质的量分数为

$$x_B=\frac{n_B}{n_A+n_B}=\frac{\dfrac{m_B}{M_B}}{\dfrac{m_A}{M_A}+\dfrac{m_B}{M_B}}=\frac{\dfrac{0.05}{46}}{\dfrac{0.95}{18}+\dfrac{0.05}{46}}=0.012$$

由于温度一定，比例常数 k 不变。再根据公式：$p=p_A+p_B=p_A^*x_A+kx_B$，求 k 值为

$$k=\frac{p-p_A^*(1-x_B)}{x_B}=\frac{100-92(1-0.012)}{0.012}=758.67(\text{kPa})$$

最后求乙醇物质的量分数为 0.03 的水溶液的蒸气压和乙醇的分压，根据 $p=p_A+p_B=p_A^*x_A+kx_B$ 和 $p_B=kx_B$，有

$$p=92\times(1-0.03)+758.67\times0.03=112(\text{kPa})$$

$$p_B=758.67\times0.03=22.76(\text{kPa})$$

三、分配定律

1. 分配定律的含义

分配定律研究的是关于某种溶质在两种互不相溶的溶剂中的分配规律的定律。例如，将不相溶的水和四氯化碳两种溶剂放在同一容器中，水在上层，四氯化碳在下层；加入碘后，上层为碘的水溶液，下层为四氯化碳的碘溶液。实验证明，达到平衡时，碘在两种溶

剂中的浓度比值是不变的。

在一定温度下，一种溶质 B 分配在互不相溶的两种溶剂 α、β 相中的浓度比值为一常数，这就是分配定律，其表达式为

$$K=\frac{x_B^{\alpha}}{x_B^{\beta}} \tag{1-18}$$

式中 x_B^{α}、x_B^{β}——组分 B 分别在溶剂 α、β 相中的质量浓度，$g\cdot L^{-1}$；

K——分配系数，其值的大小取决于平衡时的温度、溶质和溶剂的性质。

下面用亨利定律来解释分配定律。在采油过程中的水、油和天然气(甲烷)系统，假设油、水互不相溶，而甲烷既溶于水又溶于油。

根据亨利定律，有

在油中 $$p_{甲烷}=k_1x_{油中甲烷}$$

在水中 $$p_{甲烷}=k_2x_{水中甲烷}$$

平衡时 $$k_1x_{油中甲烷}=k_2x_{水中甲烷}$$

即 $$\frac{x_{油中甲烷}}{x_{水中甲烷}}=\frac{k_2}{k_1}=K$$

2. 分配定律的应用——萃取

萃取是利用一种与溶液不相溶的溶剂，将溶质从溶液中提取出来的操作过程，所用的溶剂称为萃取剂。其原理是分配定律，使用分配定律可计算萃取效率，其表达式为

$$m_n=m\left(\frac{KV_{\alpha}}{KV_{\alpha}+V_{\beta}}\right)^n \tag{1-19}$$

式中 m_n——n 次萃取后留存原溶液中的溶质质量，g；

m——原溶液中溶质的质量，g；

V_{α}——原溶液的体积，L；

V_{β}——每次所用萃取剂的体积，L。

从式(1-19)可以看出，随着 n 值的增大，m_n 就越小。对于给定了一定量的萃取剂来说，少量多次的萃取要比一次萃取的效率高得多。

四、稀溶液的依数性定律

当溶质加入溶剂中溶解后就形成了溶液，这时新形成的溶液的性质相对于原来溶质的性质会出现两种情况：一种是溶液的性质取决于溶质本性，如溶液的颜色、密度、导电性、酸碱性、氧化还原性等；另一种是溶液的一些物理性质仅与溶质的物质的量(浓度)有关，而与溶质本身性质无关。例如，将相同的物质的量的非电解质，如葡萄糖、甘油、苯等配成相同浓度的稀溶液，实验发现，这些溶液的一些性质，如蒸气压下降、沸点升高、凝固点降低的值是相同的。因此，把非电解质稀溶液的蒸气压下降、沸点升高、凝固点降低和渗透压等称为非电解质溶液的通性，又称稀溶液的依数性。

1. 溶液的沸点升高

液体的蒸气压等于外界压力时的温度称为该液体的沸点。外压为 100 kPa 时的沸点称为正常沸点。图 1-8 中曲线 AA' 和 BB' 分别表示纯溶剂和溶液的蒸气压随温度的变化关系。在

同一温度下，溶液的蒸气压比纯溶剂低，故曲线 BB' 在曲线 AA' 之下。当外压为 $p^{\ominus}$ 时，溶液的沸点为 T_b，而纯溶剂的沸点为 T_b^*。显然，$T_b > T_b^*$，即溶液沸点升高。导致溶液沸点升高的本质仍然是溶液的蒸气压下降。

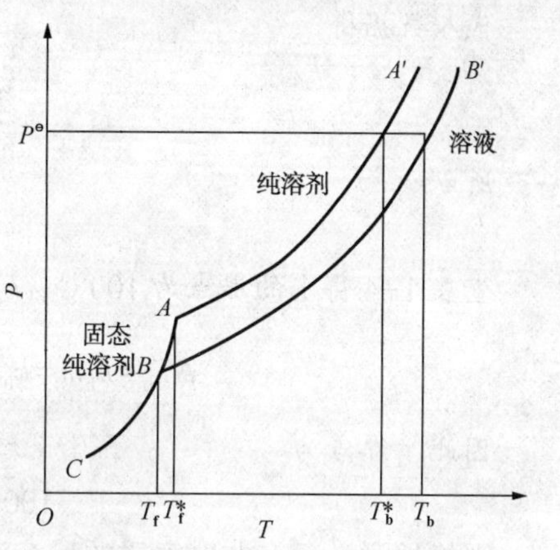

图 1-8 溶液沸点升高和凝固点降低示意图

拉乌尔根据实验结果总结出沸点升高的关系式：

$$\Delta T_b = T_b - T_b^* = k_b m \quad (1-20)$$

式中 ΔT_b——溶液的沸点升高值 K；

k_b——溶剂沸点升高常数，$K \cdot kg \cdot mol^{-1}$；

m——溶液的质量摩尔浓度，$mol \cdot kg^{-1}$。

2. 溶液的凝固点下降

液体的凝固点(又称冰点)是指液体的蒸气压与其固体的蒸气压相等时的温度，这时固、液两相是共存的。

由图 1-8 可看出，曲线 AC 为固态纯溶剂的蒸气压曲线，曲线 AA' 为液态纯溶剂的蒸气压曲线，二者交点 A 的液体蒸气压与固体蒸气压相等，因此 A 点对应的温度为纯溶剂的凝固点 T_f^*。依据拉乌尔定律，形成溶液后其蒸气压下降，当固、液两相的蒸气压相等时达到溶液的凝固点，即 B 点对应的温度 T_f，此温度必然低于 T_f^*，因此溶液的凝固点是降低的。

拉乌尔总结的稀溶液凝固点降低值(ΔT_f)与溶液的质量摩尔浓度 m 的关系如下：

$$\Delta T_f = T_f^* - T_f = k_f m \quad (1-21)$$

式中 T_f^*——纯溶剂的凝固点；

T_f——溶液的凝固点；

k_f——溶剂的凝固点降低常数，$K \cdot kg \cdot mol^{-1}$；

m——溶液的质量摩尔浓度，$mol \cdot kg^{-1}$。

表 1-4 列出了几种常见溶剂的 k_f 和 k_b 值。

表 1-4 几种常见溶剂的 k_f 和 k_b

溶剂	沸点/℃	k_b/K · kg · mol^{-1}	凝固点/℃	K_f/K · kg · mol^{-1}
水	100	0.512	0	1.86
苯	80	2.53	5.5	5.10
乙酸	118	2.93	17	3.90
奈	218	5.80	80	6.90
樟脑	208	5.95	178	40.0

【**例 1-8**】100 g 水中溶解多少克尿素[$CO(NH_2)_2$]，才能使此溶液的凝固点达到 -2.0 ℃？该溶液在 100 kPa 下的沸点是多少摄氏度？

解：已知水的凝固点为 0 ℃(273K)，$k_f = 1.86\ K \cdot kg \cdot mol^{-1}$，又 $M[CO(NH_2)_2] = 60.0\ g \cdot mol^{-1}$。设需加入尿素的质量为 x，根据式(1-21)有

$$\Delta T_f = k_f m$$

代入数据得

$$2.0 = 1.86 \times \frac{x/60}{0.100}$$

所以

$$x = 6.5(g)$$

查表 1-4 得水的沸点为 100℃，$k_b = 0.512\ K \cdot kg \cdot mol^{-1}$。由式(1-20)和式(1-21)得

$$\Delta T_b = k_b m = k_b \frac{\Delta T_f}{k_f} = 0.512 \times \frac{2.0}{1.86} = 0.55(℃)$$

因此，沸点为

$$100 + 0.55 = 100.55(℃)$$

严格地说，只有非电解质的稀溶液才准确地遵守拉乌尔定律。因为在稀溶液中，溶质分子的存在基本不影响溶剂分子之间的作用，所以溶剂的饱和蒸气压仅与单位体积中溶剂的分子数(浓度)有关，与溶质分子的性质无关。当溶液浓度增大时，溶质分子对溶剂分子产生影响，则溶剂的蒸气压不仅与溶剂的浓度有关，还与溶质的性质有关。这时仍使用拉乌尔定律计算溶剂的蒸气压会出现一定偏差，并且溶质浓度越高，偏差越大。例如，将蔗糖溶解于水配制成高浓度溶液，则溶液的蒸气压下降、沸点升高和凝固点降低的实际值均比使用拉乌尔定律求算的值更大。这是因为大量的溶质分子对溶剂分子产生作用，使溶液的蒸气压进一步下降。如果溶质变为电解质，则极稀电解质溶液的凝固点降低值比同浓度的非电解质溶液的低得多，因为电解质的电离导致体系中的粒子(包括分子和正、负离子)总数大幅增加。例如，NaCl 或 KNO_3能产生 2 倍盐浓度(正、负)离子的溶液(在表 1-5 中用二离子电解质表示)，其凝固点降低值约为同浓度的非电解质溶液的约 2 倍；而 Na_2SO_4或 $BaCl_2$这产生 3 倍盐浓度离子的溶液(用三离子电解质表示)，其凝固点降低值为同浓度的非电解质溶液的约 3 倍。表 1-5 给出了一些非电解质和强电解质溶液凝固点降低的计算值和实测值。

表 1-5　一些非电解质和强电解质的凝固点降低值(计算值与实测值对比)

溶　质	溶液的浓度/$mol \cdot kg^{-1}$		
	0.001	0.01	0.1
非电解质(理论值)	0.00186	0.0186	0.186
蔗糖	0.00186	0.0186	0.186
二离子电解质(理论值)	0.00372	0.0372	0.372
NaCl	0.00366	0.0360	0.348
三离子电解质(理论值)	0.00558	0.0558	0.558
K_2SO_4	0.00528	0.051	0.432
四离子电解质(理论值)	0.00744	0.0744	0.744
$K_2[Fe(CN)_6]$	0.00710	0.0626	0.530

由表 1-5 结果看出，在强电解质浓度低时，实测值比计算值略低，这是由于正、负离

子之间的静电作用使得离子不能完全独立运动，即降低了离子运动的有效性，相当于它们的有效浓度减小，因此凝固点的降低值减小。随着强电解质浓度的增大，离子相互作用增强，其有效浓度进一步减小，则凝固点的降低值显著减小。由于在生产和生活中经常用到高浓度或强电解质溶液，可以用拉乌尔公式进行估算，为实际应用提供一个可供参考的数据。

3. 溶液的渗透压

在图1-9的装置中，左边容器加入蔗糖溶液，右边容器加入纯水，两容器中间为半透膜。经过一段时间的平衡后，半透膜两边的液面出现位差，这个水位差所表示的静压就称为溶液的渗透压。也就是说，渗透压是为了阻止溶剂分子渗透而必须在溶液上施加的最小额外压力。

范托夫指出，稀溶液的渗透压(Π)与溶液浓度和温度的关系为

$$\Pi V=nRT \tag{1-22}$$

$$\Pi=cRT \tag{1-23}$$

式中　Π——渗透压；

V——溶液体积；

n——溶质的物质的量；

c——溶质的物质的量浓度；

R——摩尔气体常量；

T——热力学温度。

从式(1-22)和式(1-23)可以看出：在一定体积和温度下，溶液的渗透压与溶液中所含溶质的物质的量成正比，而与溶质的本质无关。

渗透压现象广泛存在于日常生活以及工农业中。利用反渗透现象，在浓溶液一侧加上一个压力大于渗透压的外力，可使溶剂由浓溶液进入稀溶液，如图1-10所示。利用该原理可实现溶液的浓缩、海水的淡化和污水的净化等应用。

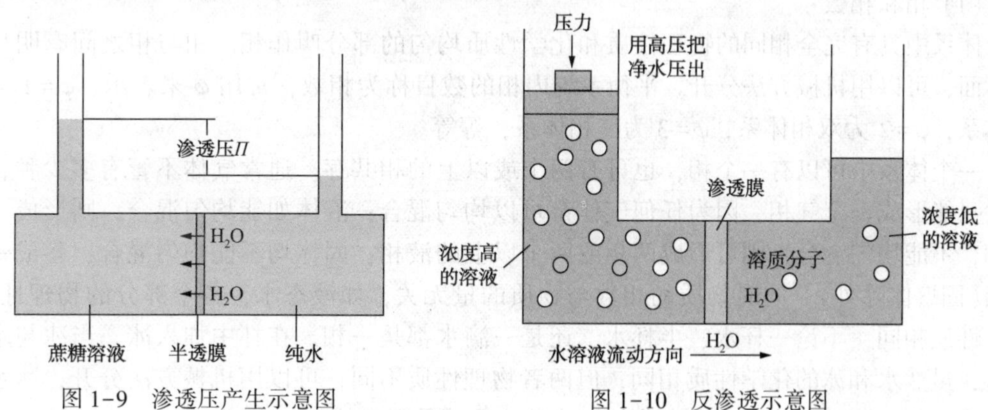

图1-9　渗透压产生示意图　　　　图1-10　反渗透示意图

4. 依数性定律

把上述稀溶液的四个方面性质归纳到一起，称为依数性定律(又称稀溶液通性)，即难挥发的非电解质稀溶液的蒸气压下降、沸点升高、凝固点降低和渗透压与一定量溶剂中溶质的量(质量摩尔浓度)成正比，而与溶质本性无关。

利用依数性定律可进行相对分子质量的测定，也可利用其原理制作防冻剂和制冷剂，在医学上可用于治病，如透析、静脉注射、解毒等都是利用了渗透压的原理。

【例 1-9】人体血浆的凝固点为-0.501 ℃，正常体温 37 ℃时，人体血液的渗透压是多少(已知水的 $k_f=1.86\ K\cdot kg\cdot mol^{-1}$)？

解：根据式(1-20)有

$$\Delta T_f=k_f m$$

则

$$m=\frac{\Delta T_f}{k_f}=\frac{0.501}{1.86}=0.269(mol\cdot kg^{-1})\approx 0.269(mol\cdot L^{-1})$$

由式(1-22)得

$$\Pi=cRT=0.269\times 8.314\times(273+37)=693(kPa)$$

第四节　相律及相图

相律是相平衡所遵循的普遍规律，常需要知道一个相平衡体系有多少相平衡，有多少种物质和几个相，又需要最少给定多少可变因素如温度、压强、组成，才能描述相平衡体系的状态。为了研究相平衡的这些规律，吉布斯总结出了相平衡系统均遵守的基本定律——相律。

在介绍相律之前，首先要明确相平衡系统的几个重要概念。

一、相律

1. 基本概念

(1) 相和相数

体系中具有完全相同的物理性质和化学性质均匀的部分叫作相。相与相之间有明显的相界面，可以用机械方法分开。平衡系统内相的数目称为相数，常用 φ 来表示，$\varphi=1$ 为单相体系，$\varphi=2$ 为双相体系，$\varphi=3$ 为三相体系，等等。

一个体系中可以有一个相，也可有两个或以上的相共存。通常气体不管有多少种，平衡时只能形成一个气相，因为任何气体都可以均匀混合；液体如能均匀混合，则形成一个液相，不能均匀混合，则可形成两相或两个以上的液相；固体均不能均匀混合，各成一个固相(固熔体除外)。同时物质的相数与物质的量无关，如液态水，各个部分的物理性质、化学性质相同，不论一杯水、半杯水，还是一滴水都是一相。在杯中加入冰，当冰与水共存时，虽然水和冰的化学性质相同，但两者物理性质不同，可以用机械方法分开，冰水体系为两个相。同理，冰、水和水蒸气组成的体系就是三相的。

物质的相和相数随着条件的变化是可以改变的。比如，在压强为 101.325kPa 条件下，常水为液相，温度高于 100℃时为气相，温度低于 0℃时为固相，温度等于 0℃时为固、液两相的共存状态。

(2) 相平衡

在一定条件下，当一个多相系统中各相的性质和数量均不随时间变化时，称此系统处于相平衡。此时从宏观上看，没有物质由一相向另一相的净迁移，但从微观上看，不同相间分子转移并未停止，只是两个方向的迁移速率相同而已。下面所讨论的体系，无特殊说明均处相平衡状态。

(3) 物种数和组分数

物种数是体系中存在的化学物质的种类数，用 S 表示，如 HF 水溶液物种数为 $S=5$，包括 HF、H_2O、H^+、F^-、OH^-。

组分数是指描述相平衡体系所需的最少且能独立存在的化学物种数，用 C 表示，如在 HF 溶液中，$C=2$，最少且独立存在的物种为 HF、H_2O，因为 F^-、H^+、OH^- 这几种离子不能独立存在。

又如系统中含有 PCl_5、PCl_3 和 Cl_2 三种物质，建立平衡为

$$PCl_5 \rightleftharpoons PCl_3 + Cl_2$$

该系统的物种数是3，但组分数是2，说明3种物质中只有2种物质是可以独立存在的，第三种物质的量可由其他两种物质确定，描述这个系统只需要最少的独立物种数是2。不难发现，第三种物质能被确定的原因是系统中有一个独立的化学平衡。

再如，只给定 $NH_4Cl(s)$ 分解为 HCl(g) 和 $NH_3(g)$ 的体系，除了存在 $NH_4Cl(s) \rightleftharpoons HCl(g)+NH_3(g)$，由于分解产物均为气相，还存在 xHCl(g)= $x$$NH_3(g)$ 浓度关系，该系统的物种是3，但组分数是1，说明3种物质中只有1种物质是可以独立改变的。这是因为，此系统给定了一种物质如 $NH_4Cl(s)$，其他的两种物质的量可由这一种物质确定，描述这个系统只需要最少的独立物种数是1。不难发现，这个系统中除了有一个独立的化学平衡确定因素外，还有一个浓度限制条件。

显然，组分数等于或小于物种数。实际上，组分数等于系统中的物种数减去独立的化学平衡数和浓度的限制条件数。浓度限制条件只存在同一相中，对不同的相不存在浓度限制条件。平衡体系中组分数可表示为

$$C=S-R-R' \tag{1-24}$$

式中　C——组分数；

S——物种数；

R——独立的化学平衡数；

R'——浓度限制条件数。

(4) 总组成和相组成

对于单相体系，表示物质的相对数量时，只需知道组成的概念就可以了。但对于两相及两相以上的体系，就必须引入总组成和相组成的概念。以甲烷溶于水的体系为例，若问组成，由于体系中有两个相——气相和液相，每个相中又都含有甲烷，且含量不同，所以仅问组成显然是不准确的。体系中某一相的组成称为相组成，整个体系的组成称为总组成。上述甲烷溶解于水的体系相组成和总组成可表示为

气相组成：

$$y_{CH_4}=\frac{n_{(g)CH_4}}{n_{(g)CH_4}+n_{(g)H_2O}}$$

液相组成：

$$x_{CH_4}=\frac{n_{(g)CH_4}}{n_{(g)CH_4}+n_{(g)H_2O}}$$

体系的总组成：

$$x=\frac{n_{(g)CH_4}+n_{(l)CH_4}}{n_{(g)CH_4}+n_{(g)H_2O}+n_{(l)CH_4}+n_{(l)H_2O}}$$

习惯上，为区别相态，气相组成用 y_i 表示，液相组成用 x_i 表示，总组成用 x 或 $x_{总}$ 表示。

对于一个封闭系统，总组成是不变的；对于单相体系，总组成就是相组成。对于多相体系，由于条件的变化，相组成会发生变化，在学习中一定要注意区分相组成和总组成的概念。

(5) 自由度数

状态是描述、研究体系存在状况的各种性质的综合表现。性质是指体系的宏观性质，如温度、压强、体积、质量、物质的量、密度、黏度、折射率等宏观物理量。对某个体系来说，当这些宏观性质的数值确定后，体系的状态也就确定了。某种性质的变化必然会造成体系的变化；反之，状态一定，则性质一定。

状态性质可分为强度性质和容量性质。强度性质的数值与体系中物质的量无关，如压强、温度、浓度、密度、黏度、比热容、摩尔体积等；强度性质表现体系“质”的特征，其数值取决于体系自身的特性，不具有加和性。容量性质的数值与体系中物质的量成正比，即具有加和性，整个体系的某容量性质的数值是体系各部分该性质之和，如体积、质量、热容量等；容量性质表现体系“量”的特征。

在不引起旧相消失和新相产生的前提下，可以在一定范围内独立改变的强度性质(如 T、p 和组成等)称为自由度。体系中自由度的最大数目称为该状态下的自由度数，用符号 f 表示。例如在某一范围内，可以任意改变温度和压强，使水始终保持在液相，则这个体系的自由度数 $f=2$(温度、压强)；当水和水蒸气两相平衡时，则温度和压强两个变量中只有一个是可以独立变动的，即平衡蒸气压由温度决定而不能任意改变，水的气、液平衡体系的自由度数 $f=1$。

2. 相律

相律是研究相平衡体系中相数、组分数、自由度数以及外界因素(温度、压强)之间数量关系的一种普遍规律。吉布斯总结出相平衡的基本规律——相律，其相律的表达式为

$$f=C-\varphi+2 \tag{1-25}$$

式中 C——独立组分数；

φ——相数；

2——温度和压强两个变量。

若指定了温度或压强，则 $f=C-\varphi+1$；若温度和压强同时确定，则 $f=C-\varphi$。

如在密闭容器中，苯和甲苯形成的溶液与其溶液的蒸气平衡共存，体系的相数 $\varphi=2$(气、液)，体系的组分数 $C=2$(苯、甲苯)，根据 $f=C-\varphi+2$，则该体系的自由度数 $f=2-2+2=2$。

再如，充满密闭容器中的乙醇水溶液，体系只有一个液相 $\varphi=1$，组分数 $C=2$，则该体系的自由度数 $f=2-1+2=3$。可以解释为：该体系的体现强度性质的变量数有3个，温度、压强和两个组分之一的物质的量分数，故自由度数 $f=3$。

相律与化学平衡所讨论的对象虽然都是平衡体系，但相律只是对系统作出定性讨论，只关心“数目”而不关心“数值”。相律可以确定有几个因素对体系的相平衡产生影响，在一定条件下有几个相，等等。相律不能解决上述数目具体代表哪些相或变量，也不知道每一个相的数量是多少。

【例1-10】 指出下列平衡系统的组分数 C、相数 φ 及自由度数 f。

① I_2(s)与其蒸气成平衡；

② $CaCO_3$(s)与其分解产物 CaO(s)和 CO_2(g)成平衡；

③ NH_4HS(s)放入一抽空容器中，并与其分解产物 NH_3(g)和 H_2S(g)成平衡。

解：在应用相律时，首要的是计算自由度数 f，而计算 f 关键是确定系统的组分数 C，$C=S-R-R'$。难点是如何判断平衡系统中是否存在独立的(组成间)关系式数？如有，有多少个？所以解题时要切实注意。

① 因是纯物质 I_2(s)与其蒸气成平衡的系统，既不发生化学反应，也无独立的限制条件(组成间的关系式数)，所以有

$$C=S-R-R'=1-0-0=1$$

$$\varphi=2$$

$$f=C-\varphi+2=1$$

这说明该平衡系统的温度与压强两个变量中只有一个是独立的，但究竟是 p 还是 T，则无法确定。

② 该平衡系统是由3种物质($S=3$)构成，但三者间存在一个反应平衡关系，故 $R=1$。而 $CaCO_3$(s)，CaO(s)和 CO_2(g)分属三个相，所以每个相均由纯物质构成，也就不存在独立的限制条件，即 $R'=0$。因此有

$$C=S-R-R'=3-1-0=2$$

$$\varphi=3$$

$$f=C-\varphi+2=1$$

这说明上述系统虽由3种物质组成，但该系统温度与压强之间只有一个是独立的。若系统的温度确定，则系统压强(CO_2的压强)就有确定的值。

③ 根据题中给定条件可知，系统中存在以下反应

$$NH_4HS(s) \rightleftharpoons H_2S(g)+NH_3(g)$$

因此，系统的物种数 $S=3$，有一个独立的化学平衡式，即 $R=1$，而且该系统有一个独立的浓度关系式，$R'=1$，因为平衡系统由 NH_4HS(s)的纯固相与 NH_3(g)和 H_2S(g)两种气体构成的混合气相，而 NH_3(g)和 H_2S(g)均由 NH_4HS(s)分解而得，所以 $p(NH_3)=p(H_2S)$，这就存在一个组成间的关系式，即 $R'=1$。于是有

$$C=S-R-R'=3-1-1=1$$

$$\varphi=2$$

$$f= C-\varphi+2=1$$

f 为 1，表示该系统的 p、T 及气相组成这些变量中只有一个是独立的。若系统温度确定时，则系统压强及气相组成均为定值。

二、相图

要描述相平衡体系的性质(例如沸点、蒸气压、熔点、溶解度等)与条件(温度、压强)及组成间的函数关系，可以采用表格法、解析法和图解法等不同的方法，其中图解法是最直观、简洁、方便的一种，图解法就是相图。

相图是根据体系在一定条件下(温度、压强、组成)处于相平衡状态时的大量实验资料绘制而成的。所以，根据相图，可以知道体系在某一条件下最稳定的状态是由几个相组成的，各相的状态、各相的组成以及各相的相对质量等，同时也可以预计当体系的温度或组成发生变化时，体系的相数、相态、各相组成及相的相对质量的变化关系。

相图是以强度性质的变量(温度、压强和组成)为坐标绘制的图，变量较多时，为方便表达，常固定一个变量讨论另两个变量间的关系，因而可用平面图表示。图中的任一点代表了系统的一个状态。

简单的相图是单组分(纯物质)系统相图，还有二组分系统相图和三组分系统相图，下面分别进行讨论。

1. 单组分系统相图

单组分系统就是一种纯物质组成的系统，因其 $C=1$，根据相律

$$f= C-\varphi+2=3-\varphi \tag{1-26}$$

自由度数可能有下列 3 种情况：

当 $\varphi=1$ 时，$f=2$，称为双变量系统；

当 $\varphi=1$ 时，$f=1$，称为单变量系统；

当 $\varphi=3$ 时，$f=0$，称为无变量系统。

由此可知，单组分系统自由度数最大为 2，即温度和压强；单组分系统自由度数最小为 0，此时 3 个相平衡共存，没有变量。

对于单组分体系，没有浓度变化，即纯物质体系，所以最多有两个独立变量(温度和压强)，单组分体系的状态或相间平衡关系完全取决于温度和压强，可以用二维 $p-T$ 图表示这种关系。

单组分体系的相图还常常用来表示气液相、气固相共存时蒸气压与温度的关系。为了掌握这些相图，应先了解蒸气压的概念。

(1) 蒸气压概念

如果在一定温度下在一个已抽真空的容器中放入液体或固体，则在液相或固相中具有足够能量的分子不断逸出界面，到达气相。同时逸到气相的分子，由于热运动也不断碰撞界面回到液相或固相中来，最后双方达到动平衡，液相或固相的数量不再改变，气相的压力也不再改变。这时的压力就称为该温度下液体或固体的饱和蒸气压或简称蒸气压。

(2) 水的相图及分析

水在正常压力下，可以气、液、固三种不同相态存在。通过实验测出这三种两相平衡

的温度和压强的数据，见表 1-6。

表 1-6　水的相平衡数据

温度 t/℃	系统的饱和蒸气压 p/kPa		平衡压力 p/kPa
	水↔水蒸气	冰↔水蒸气	冰↔水
-20	0.126	0.103	193.5×10^3
-15	0.191	0.165	156.0×10^3
-10	0.287	0.260	110.4×10^3
-5	0.422	0.414	598.0×10^3
0.01	0.61062	0.61062	0.61062
20	2.338		
60	19.916		
99.65	100.000		
200	1554.4		
300	8590.3		
374.2	22119.247		

根据表 1-6 的数据，若以 p 为纵坐标，T 为横坐标，得二维平面 p-T 关系图即水的相图，如图 1-11 所示。

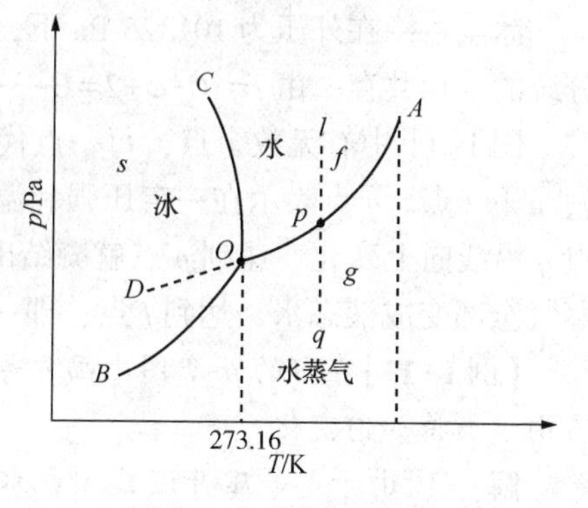

图 1-11　水的相图示意

相图分析的内容是利用相律和其他条件改变来说明相图中各相区、相线、相点的物理意义，并讨论外界条件改变对相平衡系统的影响。水的相图中有 3 个相区、3 条相线和 1 个三线交点 O。

① 面　相图中每一个面或区域代表物质的某一个相。用 s、l、g 分别表示水的固相区、液相区和气相区。每个相区均是单相系统，$\varphi=1$，所以 $f=3-\varphi=2$。在各区域内可以限度地独立改变温度和压强，而不会引起相的种类变化。必须同时指定温度和压强这两个变量，然后系统的状态才能完全确定。

② 线　相图中有用来分隔某两个相区的三条分界线。OA、OB、OC 三条线都是根据两相平衡时温度和压强数据绘制出的，称为两相平衡线。线上的任意一点代表系统的某一平衡状态，由于是相平衡共存，相数 $\varphi=2$，自由度 $f=3-2=1$，指定了温度就不能再任意指定压强，压强由系统决定；反之亦然。如 OA 线上温度为 20℃ 时，水的饱和蒸气压为 2.338kPa，而不能是其他的值。

OA 线是水和水蒸气的两相平衡曲线，即水的饱和蒸气压曲线。OA 线不能任意延长，它的终点是临界点 A（$T_c=647.4$K，$p_c=2.21\times10^7$Pa）。在临界点，液态的密度与蒸气密度相等，液态和气态之间的界面消失。如果从 A 点对横轴作垂线，则垂线以左，到从 B 点对横轴所作的垂线包围区域的气体，可以通过加压或降温使之液化成水；而 A 点到横轴垂线右侧的气体，因为它高于临界温度，不可能用加压的办法使之液化。通过计算，OA 线斜率大于零，表示水的蒸气压随温度升高而增大或水的沸点随外界压强增大而升高。

OB 线是冰和水蒸气的两相平衡线，即冰的升华(蒸气压)曲线，理论上可延长到绝对零度附近。其斜率也大于零，且大于 OA 线的斜率，说明温度对冰的蒸气压影响比对水的蒸气压影响更大。

OC 线是冰和水的两相平衡线，即是冰的熔点曲线或水的凝固点曲线。OC 线不能无限向上延长，当压强达到 2.03×10^{8} Pa，从此时开始，相图变化比较复杂，此处不讨论。

OD 是 AO 线的延长线，也是水和水蒸气的平衡曲线，OD 线在 OB 线之上，它的饱和蒸气压比同温度下处于稳定状态的冰的蒸气压大，因此是不稳定状态，图中用虚线表示，称为过冷水的饱和蒸气压曲线。

③ 点　O 点是三条平衡线的交点，称为三相点。在该点，三相共存，$\varphi=3$，$f=0$。该点的温度和压强均由系统决定，不能任意改变。水的三相点的温度为 273.16K，压强为 610.62Pa。

必须指出，水的三相点与冰点概念不同。三相点和冰点的区别：

三相点——纯水的三相平衡时的温度，即纯水、冰、水蒸气三相共存时的温度。也可以认为是外压等于其饱和蒸气压为 0.611kPa 时纯水凝固成冰的温度。

冰点——在外压为 101325 Pa 下，被空气饱和了的水凝结成冰的温度。该系统为一多组分统的三相共存。由 $f=C-\varphi+2=C-3+2=C-1>0$ 可知，冰点可以随外压变化而变化。

图 1-11 中有无数个点，每一点代表该系统的一种状态，称为状态点或系统点，图中的 q、p 和 f 点。q 点表示在一定压强和温度下的水蒸气。当系统经历一恒温加压过程时，系统点 q 沿线向上变化，达到 p 点就凝结出水来。p 点为水和水蒸气两相平衡点。继续加压，水蒸气全部变成液态水，达到 f 点，即一定温度和压强下的水。

【例 1-11】在水的 $p-T$ 图上画 p 等于外界大气压的等压升温线，体系的相将如何变化？自由度数将如何变化？

解：① 由于是等压升温线，在水的相图上画一条 $p=101.325$kPa 平行于横轴的直线。穿过所有不同相态：起始相固相→固液相共存→液相→液气共存相→终止气相。

② 由于纯水系统是单组分系统，$C=1$，而固相、液相、气相这 3 个区域是单相区，$\varphi=1$，根据相律 $f=C-\varphi+2=2$，有两个独立变量即温度和压强；在固、液共存线和液、气共存线上，$\varphi=2$，根据相律 $f=C-\varphi+2=1$，有一个独立变量即温度或压强。

2. 二组分系统的相图及其应用

二组分系统就是有 A、B 两种组分的混合系统，其组分数 $C=2$，根据相律，自由度数 $f=C-\varphi+2=4-\varphi$。相数可以有 1、2、3、4，自由度数可以有 $f=3$、2、1、0，即二组分系统可能是存在三变量、双变量、单变量和无变量的系统。

不难看出，二组分系统最多可有 3 个独立变量，所以要用三维相图才能完整地描述其相平衡关系，这很不方便。常常将二组分系统 3 个变量其中的一个变量人为设定成常数，而得到立体图形的平面截面图，即 $p-x$ 图(T 不变)、$T-x$ 图(p 不变)和 $T-p$ 图(x 不变)等。

二组分系统相图的类型很多，这里将介绍一些典型的相图类型。在双液系中将介绍完全互溶的双液系、部分互溶的双液系、不互溶的双液系。

在实际应用中虽然所遇到的相图都比较复杂，但都可以认为是上述简单类型相图的组合。

为了使问题简化，同时力求与前文研究气体方法相似，提出了理想溶液的概念。

在恒温、恒压下，组分混合形成溶液时，无热效应和体积变化，将此类溶液称为理想溶液。理想溶液应满足两个条件：一是溶质和溶剂的分子大小和形状均相似；二是溶质B分子和溶剂A分子之间的相互作用力与溶质分子和溶剂分子之间的相互作用力基本相同。这两个条件意味着溶质分子和溶剂分子混合前后其所处的环境与溶质分子和溶剂分子单独存在时基本相同，因此，理想溶液中每种组分的蒸气均服从拉乌尔定律。此时，溶液的性质可以看作是溶质的性质和溶剂的性质的加和，使问题得到简化，因而便于研究。

若两个纯液体组分可以按任意的比例互相混溶，这种系统就称为完全互溶的双液系。通常两种结构很相似的化合物，例如苯和甲苯、正己烷和正庚烷、邻二氯苯和对二氯苯或同位素的混合物、立体异构体的混合物等，都能以任意的比例混合而形成理想液态混合物。

设液体A和液体B混合形成理想液态混合物。由拉乌尔定律可得出

$$p_A = p_A^* x_A \tag{1-27}$$

$$p_B = p_B^* x_B = p_B^*(1-x_A) \tag{1-28}$$

式中　p_A^*、p_B^*——在该温度下，纯A、纯B的蒸气压；

x_A、x_B——溶液中组分A和B的摩尔分数。

液态混合物的总蒸气压p为

$$\begin{aligned} p &= p_A + p_B = p_A^* x_A + p_B^* x_B \\ &= p_A^* x_A + p_B^*(1-x_A) \\ &= p_B^* + (p_A^* - p_B^*) x_A \end{aligned} \tag{1-29}$$

式(1-29)表示了体系的总压力与溶液组成的关系，可称它为液相等温式。由它画出的直线叫液相线(或称泡点线)。

在一定温度下，以组成x_A为横坐标，以蒸气压p为纵坐标，在$p-x$图上可分别表示出分压与总压。根据式(1-29)，p_A、p_B、p与x_A的关系均为直线关系(图1-12)。

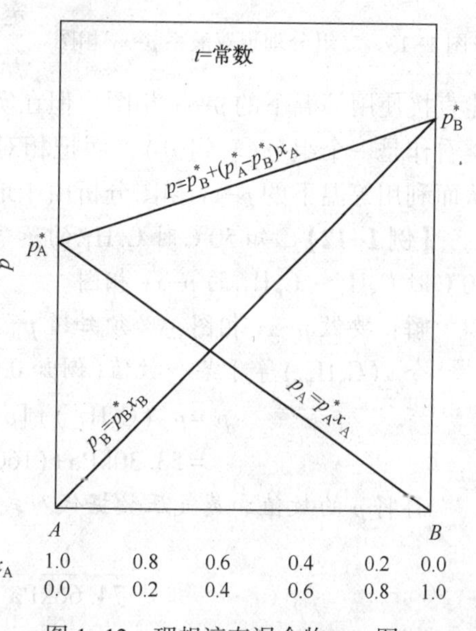

图1-12　理想液态混合物$p-x$图

由于A、B两个组分的蒸气压不同，所以当气、液两相平衡时，气相的组成与液相的组成也不相同。显然蒸气压较大的组分，它在气相中的成分应比它在液相中多。假设此蒸气符合道尔顿分压定律，气相组成为

$$y_A = \frac{p_A}{p} = \frac{p_A^* x_A}{p_B^* + (p_A^* - p_B^*) x_A} \tag{1-30}$$

$$y_B = 1-y_A$$

式(1-30)表示了体系总压力与气相组成的关系，可称它为气相等温式。由它画出的曲线叫气相线(或称露点线)。

从上式可知，已知一定温度下纯组分的p_A^*、p_B^*，就能从溶液的组成(x_A或x_B)求出和它平衡共存的气相的组成(y_A或y_B)。又因

$$y_B = \frac{p_B}{p} = \frac{p_B^* x_B}{p}$$

所以

$$\frac{y_A}{y_B} = \frac{p_A^* x_A}{p_B^* x_B} \tag{1-31}$$

设A为易挥发组分，$p_A^* > p_B^*$，故由式(1-31)得

$$\frac{y_A}{y_B} > \frac{x_A}{x_B}$$

由于$x_A + x_B = 1$，$y_A + y_B = 1$，由此可导出

$$y_A > y_B$$

即易挥发组分在气相中的成分y_A大于它在液相中的成分x_A。而不易挥发的组分在液相中的成分比它在气相中的多．即$x_B > y_B$。如果把气相和液相的组成画在一张图上，就得到图1-13。

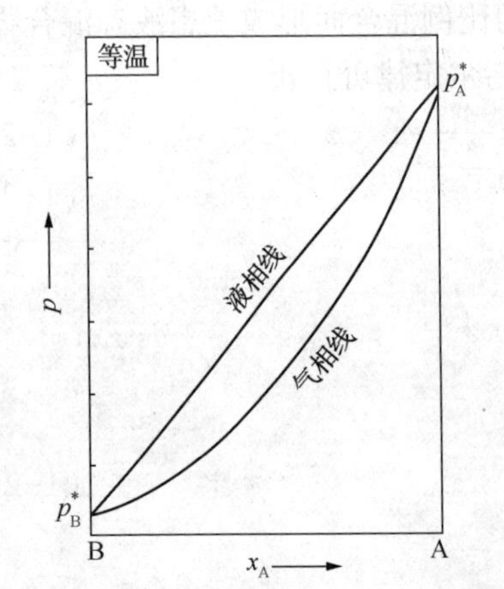

图1-13　二组分理想双液系p-xy相图

从等温下的p-xy相图可以看到，气相线总在液相线之下，它表示在气液相平衡时，蒸气压大的那个组分(即易挥发组分)，在气相中物质的量分数总大于它在液相的物质的量分数。这个定律叫作柯诺华洛夫定律。

在储油构造中的地层油虽然不是二组分体系，不能直接使用等温下的p-xy相图。但在实际问题中，常将地层油中的相对分子质量较低的烃类看作是一个组分(轻组分)，而把相对分子质量较高的烃类看作是另一个组分(重组分)，从而利用等温下的p-xy相图分析由于地层压力变化可能引起气液相物质的量分数的变化。

【例1-12】已知50℃时C_5H_{12}的蒸气压为160. 1kPa，C_6H_{14}的蒸气压为53. 30kPa，试作50℃时C_5H_{12}- C_6H_{14}的p-xy相图。

解：要做p-xy相图，必须知道p、x、y数据，这些数据确定的方法如下：

令$x(C_5H_{12})$等于某一数值(例如0. 200)，并将题给的蒸气压数据代入式(1-29)，得

$$p = p^*(C_6H_{14}) + [p^*(C_5H_{12}) - p^*(C_6H_{14})]x(C_5H_{12})$$
$$= 53.30\text{kPa} + (160.1\text{kPa} - 53.30\text{kPa}) \times 0.200 = 74.66\text{kPa}$$

再将p的数值和蒸气压数据代入式(1-30)，得

$$\frac{1}{74.66\text{kPa}} = \frac{y(C_5H_{12})}{160.1\text{kPa}} + \frac{1-y(C_5H_{12})}{53.30\text{kPa}}$$

解出

$$y(C_5H_{12}) = 0.428$$

同理，令 $x(C_5H_{12}) = 0.400$、0.600 或 0.800，可以计算出相应的 p 和 $y(C_5H_{12})$ 的数值。表 1-7 是计算的结果(图 1-14)。

表 1-7　由 $x(C_5H_{12})$ 算出相应的 p 和 $y(C_5H_{12})$

p/kPa	$x(C_5H_{12})$	$y(C_5H_{12})$
53.3	0.000	0.000
74.66	0.200	0.428
95.95	0.400	0.645
117.33	0.600	0.819
138.61	0.800	0.924
160.09	1.000	1.000

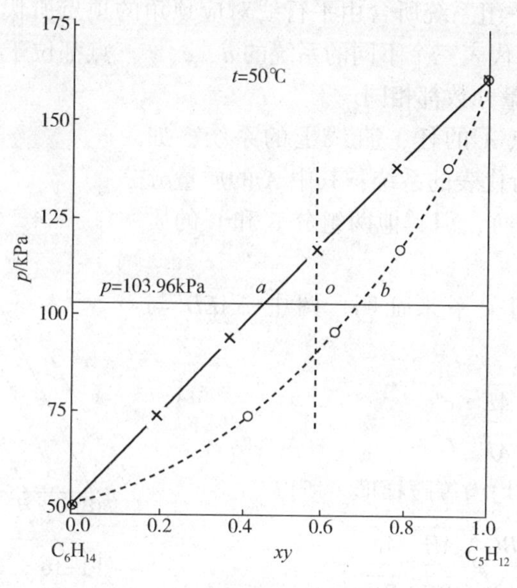

图 1-14　50℃下 C_5H_{12}-C_6H_{14} 的 p-xy 相图

3. 三组分系统的相图及其应用

(1) 等边三角形坐标表示法

对于三组分系统 $C=3$，$f+\varphi=5$，由于系统至少存在一个相，因而系统且多可有四个自由度(温度、压力和两个浓度项)，用三维空间的立体图已不足以表示这种相图。若保持压力不变，$f'+\varphi = 4$，f'最多等于 3，其相图就可用立体图形来表示。若压力、温度同时固定，则$f''+\varphi=3$，f''最多为 2，可用平面图来表示。

通常在平面图上是用等边三角形来表示各组分的质量分数的。如图 1-15 所示，等边三角形的三个顶点分别代表纯组分 A、B 和 C。AB 线上的点代表 A 相 B 所形成的二组分系统，BC 线上的点、AC 线上的点分别代表 B 和 C，A 和 C 所形成的二组分系统。三角形内任一点都代表三组分系统。将三角形的每一边分为 10 份。通过三角形内任一点 O，引平行于各

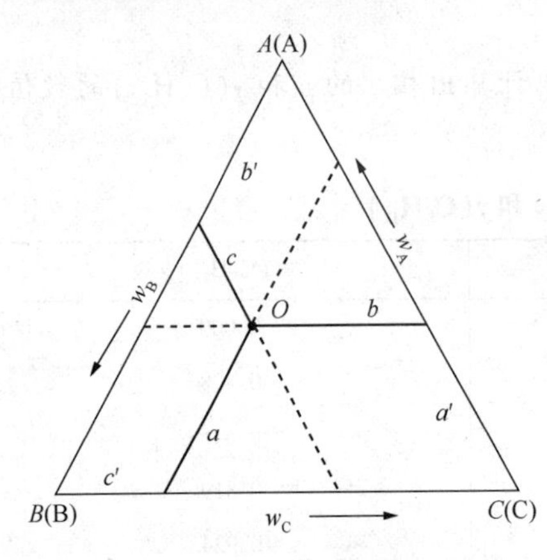

图 1-15　三组分系统的成分表示法

边的平行线，根据几何学的知识可知，长度 a、b 及 c 之和应等于三角形一边之长，即 $a+b+c=AB=BC=CA=1$，或 $a'+b'+c'$＝任一边的长度＝1。因此 O 点的组成可由这些平行线在各边上的截距 a'、b'、c' 表示。通常是沿着逆时针方向(但也有用顺时针方向)在三角形的三边上标出 A、B、C 三个组分的质量分数(即从 O 点作 BC 的平行线，在 AC 线上得长度 a'，即为 A 的质量分数；从 O 点作 AC 的平行线，在 AB 线上得长度 b'，即为 B 的质量分数；从 O 点作 AB 的平行线，在 BC 线上得长度 c'，即为 C 的质量分数)。

采用等边三角形表示组成有几个特点。

① 如果有一组系统，其组成位于平行于三角形某一边的直线上，则这一组系统所含由平行线对应顶角的顶点所代表的组分的质量分数都相等，例如图 1-16 中，代表三个不同的系统的 d、e、f 三点都位于平行于底边 BC 的线上，这些系统中所含 A 的质量分数都相同。

② 凡位于通过顶点 A 的任一直线上的系统，如图 1-16中 D 和 D'两点所代表的系统，其中 A 的质量分数不同(D 中 A 比 D'中少)，但其他两组分 B 和 C 的质量分数相同。

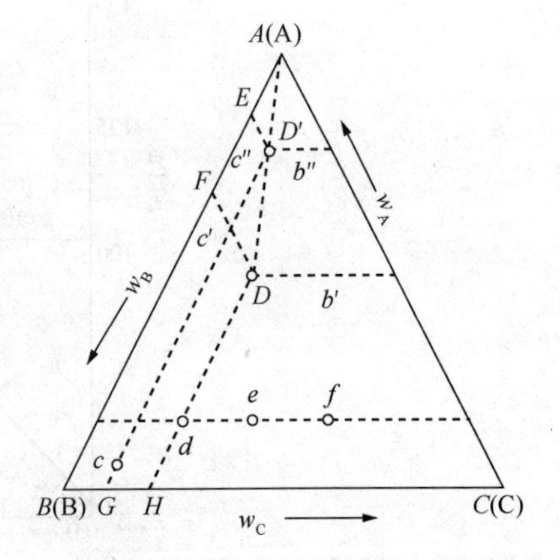

图 1-16　三组分系统的组成表示法图

这可由简单的几何关系来证明。图中 $\Delta AED'$ 与 ΔAFD 相似，所以

$$\frac{\overline{AE}}{\overline{AF}}=\frac{c''}{c'}$$

而 $ED'GB$ 和 $FDHB$ 均为等腰梯形。所以

$$\frac{\overline{AE}}{\overline{AF}}=\frac{\overline{BG}}{\overline{BH}}\text{或}\frac{\overline{AE}}{\overline{BG}}=\frac{\overline{AF}}{\overline{BH}}$$

即由 D'和 D 两点所代表的系统中，组分 B 和 C 的质量分数相同。

③ 如果有两个三组分系统 D 与 E(图 1-17)所构成的新系统，其物系点必位于 D、E 两点之间的连线上。E 的量越多，则代表新系统的物系点 O 的位置越接近于 E 点。杠杆规则在这里仍可应用，即 $w_1\,OD=w_2\,OE$。可证明如下：

设 O、D、E 三点所代表的系统的物质的量分别为 w、w_1、w_2，则

$$w=w_1+w_2$$

系统中 C 的总的物质的量等于 w_1 和 w_2中所含 C 的物质的量之和，即

$$w\,\overline{Bd}=w_1\,\overline{Bb}+w_2\,\overline{Bf}$$

或

$$(w_1+w_2)\,\overline{Bd}=w_1\,\overline{Bb}+w_2\,\overline{Bf}$$

移项整理后得

$$w_1(\overline{Bd}-\overline{Bb})=w_2(\overline{Bf}-\overline{Bd})$$

$$\frac{w_1}{w_2}=\frac{\overline{df}}{\overline{bd}}=\frac{\overline{OE}}{\overline{OD}}$$

所以

$$w_1\ \overline{OD}=w_2\ \overline{OE}$$

④ 由三个三组分系统 D、E、F(图 1-18)混合而成的混合物，其物系点可通过下法求得。先依杠杆规则求出 D 和 E 两个三组分系统所形成混合物的物系点 G，然后再依杠杆规则求出 G 和 F 所形成系统的物系点 H，H 点就是 D、E、F 三个三组分系统所构成的混合物的物系点。

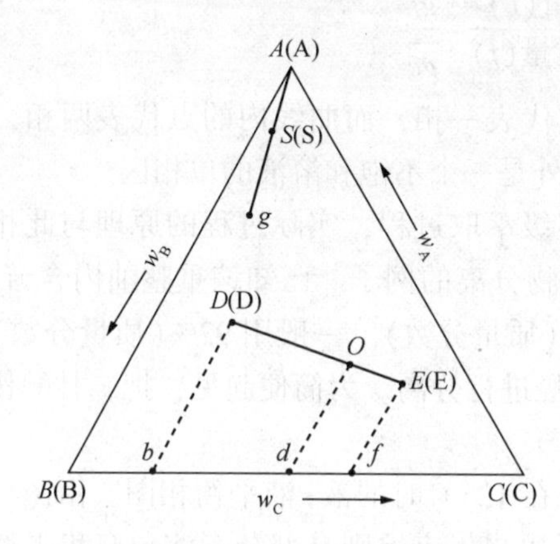

图 1-17　三组分系统的杠杆规则

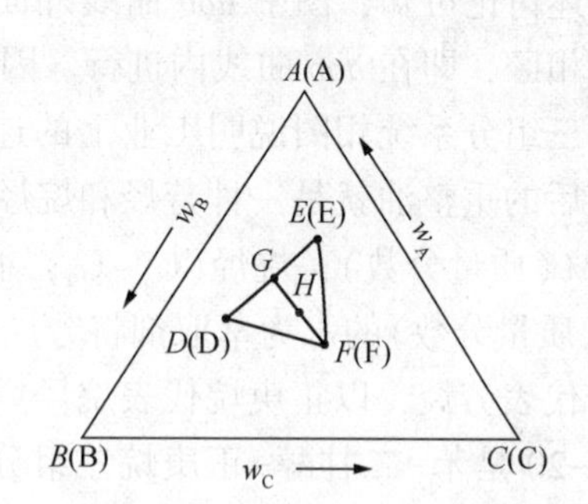

图 1-18　三组分系统的重心规则

⑤ 设 S 为三组分液相系统，如果从液相 S 中析出纯组分 A 的晶体(图 1-17)，则剩余液相的组成将沿 AS 的延长线变化。假定在结晶过程中，液相的浓度变化到 g 点，则此时晶体 A 的量与剩余液体量之比等于 gS 与 SA 之比，仍满足杠杆规则。反之，倘若加入组分 A，则物系点将沿 gA 的连线向接近 A 的方向移动。

对于三组分系统，仅讨论几种比较简单的类型。以下所讨论的平面图均为等温等压下的相图。

(2) 部分互溶的三液系

下面以乙酸乙酯-乙醇-水的三液体组分为例，说明主组分系统液-液相图的绘制及各相区的含义，图 1-19 表明，乙醇和水可按任意比例互溶，乙醇和乙酸乙酯也可按任意比例互溶，而水和乙酸乙酯是部分互溶。由图看出，水和乙酸乙酯的质量分数在 bC 和 Ba 之间，可以完全互溶成单一相溶液。而水和乙酸乙酯的质量分数在 a、b 之间，则彼此不互溶。例如 d 点处，系统分为两层，一层是乙酸乙酯在水中的饱和溶液(a 点)，称为水相；另一层是水在乙酸乙酯中的饱和溶液(b 点)，称为有机相。图中 aob 是

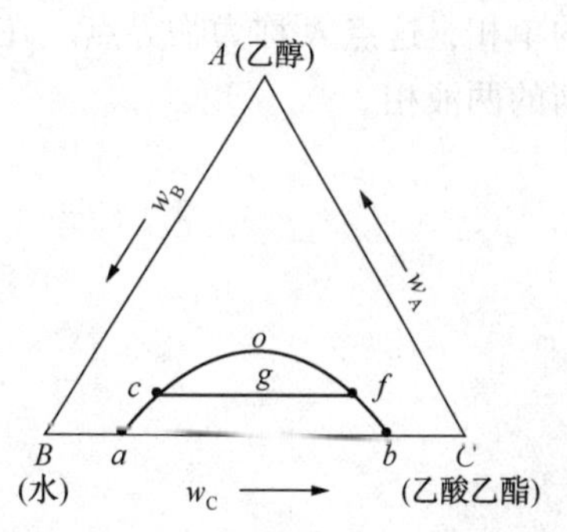

图 1-19　乙酸乙酯-乙醇-水三组分系统相图(20℃，101. 325kPa)

其溶解度曲线，做法如下：在一系列不同浓度的乙醇-水溶液中，分别缓缓加入乙酸乙酯，并同时进行剧烈振荡，当滴加到溶液开始出现混浊，即表明溶液已达饱和，由此饱和溶液的组成可得溶解度。由此得到的一系列溶解度数据可作出 *aob* 曲线的左边部分；反之在另一系列不同浓度的乙醇-乙酸乙酯溶液中如上法滴加水，求出溶解度后即得曲线的右边部分。

由此可见，在 *aob* 曲线上各点的溶液均是饱和溶液，曲线之外的各点均是不饱和溶液，而在曲线内的任一点(例如 *g* 点)均为两层饱和溶液。分析此两层饱和溶液的组成就可以在 *aob* 曲线上找到两点，譬如 *c* 点和 *f* 点。连接 *c* 点和 *f* 点，得直线 *cf*，此直线为连接线。显然，此两层饱和溶液的相对数量也可通过杠杆规则求得，其表达式为

$$\frac{\text{水相的质量}(c)}{\text{有机相的质量}(f)}=\frac{\overline{gf}}{\overline{gc}}$$

由上述讨论可知，图中 *aob* 曲线外面的点代表一相，而曲线内的点代表两相，萃取一定要在两相区，即在 *aob* 曲线内进行。因曲线外是一个不饱和溶液的单相区。

现用三组分系统相图说明工业上的连续多级萃取过程，实际过程的原理与此相同。如经铂重整后的重整油就是一种芳烃和烷烃混合物分离的例子。已知该重整油内含芳烃(C_6~C_8)约30%(质量分数)，烷烃(C_6~C_9)约70%(质量分数)。一般用92%(质量分数)的二甘醇加8%(质量分数)的水为萃取剂将芳烃和烷烃进行分离。为简便起见，把二甘醇作为萃取剂，以苯代表芳烃，以正庚烷代表烷烃。

图 1-20 是苯-二甘醇-正庚烷三组分系统在 125℃时的液-液平衡相图。由图可见，苯与正庚烷，苯与二甘醇都是完全互溶的，二甘醇与正庚烷则是部分互溶。互相平衡的两个饱和液相的组成分别是 x 与 y，组成为 x 的是正庚烧溶解在二甘醇中的饱和溶液，组成为 y 的则是二甘醇溶解在正庚烷中的饱和溶液。由前面的讨论可知，当两个液相达到平衡时，每个相均含有三种物质，例如，总组成为 O_1 的系统就分成组成分别为 x_1 和 y_1 两个液相，组成为 x_1 的液相中二甘醇多一些，组成为 y 的液相中则是正庚烷多一些，苯则在两相中均有，在组成为 y 的液相中所含的苯比组成为 x 的液相中所含的苯多。图中连线 x_1y_1、x_2y_2、x_3y_3 等分别表示含苯量由低到高时两液相组成，当含苯量足够高时，由于苯的影响，正庚烷与二甘醇相互溶解度增大，以致组成为 x 的液相与组成为 y 的液相趋于一致，成为完全互溶的单相，这点 K 称为临界点。在 xKy 曲线以外，是一个不饱和的液相，在曲线内是互为平衡的两液相。

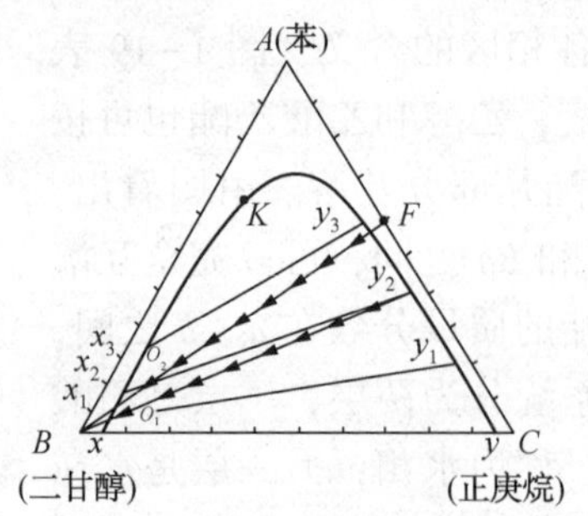

图 1-20　苯-二甘醇-正庚烷三组分系统相图及萃取过程示意图

思考题

【1-1】气体常数 R 是否随气体种类而变，为什么？

【1-2】试用范德华方程式解释 $pV-p$ 图中实际气体等温线的变化趋势。

【1-3】能否说理想气体状态方程式范德华方程式和 $pV=ZnRT$ 公式在 $p\to 0$ 时的极限情形？

【1-4】能否说压缩因子 $Z=1$ 时的气体必为理想气体？

【1-5】把苯放在容积为 1L 的真空容器中，定温下达到平衡时，测得压力 p_1。在同温度下，同样数量的苯放在容积为 2L 的真空容器中，达到平衡时，测得压力为 p_2。p_1 和 p_2 相等吗？为什么？

【1-6】在一活塞筒中，盛有一定量的水和甲烷。设甲烷在水中的溶解度很小，可以忽略不计。定温下，将活塞加压使体积减小。问在加压过程中 $p(CH_4)$ 和 $p(H_2O)$ 如何改变？为什么？

【1-7】用相律说明下列说法是否在正确：

① 纯液体的沸点决定于压力。

② 氯化钠溶液的蒸气压决定于温度及溶液的组成。

③ 在一定压力和一定温度下固体在液体中的溶解度一定。

【1-8】一定量与一定组成的苯与甲苯溶液放在容积为 1L 的真空容器内，在一定温度下达到平衡的总蒸气压力为 p_1。同样组成的苯与甲苯溶液，放在另一 2L 的真空容器内，在同样温度下达到平衡时总蒸气压为 p_2。问 p_1 是否等于 p_2？若不等，哪个较大？

【1-9】如图 1-21 中 a、b 两点是否代表同一体系？两点的状态是否相同？c、d 两点所表示的状态是否相同？总组成及相组成是否相同？

【1-10】说明图 1-22 中所示的 d、e、f、g、h 个点的自由度数。

【1-11】用相律分析第一章中 CO_2 $p-v$ 相图中各个区域。若在体积为 1mL 的厚壁玻璃管中封入 0.25g CO_2，试说明升温过程中所经历的变化。

【1-12】用相律解释 $C_3H_7-i-C_5H_{12}$ 的 $p-t$ 相图各区域。问在 4.26MPa 下恒压升温，体系将经历怎样的变化？

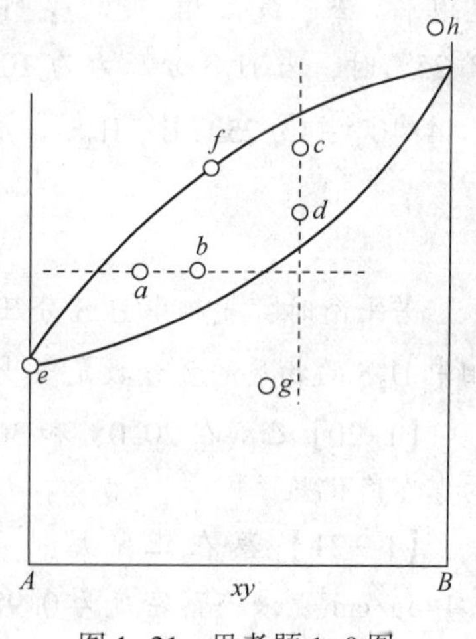

图 1-21 思考题 1-9 图

【1-13】在 A、B、C 三组分体系中，B 与 C 部分互溶。溶解度曲线和联系线如图 1-23 所示。若在 A 与 B 形成的溶液中加入 C，总组成以 O 点表示，相组

成是否分别以 M、N 两点表示？a 点溶液中加入 C，而且 a 溶液中物质的量与 C 的物质的量相同。总组成以哪点表示？

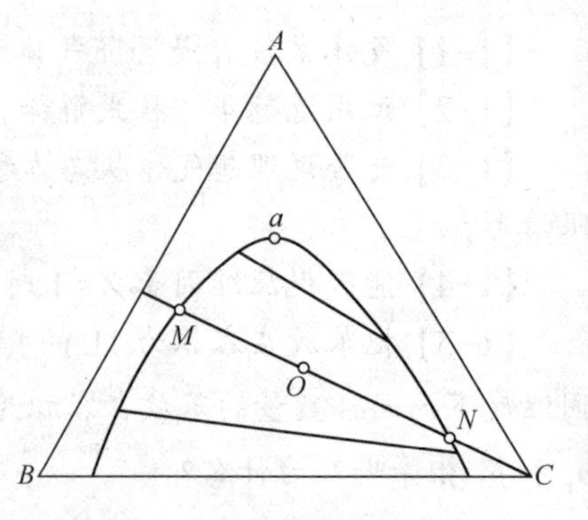

图 1-22 思考题 1-13 图

【1-14】氯化氢的氯乙苯溶液服从亨利定律，稀溶液的亨利常数 $k=44.38$kPa。若平衡时 w(HCl) 为 0.01，问此溶液氯化氢分压力是多少？

【1-15】在 25℃时，氮溶于水的亨利常数 k 为 8.68×10^3MPa。若将氮与水平衡时所受的压力从 0.667MPa 减至 0.100MPa，问从 1kg 水中释放出多少氮气？假设该温度下水的分压力可以忽略。

【1-16】在 25℃时，将相对分子质量为 125 的 10g 一种不挥发性液体溶于 75g 丙酮中。在此温度时，纯丙酮的蒸气压为 30.6kPa，计算此溶液的蒸气压。

【1-17】在 25℃时，NH_3 溶于 CH_3Cl，当 $b(NH_3)$ 为 $0.10mol\cdot kg^{-1}$ 时，NH_3 的蒸气压为 4.44kPa。同温度下，NH_3 溶于水，当 $b(NH_3)$ 为 $0.05mol\cdot kg^{-1}$ 时，NH_3 的蒸气压为 0.0887kPa。求此温度下 NH_3 在水与 CH_3Cl 中的分配常数。

【1-18】将 0.01g 的碘溶入 85mL 水中形成稀溶液，用总量为 20mL 的某萃取剂萃取碘。试比较一次用 20mL 和分两次分别用 10mL 萃取的效率。已知 $K=1/85$。

【1-19】25℃时，在装有苯和水的容器中，通入 H_2S 气体，充分混合达到平衡后，呈现水、苯、气三相。已知：① 25℃时，$p^*(苯)=11.96$kPa，$p^*(水)=3.18$kPa；② 25℃时，当 H_2S 分压力为 101.33kPa 时，H_2S 在水中的溶解度(物质的量分数)为 1.84×10^{-2}；③ 25℃时，H_2S 在水中和苯中的分配常数

$$K=\frac{x(H_2S，在水中)}{x(H_2S，在苯中)}=1.19$$

若平衡时，气相中 H_2S 分压力为 506.63kPa，求：① 气相的总压力是多少？② 三相中 H_2S 的物质的量分数是多少？

【1-20】乙醇在 20.0℃和 30.0℃时的蒸气压分别为 5.86kPa 与 10.51kPa，求乙醇的摩尔汽化热。

【1-21】萘在正常熔点 80.0 ℃时熔化焓为 150J/g，若固态萘的密度为 $1.145g/cm^3$，液态萘密度为 $0.981g/cm^3$，求萘的熔点随压力的变化率。

【1-22】氯仿在 20 ℃和 50 ℃下的饱和蒸气压分别是 21.3kPa 和 71.4kPa，计算氯仿的摩尔蒸发焓。

【1-23】甲醇和乙醇所形成的溶液为理想溶液。在20℃时，甲醇的饱和蒸气压为7.82kPa，乙醇为5.94kPa。若平衡时乙醇的气相组成 $y(C_2H_5OH)=0.300$，求：

① 体系的总压力和甲醇、乙醇的分压力；

② 甲醇在液相中的物质的量分数。

【1-24】已知50℃时 C_5H_{12} 的蒸气压为160.1kPa，C_6H_{14} 的蒸气压为53.30kPa，试作50℃时 C_5H_{12}-C_6H_{14} 的 p-xy 相图。

【1-25】在活塞中放等物质的量的苯和甲苯溶液，在90℃下保持温度不变，减小压力，试用 p-xy 相图回答下列问题：

① 在哪个压力下开始有蒸气产生？蒸气的组成是多少？

② 在哪个压力下全部气化完毕？最后一滴液体组成是多少？

③ 在哪个压力下气液相的物质的量相等？气相和液相的组成又是多少？

已知90℃时苯和甲苯的蒸气压分别是134.7kPa和54.0kPa。

练习题

1-1　恒温300K，一钢瓶中装有压力为1.80MPa的理想气体A，从瓶中放出部分A气体后，压力变为1.60MPa，已知放出的A气体在体积为20dm^{3}的抽空容器中的压力为0.10MPa，求钢瓶的体积 V。

1-2　温度300K，压力104365Pa的湿烃类混合气体，其中水的分压为3167Pa，想得到1000mol脱水后的干烃类混合气体，试求：① 从湿烃混合气体中除去水的物质的量；② 所需湿烃类混合气的初始体积。

1-3　容器A与B中分别放有 O_2 和 N_2，两容器用旋塞连接，温度均为25℃，容器A的体积为0.5L。O_2 的压力为100kPa，容器B的体积为1.6L，N_2 的压力为50kPa。当旋塞打开，两种气体混合物的温度仍为25℃。假设气体服从理想气体定律，试计算：① 气体的总压力；② O_2 和 N_2 的分压力。

1-4　在1L容器中 O_2 和 N_2 的体积分数分别为0.21和0.79。① 在某温度时，其总压力恰为100kPa，问 O_2 和 N_2 的物质的量分数是否等于两者的体积分数？是否也等于两者的质量分数？它们的分压力各为多少？分体积各为多少？② 升高温度时，O_2 和 N_2 的分压力、分体积及质量分数是否改变？③ 等温下将容器体积扩大1倍，则分压力、分体积如何变化？等于多少？④ 若容器体积仍为1L，冲入 N_2，使总压力达150kPa，问两者的分压力、分体积如何改变？等于多少？⑤ 若容器体积可以改变，充入 N_2，使总压力维持在100kPa，问分压力、分体积如何改变？

1-5　1mol CH_4 在100℃时的体积为10L，试用理想气体状态方程式和范德华方程式计算其压力。

1-6　有一种气体，在500.2K，1MPa时体积为4L，在799.3K，10MPa时体积为

0.6L，问此气体是否为理想气体？若不是，试计算它的范德华常数 a、b。

1-7　应用压缩因子图求80℃，1kg体积为10 dm^3 的乙烷气体的压力。

1-8　已知甲烷在压力为14.186MPa下的浓度为6.02mol·dm^{-3}，使用普遍化压缩因子图求其温度。

1-9　348g C_4H_{10} 在10L容器内的温度为100℃，试用理想气体状态方程式、范德华方程式及压缩因子图求其压力。

第二章　电化学基础与金属腐蚀

第一节　原电池和电极电势

一、原电池

1. 原电池的组成

一切氧化还原反应均涉及电子转移，电子从还原剂转移到氧化剂。例如将 Zn 片放到 $CuSO_4$ 溶液中，发生了如下电子转移：

$$\overset{2e}{\overbrace{Zn+Cu^{2+}}} = Cu+Zn^{2+}$$

在反应过程中，当氧化剂和还原剂相遇时，发生了有效碰撞和电子转移。由于分子热运动没有一定的方向，因而电子转移也没有一定的方向，往往以热能的形式散发能量。但是如果设计一种装置，使氧化剂和还原剂不直接接触，让电子通过导线传递，则电子可作有规则的定向运动而产生电流。这种能使氧化还原反应产生电流的装置称为原电池。铜锌原电池装置如图 2-1 所示。

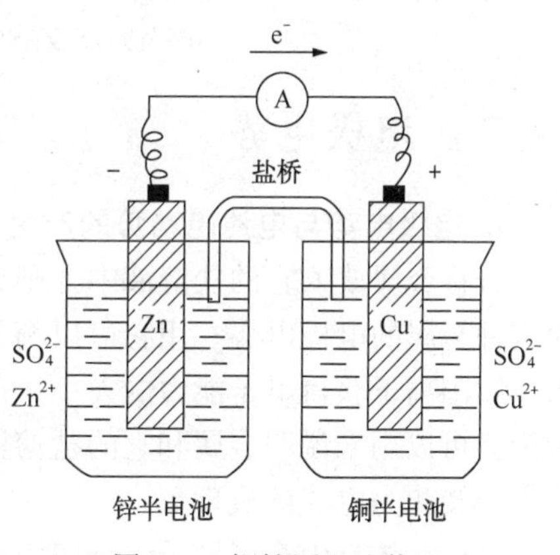

图 2-1　铜锌原电池装置

在该原电池中，可以看到 Zn 片溶解而 Cu 片上有 Cu 沉积，同时检流计指针发生偏转，证明有电流产生。根据检流计指针的偏转方向，可知电流是由 Cu 极流上 Zn 极，即电子是由 Zn 极流向 Cu 极。在原电池中：我们把电子流出的电极称为负极（如 Zn 极），在该极发生氧化反应，电子流入的电极称为正极（如 Cu 极），在该极发生还原反应。

负极（Zn）：$Zn-2e^- \longrightarrow Zn^{2+}$ 发生氧化反应

正极（Cu）：$Cu^{2+}+2e^- \longrightarrow Cu$ 发生还原反应

总反应：$Zn+Cu^{2+} = Zn^{2+}+Cu$

从上述原电池中可以看到，原电池是由两个半电池构成。Zn 和 $ZnSO_4$溶液构成一个半电池，Cu 和 $CuSO_4$溶液构成另一个半电池。组成原电池的两个半电池也是通过盐桥沟通的。盐桥内装有琼脂与饱和 KCl 溶液制成的胶冻，它可以使溶液不流出，但离子却可以自由移动。盐桥的作用是维持溶液的电中性，沟通电路。因为随着电池反应的进行，锌半电池中由于 Zn 失去电子而使 Zn^{2+} 进入溶液，溶液中 Zn^{2+} 过量使溶液带正电。而铜半电池中由于 Cu^{2+}得到电子转变为 Cu，溶液中 Cu^{2+} 比 SO_4^{2-}量少，过量的 SO_4^{2-}使溶液带负电，这种带电性的溶液会阻碍电池反应的继续进行，阻碍电子从锌极流向铜极。当插入盐桥后，盐桥内饱和 KCl 溶液中的离子就会移动，K^+ 向 $CuSO_4$溶液移动，中和铜半电池中的过剩负电荷，Cl^- 向 $ZnSO_4$溶液移动，中和锌半电池中的过剩正电荷，使溶液始终保持电中性，这样电池反应可继续进行，电流可持续产生。

2. 原电池符号

原电池中，每一个半电池是由同一种元素不同氧化值的两种物质所构成。一种是处于低氧化值的可作还原剂的物质，称为还原型物质，例如锌半电池中的 Zn，铜半电池中的 Cu。另一种是处于高氧化值的可作氧化剂的物质，称为氧化型物质，例如锌半电池中的 Zn^{2+}，铜半电池中的 Cu^{2+}。这种由同一元素的氧化型物质和其对应的还原型物质所构成的整体，称为氧化还原电对，常用氧化型/还原表示，例如 Zn^{2+}/Zn，Cu^{2+}/Cu。氧化型物质和还原型物质在一定条件下可互相转化：

$$\text{氧化型} + ne^- \rightleftharpoons \text{还原型}$$

这种关系式称为电极反应．实际上，原电池是由两个氧化还原电对组成的。从理论上说，任何氧化还原反应均可设计成原电池。

为了简便和统一，原电池的装置可以用符号表示，如铜锌原电池可表示为

$$(-)Zn \mid ZnSO_4(c_1) \parallel CuSO_4(c_2) \mid Cu(+)$$

二、电极电势

1. 电极电势与电池电动势的产生

若将金属放入它的盐溶液中，则金属和它的盐溶液之间会产生电势差，该电势差被称为这种金属的电极电势。用它可以衡量金属在溶液中失去电子能力的大小，也可以用来说明金属阳离子获得电子能力的大小。在 1889 年，德国化学家能斯特(Nernst)提出了双电层理论，可以用来说明金属和它的盐溶液之间的电势差是如何产生的，以及在原电池中化学能如何转化为电能的机理。

金属晶体是由金属原子、金属阳离子和自由电子组成。当把金属 M 放入它的盐溶液中时，溶液中存在两种相反的趋势。一种是由于极性水分子的吸引，金属表面的阳离子 M^{n+}有从金属表面进入溶液的趋势，即金属的溶解趋势。另一种是金属 M 上带负电荷的电子要吸引溶液中的 M^{n+}，使它们还原为金属并沉积到金属表面的趋势，即金属离子的沉积趋势。当这两种相反的过程进行的速率相等时，即达到了动态平衡：

$$M(s) \underset{\text{沉积}}{\overset{\text{溶解}}{\rightleftharpoons}} M^{n+} + ne^-$$

如果金属越活泼或溶液中金属离子浓度越小，则金属溶解的趋势就大于溶液中金属离

子沉积到金属表面的趋势，达到平衡时金属表面带负电，靠近金属附近的溶液带正电，形成了如图 2-2(a)所示的双电层。反之，如果金属越不活泼或溶液中金属离子浓度越大，则金属溶解的趋势就小于金属离子沉积的趋势，达到平衡时金属表面带正电，靠近金属附近的溶液带负电，形成了如图 2-2(b)所示的双电层。这样在金属与其盐溶液之间产生了平衡电势差，也就是该金属的电极电势。其值大小不仅取决于金属的本性，还与溶液中金属离子的浓度、温度等因素有关。

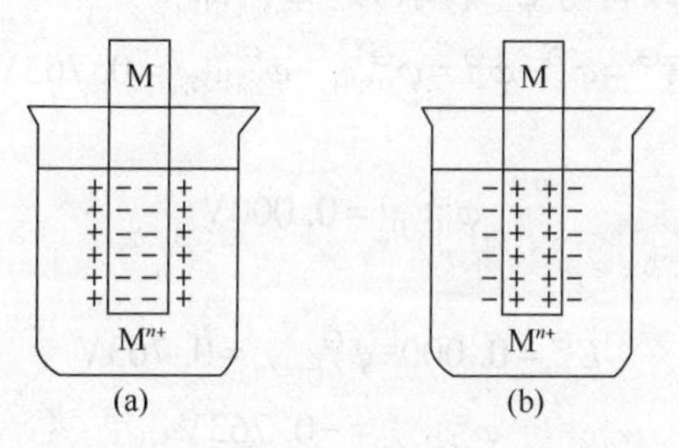

图 2-2 双电层

双电层理论还可以说明原电池产生电流的原理。以铜锌电池为例，金属锌发生溶解的趋势较大，因而 Zn^{2+} 进入 $ZnSO_4$ 溶液，使锌片带负电，形成双电层，相反 Cu^{2+} 从 $CuSO_4$ 溶液中沉积到铜片上的趋势较大，因而使铜片带正电，也形成双电层。这时锌片上有过剩电子，而铜片上又缺电子，当用导线把锌片和铜片联结起来时，电子就会从锌片流向铜片，从而产生了电流。

2. 标准电极电势

由于目前尚无法测出金属和其盐溶液间的电极电势的绝对值，因而只能用一种电极作为参比标准和其他电极做比较，从而求出其他电极的电极电势相对值。

一般采用标准氢电极作为参比标准。标准氢电极的构成是将镀有蓬松铂黑的铂片插入含 H^+ 浓度为 $1mol \cdot L^{-1}$(严格讲，应当是 H^+ 的活度为 $1.0mol \cdot L^{-1}$)的稀硫酸溶液中，如图 2-3所示。在 298.15K 时，连续通入压力为 100kPa 的纯氢气，铂黑吸附氢气达到饱和，被吸附的氢气与溶液中 H^+ 组成氧化还原电对 H^+/H_2，构成了标准氢电极。在标准氢电极中建立了下列平衡：

$$2H^+(1.0mol \cdot L^{-1}) + 2e^- \rightleftharpoons H_2(100kPa)$$

这时，在标准氢电极和硫酸溶液之间所产生的电势差，叫作氢的标准电极电势，以 $\varphi^{\ominus}_{H^+/H_2}$ 表示，并人为规定其电极电势为零，即 $\varphi^{\ominus}_{H^+/H_2} = 0.000V$。

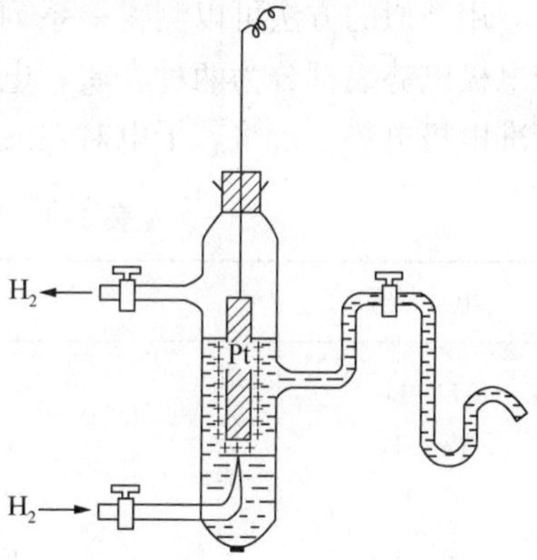

图 2-3 标准氢电极

欲测某电极的电极电势，可将标准氢电极和待测电极构成原电池，然后测定该原电池的电动势，即可测得该待测电极的电极电势。

如果组成电极的有关物质的活度为 $1.0mol \cdot L^{-1}$，气体的分压为 100kPa，液体和固体都是纯净物，则此电极处于标准态。在标准态下将某电极和标准氢电极组成原电池，则原电池的电动势即为该电极的标准电极电势，以 $\varphi^{\ominus}$ 表示。通常测定的温度为 298.15K。

例如欲测锌电极的标准电极电势，可将处于标准态的锌电极与标准氢电极组成原电池。测定时，根据检流计指针偏转方向，可知电流是由氢电极通过导线流向锌电极(电子由锌电极流向氢电极)。所以锌电极为负极，氢电极为正极。原电池符号为

$$(-)Zn \mid Zn^{2+} \parallel H^{+} \mid H_2(p^{\ominus}),\ Pt(+)$$

298.15K 时，测得此原电池的标准电动势，它等于正极的标准电极电势(以符号 $\varphi_{+}^{\ominus}$ 表示)与负极的标准电极电势(以符号 $\varphi_{-}^{\ominus}$ 表示)之差，即

$$E^{\ominus}=\varphi_{+}^{\ominus}-\varphi_{-}^{\ominus}=\varphi_{H^{+}/H_2}^{\ominus}-\varphi_{Zn^{2+}/Zn}^{\ominus}=0.763V$$

由于

$$\varphi_{H^{+}/H_2}^{\ominus}=0.000V$$

所以

$$E^{\ominus}=0.000-\varphi_{Zn^{2+}/Zn}^{\ominus}=0.763V$$

$$\varphi_{Zn^{2+}/Zn}^{\ominus}=-0.763V$$

用同样方法可以测定出铜电极的标准电极电势。将标准铜电极和标准氢电极组成原电池，根据电流方向，可知铜电极为正极，氢电极为负极。原电池符号为

$$(-)Pt,\ H_2(p^{\ominus}) \mid H^{+} \parallel Cu^{2+} \mid Cu(+)$$

298.15K 时，测得此原电池的标准电动势 $E^{\ominus}$ 为 0.34V。即

$$E^{\ominus}=\varphi_{+}^{\ominus}-\varphi_{-}^{\ominus}=\varphi_{Cu^{2+}/Cu}^{\ominus}-\varphi_{H^{+}/H_2}^{\ominus}=0.34V$$

由于

$$\varphi_{H^{+}/H_2}^{\ominus}=0.000V$$

所以

$$\varphi_{Cu^{2+}/Cu}^{\ominus}=+0.34V$$

用类似的方法可以测得一系列金属或电对的标准电极电势。在一般书籍和手册中，标准电极电势表都分为两种介质：电对在酸性溶液中的标准电极电势和电对在碱性溶液中的标准电极电势。现将若干电对在酸性溶液中的标准电极电势摘录于表 2-1 中。

表 2-1　若干电对的标准电极电势(298.15K)

电　对		电极反应		$\varphi_{A}^{\ominus}$/V	
Li^{+}/Li	氧化能力增强 ↓	$Li^{+}+e^{-} \rightleftharpoons Li$	还原能力增强 ↑	-3.045	代数值增大 ↓
Fe^{2+}/Fe		$Fe^{2+}+2e^{-} \rightleftharpoons Fe$		-0.44	
H^{+}/H_2		$2H^{+}+2e^{-} \rightleftharpoons H_2$		0.000	
Cu^{2+}/Cu		$Cu^{2+}+2e^{-} \rightleftharpoons Cu$		+0.34	
F_2/F^{-}		$F_2+2e^{-} \rightleftharpoons 2F^{-}$		+2.87	

由标准电极电势表可看出，电极电势代数值越小，电对所对应的还原型物质的还原能力越强，氧化型物质氧化能力越弱。电极电势代数值越大，电对所对应的还原型物质的还原能力越弱，氧化型物质的氧化能力越强．因此，根据 $\varphi^{\ominus}$ 值大小可以判断氧化型物质氧化能力和还原型物质还原能力的相对强弱。

三、影响电极电势的因素

电极电势的大小，不仅取决于电对的本性，还与反应温度、氧化型物质和还原型物质的浓度、压力等有关。

某氧化还原电对的电极反应可简写为

$$O_X(\text{氧化型})+ne^- \rightleftharpoons \text{Red}(\text{还原型})$$

氧化还原电对的电极电势可由能斯特(Nernst)方程式求得

$$\varphi=\varphi^{\ominus}+\frac{RT}{nF}\ln\frac{a_{Ox}}{a_{Red}} \tag{2-1}$$

式中 φ——某电对的电极电势，V；

$\varphi^{\ominus}$——某电对的标准电极电势，V；

a_{Ox}，a_{Red}——电极反应中在氧化型一侧和还原型一侧各种物质的活度幂的乘积；

R——摩尔气体常数，8.314 $J\cdot K^{-1}\cdot mol^{-1}$；

F——法拉第常数，96485 $C\cdot mol^{-1}$；

T——绝对温度，K；

n——电极反应中的得失电子数。

由上式可见，标准电极电势是指在一定温度下，电极反应中各组分都处于标准态，即离子或分子的活度等于 $1mol\cdot L^{-1}$ 或活度比率为 1(若反应中有气体参加，则其分压为 100kPa)时的电极电势。

在 298.15 K 时，将以上常数代入上式，并取常用对数，则式(2-1)变为

$$\varphi=\varphi^{\ominus}+\frac{0.0592}{n}\lg\frac{a_{Ox}}{a_{Red}} \tag{2-2}$$

在书写能斯特方程式时，要注意以下两个问题：

① 若电极反应中有固态物质或纯液体．则其不出现在方程式中。若为气体物质，则以气体的相对分压($p/p^{\ominus}$)来表示。

② 若电极反应中，除氧化型、还原型物质外．还有参加电极反应的其他物质，如 H^+、OH^- 存在，则这些物质的活度也应出现在能斯特方程式中。

由于实际上我们通常知道的是溶液中物质的浓度而不是活度，所以用浓度计算 ψ 时要引入活度系数 γ，所以式(2-2)变为

$$\varphi=\varphi^{\ominus}+\frac{0.0592}{n}\lg\frac{[Ox]\cdot\gamma_{Ox}}{[Red]\cdot\gamma_{Red}} \tag{2-3}$$

在离子强度不大时，在计算过程中为简便起见，可忽略离子强度的影响，即以浓度代替活度用下式进行近似计算：

$$\varphi=\varphi^{\ominus}+\frac{0.0592}{n}\lg\frac{[Ox]}{[Red]} \tag{2-4}$$

通过以上两例的计算结果可以看出，在温度一定的条件下，当[Ox]/[Red]的比值增大时，φ 值便增加，当[Ox]/[Red]的比值减小时，φ 值便减小。可见氧化型物质和还原型物质浓度的变化对 φ 值的大小是有影响的。

在有些电极反应中，溶液中的 H^+、OH^- 等物质也参与电极反应，那么溶液酸度的变化也会对 φ 值产生影响。

【例 2-1】 计算 298.15K 时，① $[Fe^{2+}]=1.0mol\cdot L^{-1}$，$[Fe^{3+}]=0.10mol\cdot L^{-1}$ 时的 $\varphi_{Fe^{3+}/Fe^{2+}}$ 值；② $[Fe^{2+}]=0.10mol\cdot L^{-1}$，$[Fe^{3+}]=1.0mol\cdot L^{-1}$ 时的 $\varphi_{Fe^{3+}/Fe^{2+}}$ 值。（忽略离子强度的影响）

解： 电极反应 $Fe^{3+}+e^- \rightleftharpoons Fe^{2+}$ $\varphi^{\ominus}_{Fe^{3+}/Fe^{2+}}=0.771V$

根据能斯特方程式：

$$\varphi_{Fe^{3+}/Fe^{2+}}=\varphi^{\ominus}_{Fe^{3+}/Fe^{2+}}+\frac{0.0592}{1}\lg\frac{[Fe^{3+}]}{[Fe^{2+}]}$$

$$① \quad \varphi_{Fe^{3+}/Fe^{2+}}=0.771+0.0592\lg\frac{0.10}{1.0}=0.771-0.0592=0.712V$$

$$② \quad \varphi_{Fe^{3+}/Fe^{2+}}=0.771+0.0592\lg\frac{1.0}{0.10}=0.771+0.0592=0.830V$$

【例 2-2】 计算 298.15K 时，当 $[Cl^-]=0.10mol\cdot L^{-1}$，$p(Cl_2)=300kPa$ 时电对 φ_{Cl_2/Cl^-} 值（忽略离子强度的影响）

解： 电极反应 $Cl_2+2e^- \rightleftharpoons 2Cl^-$ $\varphi^{\ominus}_{Cl_2/Cl}=1.36V$

则

$$\varphi_{Cl_2/Cl^-}=\varphi^{\ominus}_{Cl_2/Cl}+\frac{0.0592}{2}\lg\frac{p(Cl_2)/p^{\ominus}}{[Cl^-]^2}$$

$$=1.36+\frac{0.0592}{2}\lg\frac{\frac{300}{100}}{(0.10)^2}=1.43V>\varphi^{\ominus}_{Cl_2/Cl}$$

通过以上两例的计算结果可以看出，在温度一定的条件下，当[Ox]/[Red]的比值增大时，φ 值便增加，当[Ox]/[Red]的比值减小时，φ 值便减小。可见氧化型物质和还原型物质浓度的变化对 φ 值的大小是有影响的。

在有些电极反应中，溶液中的 H^+、OH^- 等物质也参与电极反应，那么溶液酸度的变化也会对 φ 值产生影响。

第二节　电极电势的应用

电极电势除了可以比较氧化剂和还原剂的相对强弱外，还有以下几个方面的应用。

一、原电池正、负极的判断及电动势的计算

组成原电池的两个半电池若均处于标准态，则可直接由 $\varphi^{\ominus}$ 值的大小来判断原电池的正、负极。$\varphi^{\ominus}$ 代数值较小的为负极，$\varphi^{\ominus}$ 代数值较大的为正极。

原电池的标准电动势 $E^{\ominus}=\varphi^{\ominus}_{+}-\varphi^{\ominus}_{-}$。

若组成原电池的两个半电池处于非标准态，则应按能斯特方程式计算出电对的 φ 值。φ 代数值较小的为负极，φ 代数值较大的为正极。原电池的电动势 $E=\varphi_{+}-\varphi_{-}$。

【例 2-3】计算在 298.15K 时，下列两电对组成的原电池的电动势，并写出原电池符号(括号内浓度值为平衡浓度，忽略离子强度的影响)。

$$Fe^{3+}(0.20mol \cdot L^{-1})+e^{-} \rightleftharpoons Fe^{2+}(0.10mol \cdot L^{-1})$$

$$Cu^{2+}(2.0mol \cdot L^{-1})+2e^{-} \rightleftharpoons Cu$$

解：由文献查得

$$\varphi^{\ominus}_{Fe^{3+}/Fe^{2+}}=0.771V，\varphi^{\ominus}_{Cu^{2+}/Cu}=0.3V$$

根据能斯特方程式

$$\varphi_{Fe^{3+}/Fe^{2+}}=\varphi^{\ominus}_{Fe^{3+}/Fe^{2+}}+\frac{0.0592}{1}\lg\frac{[Fe^{3+}]}{[Fe^{2+}]}$$

$$=0.771+0.0592\lg\frac{0.20}{0.10}=0.789(V)$$

$$\varphi_{Cu^{2+}/Cu}=\varphi^{\ominus}_{Cu^{2+}/Cu}+\frac{0.0592}{2}\lg[Cu^{2+}]$$

$$=0.34+\frac{0.0592}{2}\lg2.0=0.35(V)$$

由于 $\varphi_{Fe^{3+}/Fe^{2+}}>\varphi_{Cu^{2+}/Cu}$，所以 Fe^{3+}/Fe^{2+} 电对为正极，Cu^{2+}/Cu 电对为负极。原电池的电动势为

$$E=\varphi_{+}-\varphi_{-}=0.789-0.35=0.44(V)$$

原电池符号为

$(-)\ Cu \mid Cu^{2+}(2.0mol \cdot L^{-1}) \parallel Fe^{2+}(0.10mol \cdot L^{-1}),\ Fe^{3+}(0.20mol \cdot L^{-1}) \mid Pt(+)$

二、判断氧化还原反应的方向和次序

在标准态下，可根据电对的标准电极电势代数值的相对大小来比较氧化剂和还原剂的相对强弱，从而判断氧化还原反应的方向。在标准态下，当所组成原电池的 $E^{\ominus}>0$ 时，氧化还原反应可正向进行；反之，若 $E^{\ominus}<0$，则反应将逆向进行。

如果在非标准态下，一般先用标准电极电势进行比较。当计算得的原电池电动势 $E^{\ominus}>0.2V$ 时，由于浓度等外界因素的影响一般已不能引起反应方向的改变，因而可直接由标准电极电势来进行判断，所得出的结论通常是符合实际的。

但应注意，若电极反应中包含 H^{+}或 OH^{-}，介质的酸碱性对 $E^{\ominus}$ 值影响较大，这时，只有当计算得到的 $E^{\ominus}>0.5V$ 时，才能用标准电极电势进行判断，这样所得到的结论一般是正确的。当计算所得到的原电池电动势 $E^{\ominus}<0.2V$ 时，溶液中离子浓度的改变，可能会使氧化还原反应方向逆转。所以必须用能斯特方程式计算出在该条件下电对的实际电极电势，然后算出原电池的电动势 E，若 $E>0$，则氧化还原反应可正向进行，反之若 $E<0$，则氧化还原反应逆向进行。

严格地说，当参与反应的氧化剂和还原剂处于非标准态时，应该根据能斯特方程式求得在给定条件下各电对的电极电势值，然后再进行比较和判断。不过由于浓度(或气体分

压)的变化对电对电极电势的影响不太大，所以一般仍可以用上述方法来判断氧化还原反应的方向。

【例2-4】试判断在298.15K时，下列氧化还原反应的进行方向(忽略离子强度的影响)：

$$Fe+Cd^{2+} \rightleftharpoons Fe^{2+}+Cd$$

其中$[Cd^{2+}]=0.01mol \cdot L^{-1}$，$[Fe^{2+}]=1mol \cdot L^{-1}$。

解：由文献查得

$$\varphi^{\ominus}_{Fe^{2+}/Fe}=-0.440V，\varphi^{\ominus}_{Cd^{2+}/Cd}=-0.403V$$

在标准态下，反应的原电池标准电动势$E^{\ominus}$为

$$\begin{aligned}E^{\ominus} &= \varphi^{\ominus}_{Cd^{2+}/Cd}-\varphi^{\ominus}_{Fe^{2+}/Fe}=-0.403-(-0.440)\\ &=0.037V<0.2V\end{aligned}$$

因此，在所给条件下，必须根据实际情况，先用能斯特方程式计算出电对的实际电极电势值，求出电动势E后再判断反应进行的方向。

$$\begin{aligned}\varphi_{Cd^{2+}/Cd} &= \varphi^{\ominus}_{Cd^{2+}/Cd}+\frac{0.0592}{2}\lg[Cd^{2+}]\\ &=-0.403+\frac{0.0592}{2}\lg0.01\\ &=-0.462(V)\end{aligned}$$

$$\varphi_{Fe^{2+}/Fe}=\varphi^{\ominus}_{Fe^{2+}/Fe}=-0.440V$$

原电池电动势E为

$$\begin{aligned}E &= \varphi_{Cd^{2+}/Cd}-\varphi_{Fe^{2+}/Fe}\\ &=-0.462-(-0.440)=-0.022(V)<0\end{aligned}$$

所以，上述反应实际上是逆向进行的。

当在混合溶液中有多种还原剂存在时，如果加入一种氧化剂，多种还原剂都有可能被氧化，那么何种还原剂先被氧化呢？氧化还原反应次序的先后取决于参与反应的氧化剂电对和还原剂电对的电极电势差值的大小。一般两电对的电极电势差值较大的先反应，差值较小的后反应，也就是先氧化最强的还原剂。

例如从盐卤中提取Br_2、I_2时，工业上常采用通入氯气的方法，用氯气来氧化Br^-和I^-。从相关资料中可分别查得Cl_2/Cl^-电对，Br_2/Br^-电对和I_2/I^-电对的标准电极电势值，并可由此计算出电对的电极电势差值。

$$\varphi^{\ominus}_{Cl_2/Cl^-}=1.36V \quad \varphi^{\ominus}_{Br_2/Br^-}=1.08V \quad \varphi^{\ominus}_{I_2/I^-}=0.535V$$

因此：

$$E^{\ominus}_1=\varphi^{\ominus}_{Cl_2/Cl^-}-\varphi^{\ominus}_{Br_2/Br^-}=1.36-1.08=0.28V$$

$$E^{\ominus}_2=\varphi^{\ominus}_{Cl_2/Cl^-}-\varphi^{\ominus}_{I_2/I^-}=1.36-0.535=0.83V$$

由于$E^{\ominus}_2>E^{\ominus}_1$，所以当卤水中通入氯气时，首先氧化$I^-$。控制氯气一定的流量，可使$I^-$几乎完全氧化，如果再继续通以氯气，则$Br^-$才能被氧化。

由上可知，氧化还原反应的次序是：当一种氧化剂能氧化几种还原剂时，首先氧化最强的还原剂。同理，当一种还原剂能还原几种氧化剂时，首先还原最强的氧化剂。也即当两个电对的电极电势相差越大，越容易发生氧化还原反应。

在化工生产和科学实验中，有时要对一个复杂化学体系中某一或某些组分进行选择性地氧化或还原处理，而且要求体系中其他组分不发生氧化还原反应，这就要对各组分的有关电对的标准电极电势数据进行比较和分析，从而选出合适的氧化剂或还原剂。

【例 2-5】在含有 Cl^-、Br^-、I^- 三种离子的混合液中，欲使 I^- 氧化为 I_2，而 Br^-、Cl^- 不被氧化，在常用的氧化剂 $Fe_2(SO_4)_3$ 和 $KMnO_4$ 中应选择哪一种？

解：由文献查得

$$\varphi^{\ominus}_{I_2/I^-}=0.535V，\varphi^{\ominus}_{Br_2/Br^-}=1.08V，\varphi^{\ominus}_{Cl_2/Cl^-}=1.36V$$

$$\varphi^{\ominus}_{Fe^{3+}/Fe^{2+}}=0.771V，\varphi^{\ominus}_{MnO_4^-/Mn^{2+}}=1.51V$$

从上述各电对的 $\varphi^{\ominus}$ 值可看出

$$\varphi^{\ominus}_{I_2/I^-}<\varphi^{\ominus}_{Fe^{3+}/Fe^{2+}}<\varphi^{\ominus}_{Br_2/Br^-}<\varphi^{\ominus}_{Cl_2/Cl^-}<\varphi^{\ominus}_{MnO_4^-/Mn^{2+}}$$

若选择 $KMnO_4$ 为氧化剂，由于 $\varphi^{\ominus}_{MnO_4^-/Mn^{2+}}$ 均大于 $\varphi^{\ominus}_{I_2/I^-}$，$\varphi^{\ominus}_{Br_2/Br^-}$ 和 $\varphi^{\ominus}_{Cl_2/Cl^-}$，在酸性介质中 $KMnO_4$ 能将 I^-、Br^-、Cl^- 氧化为 I_2、Br_2、Cl_2，因此应选用 $Fe_2(SO_4)_3$ 作氧化剂才符合要求。

三、判断氧化还原反应的限度

在氧化还原体系中，随着反应的进行，反应物和生成物的浓度不断变化，相应电对的电极电势也不断发生变化。由于从理论上讲，任何氧化还原反应都可以用来构成原电池，因此随着反应的进行，相应原电池电动势也不断改变。在一定条件下，当原电池的电动势为零时，电池反应即氧化还原反应就达到了平衡。氧化还原反应的平衡常数可以根据能斯特方程式利用有关电对的标准电极电势求得。

根据公式

$$\Delta_r G^{\ominus}_m=-2.303RT\lg K^{\ominus}$$

$$\Delta_r G^{\ominus}_m=-n'FE^{\ominus}$$

可得

$$-n'FE^{\ominus}=-2.303RT\lg K^{\ominus}$$

$$\lg K^{\ominus}=\frac{-n'FE^{\ominus}}{2.303RT}=\frac{n'F[\varphi^{\ominus}_{氧}-\varphi^{\ominus}_{还}]}{2.303RT}$$

在 298.15K 时，将 $R=8.314J\cdot K^{-1}\cdot mol^{-1}$，$F=96485J\cdot V^{-1}\cdot mol^{-1}$代入上式，可得

$$\lg K^{\ominus}=\frac{n'[\varphi^{\ominus}_{氧}-\varphi^{\ominus}_{还}]}{0.0592} \tag{2-5}$$

由式(2-5)可见，在一定温度下，当 n'一定时，$K^{\ominus}$ 的大小是由 $\varphi^{\ominus}_{氧}-\varphi^{\ominus}_{还}$的大小决定的。$\varphi^{\ominus}_{氧}-\varphi^{\ominus}_{还}$越大，氧化还原反应进行的也越完全。若式(2-5)中的 $\varphi^{\ominus}_{氧}$，$\varphi^{\ominus}_{还}$用相应的 $\varphi^{\ominus}_{氧}$，$\varphi^{\ominus}_{还}$代替，则求得的是条件平衡常数 $K^{\ominus'}$：

$$\lg K^{\ominus'}=\frac{n'[\varphi^{\ominus'}_{氧}-\varphi^{\ominus'}_{还}]}{0.0592} \tag{2-6}$$

条件平衡常数 $K^{\ominus'}$更能说明在一定条件下反应实际进行的程度。$K^{\ominus'}$表达式与 $K^{\ominus}$表达式

类似，所不同的只是用平衡时反应体系中各组分的总浓度代替了 $K^{\ominus}$ 表达式中的平衡浓度而已。

【例 2-6】(1) 计算 298.15K 时反应 $Ag^{+}+Fe^{2+} \rightleftharpoons Ag+Fe^{3+}$ 的平衡常数 $K^{\ominus}$。

(2) 计算 298.15K 时，$1mol \cdot L^{-1}$ H_2SO_4 溶液中下述反应的条件平衡常数 $K^{\ominus'}$。

$$Ce^{4+}+Fe^{2+} \rightleftharpoons Ce^{3+}+Fe^{3+}$$

解：(1) 查附录可知 $\varphi^{\ominus}_{Ag^{+}/Ag}=0.7999V$，$\varphi^{\ominus}_{Fe^{3+}/Fe^{2+}}=0.771V$ 则

$$\lg K^{\ominus}=\frac{n'[\varphi^{\ominus}_{氧}-\varphi^{\ominus}_{还}]}{0.0592}=\frac{1\times(0.7999-0.771)}{0.0592}=0.488$$

$$K^{\ominus}=3.08$$

(2) 查附录可知 $\varphi^{\ominus'}_{Fe^{3+}/Fe^{2+}}=0.68V$，$\varphi^{\ominus'}_{Ce^{4+}/Ce^{3+}}=1.44V$，则

$$\lg K^{\ominus'}=\frac{n'[\varphi^{\ominus'}_{氧}-\varphi^{\ominus'}_{还}]}{0.0592}=\frac{1\times(1.44-0.68)}{0.0592}=12.8$$

$$K^{\ominus'}=6.3\times10^{12}$$

值得注意的是，根据电对电极电势的相对大小能够判断氧化还原反应进行的方向、次序和限度，但这只是从热力学角度讨论了反应进行的可能性。对于一个具体反应，其实际进行情况还要受到反应速率的影响。氧化还原反应作为一类化学反应，其速率的大小也是主要取决于反应物本身的性质。除此之外，也还要受到反应物浓度、反应温度、催化剂再加上诱导反应的限制等因素的影响。例如在酸性介质中，高锰酸钾与锌反应，尽管反应的平衡常数 $K^{\ominus}$ 很大($K^{\ominus}=10384$)，但由于反应速率非常小而实际上难以察觉，只有加入 Fe^{2+} 作催化剂，反应才能明显进行。

四、元素标准电极电势图及其应用

对于具有多种氧化值的某元素，可将其各种氧化值物质按氧化值从高到低的顺序排列，在每两种氧化值物质之间用横线连接起来，并在横线上标明由这两种氧化值物质所组成电对的标准电极电势值，这种表示某一元素各种氧化值电极电势变化关系的示意图，称为元素的标准电极电势图，简称元素电势图。因是拉特默(W. M. Latimer)首创，故又称为拉特默图。例如在标准态下，氯在碱性介质中的标准电极电势图如下：

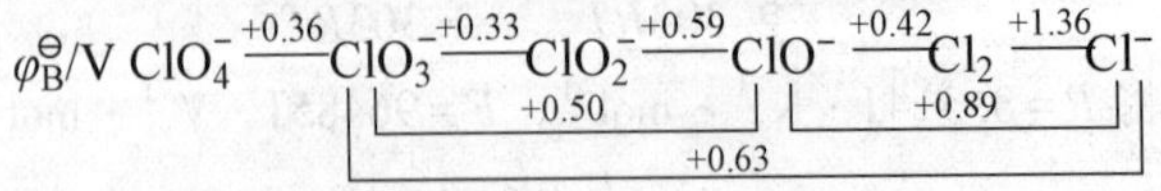

$$\varphi^{\ominus}_B/V\quad ClO_4^- \xrightarrow{+0.36} ClO_3^- \xrightarrow{+0.33} ClO_2^- \xrightarrow{+0.59} ClO^- \xrightarrow{+0.42} Cl_2 \xrightarrow{+1.36} Cl^-$$

(ClO_3^-—ClO^-：+0.50；ClO^-—Cl^-：+0.89；ClO_3^-—Cl^-：+0.63)

元素电势图清楚地表明了同种元素的不同氧化值物质氧化、还原能力的相对大小。元素电势图的主要用途有以下三种。

(1) 求算未知电对的标准电极电势

例如有下列元素电势图：

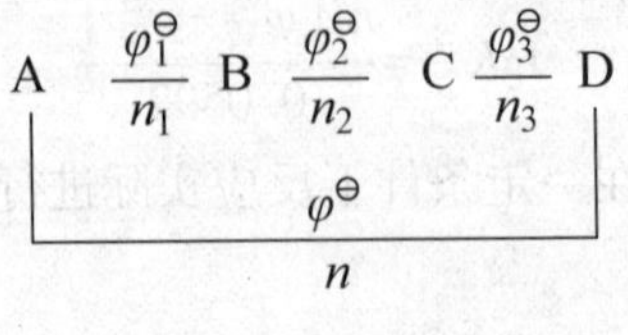

$$A \xrightarrow[n_1]{\varphi_1^{\ominus}} B \xrightarrow[n_2]{\varphi_2^{\ominus}} C \xrightarrow[n_3]{\varphi_3^{\ominus}} D$$

(A—D：$\frac{\varphi^{\ominus}}{n}$)

从理论上可以导出下列公式：

$$n\varphi^{\ominus}=n_1\varphi_1^{\ominus}+n_2\varphi_2^{\ominus}+n_3\varphi_3^{\ominus}$$

$$\varphi^{\ominus}=\frac{n_1\varphi_1^{\ominus}+n_2\varphi_2^{\ominus}+n_3\varphi_3^{\ominus}}{n} \tag{2-7}$$

式中的 n_1、n_2、n_3、n 分别代表各电对的氧化值的改变数，$n=n_1+n_2+n_3$。

【例 2-7】已知 $\varphi_B^{\ominus}/V$

$$BrO_3^- \xrightarrow{+0.565} BrO^- \xrightarrow{?} Br_2 \quad (BrO_3^- \to Br_2: +0.519)$$

求 $\varphi^{\ominus}_{BrO_3^-/Br_2}$。

解：根据公式 $n\varphi^{\ominus}=n_1\varphi_1^{\ominus}+n_2\varphi_2^{\ominus}+n_3\varphi_3^{\ominus}$，可得

$$\varphi^{\ominus}_{BrO_3^-/Br_2}=\frac{4\times\varphi^{\ominus}_{BrO_3^-/BrO^-}+1\times\varphi^{\ominus}_{BrO^-/Br_2}}{5}$$

整理后，得

$$\varphi^{\ominus}_{BrO^-/Br_2}=5\times\varphi^{\ominus}_{BrO_3^-/Br_2^-}-4\times\varphi^{\ominus}_{BrO_3^-/BrO^-}$$

$$=5\times0.519-1\times0.565=0.335(V)$$

(2) 判断能否发生歧化反应

歧化反应是一种自身氧化还原反应。当一种元素处于中间氧化值时，就可能发生歧化反应。利用元素的电势图可以判断一物质能否发生歧化反应。设某元素有三种不同氧化值物质 A、B、C，该元素的电势图如下：

$$A \xrightarrow{\varphi^{\ominus}_{左}} B \xrightarrow{\varphi^{\ominus}_{右}} C$$

要判断处于中间氧化值的物质 B 能否发生歧化反应，则只需比较 A/B 和 B/C 两电对的 $\varphi^{\ominus}$ 值。若 $\varphi^{\ominus}_{右}>\varphi^{\ominus}_{左}$，即 $\varphi^{\ominus}_{B/C}>\varphi^{\ominus}_{A/B}$，由于 $E^{\ominus}=\varphi^{\ominus}_{B/C}-\varphi^{\ominus}_{A/B}>0$，则 B 能发生歧化反应，反应产物为 A 和 C：

$$B \longrightarrow A+C$$

若 $\varphi^{\ominus}_{右}<\varphi^{\ominus}_{左}$，即 $\varphi^{\ominus}_{A/B}>\varphi^{\ominus}_{B/C}$，则 B 不能发生歧化反应，而是发生歧化反应的逆反应：

$$A+C \longrightarrow B$$

【例 2-8】试判断在酸性介质中 MnO_4^{2-} 能否发生歧化反应。已知锰的元素电势图为

$$\varphi_A^{\ominus}/V \quad MnO_4^- \xrightarrow{+0.57} MnO_4^{2-} \xrightarrow{+2.24} MnO_2 \quad (MnO_4^- \to MnO_2: +1.68)$$

解：对于 MnO_4^{2-}，根据元素电势图可知：

$$\varphi^{\ominus}_{右}=\varphi^{\ominus}_{MnO_4^{2-}/MnO_2}=2.24V$$

$$\varphi^{\ominus}_{左}=\varphi^{\ominus}_{MnO_4^-/MnO_4^{2-}}=0.57V$$

因为 $\varphi^{\ominus}_{右}>\varphi^{\ominus}_{左}$，所以在酸性介质中 MnO_4^{2-}，能发生歧化反应。

(3) 解释元素的氧化还原特性

根据元素电势图，还可以说明某一元素的一些氧化还原特性。例如金属铁在酸性介质中的元素电势图为：

$$\varphi^{\ominus}_{A}/V \quad Fe^{3+}\xrightarrow{+0.771}Fe^{2+}\xrightarrow{-0.440}Fe$$

利用此电势图，可以预测金属铁在酸性介质中的一些氧化还原特性。因为 $\varphi^{\ominus}_{Fe^{2+}/Fe}$ 为负值，而 $\varphi^{\ominus}_{Fe^{3+}/Fe^{2+}}$ 为正值，故在稀盐酸或稀硫酸等非氧化性稀酸中 Fe 主要被氧化为 Fe^{2+} 而非 Fe^{3+}：

$$Fe+2H^{+}\rightleftharpoons Fe^{2+}+H_2\uparrow$$

但是在酸性介质中，Fe^{2+} 是不稳定的，易被空气中的氧所氧化。

因为在酸性介质中 $\varphi^{\ominus}_{O_2/H_2O}=1.229V>\varphi^{\ominus}_{Fe^{2+}/Fe}$，所以可发生如下氧化还原反应：

$$4Fe^{2+}+O_2+4H^{+}=\!=\!=4Fe^{2+}+2H_2O$$

由于 $\varphi^{\ominus}_{Fe^{2+}/Fe}<\varphi^{\ominus}_{Fe^{3+}/Fe^{2+}}$，所以 Fe^{2+} 不会发生歧化反应，却可以发生歧化反应的逆反应：

$$Fe+2Fe^{3+}=\!=\!=3Fe^{2+}$$

因此，在 Fe^{2+} 盐溶液中，加入少量金属铁，能避免 Fe^{2+} 被空气中的氧气氧化为 Fe^{3+}。

由此可见，在酸性介质中铁最稳定的离子为 Fe^{3+} 而非 Fe^{2+}。

第三节 电解原理

电解是环境对系统做电功的电化学过程，在电解过程中，电能转变为化学能。例如水的分解反应：

$$H_2O(l)=\!=\!=H_2(p^{\ominus})+\frac{1}{2}O_2(p^{\ominus})$$

因为 $\Delta_r G_m(298.15\ K)=+237.19\ kJ\cdot mol^{-1}>0$，所以在没有非体积功的情况下，反应不能自发进行。但是，根据热力学原理 $\Delta_r G_m\leqslant W'$ 知道，如果环境对上述系统做非体积功(例如电功)，就有可能进行水的分解反应。所以，可以认为电解是利用外加电能的方法迫使反应进行的过程。

在电解池中，与直流电源的负极相连的极叫作阴极，与直流电源的正极相连的极叫阳极。电子从电源的负极沿导线进入电解池的阴极；另一方面，电子又从电解池的阳极离去，沿导线流回正极。这样在阴极上电子过剩，在阳极上电子缺少，电解液(或熔融液)中正离子移向阴极，在阴极上得到电子，进行还原反应；负离子移向阳极，在阳极上给出电子，进行氧化反应。在电解池的两极反应中氧化态物质得到电子或还原态物质给出电子的过程都叫作放电。通过电极反应这一特殊形式，使金属导线中电子导电与电解质溶液中离子导电联系起来。

一、分解电压

在电解一给定的电解液时，需要对电解池施以多少电压才能使电解顺利进行？下面以铂作电极，电解 $0.100\ mol \cdot dm^{-3}\ Na_2SO_4$ 溶液为例说明。

将 $0.100\ mol \cdot dm^{-3}\ Na_2SO_4$ 溶液按图 2-4 的装置进行电解。通过可变电阻 R 调节外电压 V，从电流计 A 可以读出在一定外加电压下的电流数值。接通电路并逐渐增大外加电压，可以发现。在外加电压还渐增加到 1.23V 时。电流仍很小，电极上没有气泡发生；当电压增加到约 1.7V 时，电流开始明显增大。而以后随电压的增加，电流迅速增大，同时，在两极上有明显的气泡发生，电解能够顺利进行。通常将足够顺利进行的最低电压称为实绩分解电压，简称分解电压。

把上述实验结果以电压对电流密度(单位面积电极上通过的电流)作图，可得图 2-5 的曲线。图中 *D* 点的电压读数即为实际分解电压。各种物质的分解电压可通过实验测定。

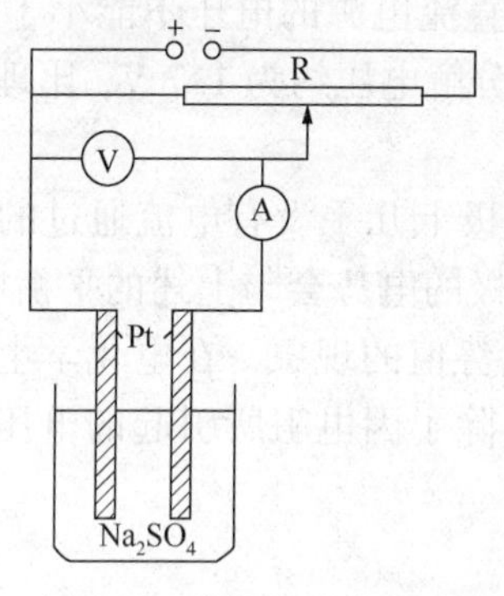

图 2-4　分解电压的测定

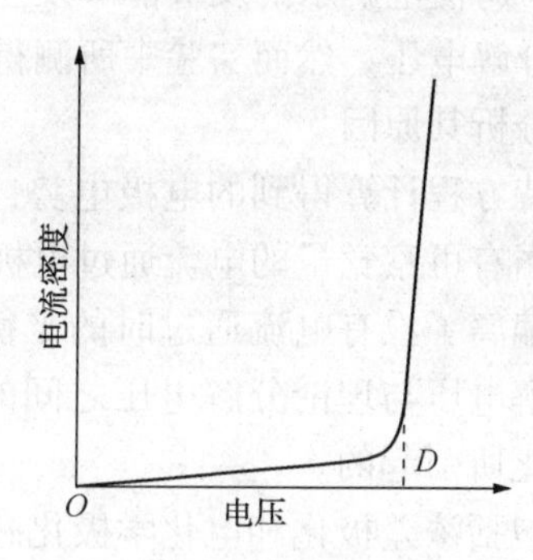

图 2-5　分解电压

不同电解反应的分解电压不相同，原因可以从电极反应和电极电势来分析。理论分解电压的产生和理论计算，以电解水为例(以硫酸钠为导电物质)：

阴极反应析出氢气　　$2H^{+}+2e^{-} = H_2$

阳极反应析出氧气　　$2OH^{-} = H_2O+\frac{1}{2}O_2+2e^{-}$

而部分氢气和氧气分别吸附在铂电极表面，组成了氢氧原电池：

$$Pt \mid H_2(100kPa) \mid Na_2SO_4(0.100mol \cdot dm^{-3}) \mid O_2(100kPa) \mid Pt$$

该原电池的电动势与外加直流电源的电动势相反，只有当外加直流电源(例如蓄电池)的电压大于该原电池的电动势，才能使电解顺利进行。容易想象，如果外加的电压小于该原电池的电动势，原电池将对外加电源输出电功，使外加电源发生电解反应；如果外加的电压等于该原电池的电动势，则电路中不会有电流通过，电解池和外加电源(蓄电池)中也不会有氧化还原反应发生。这样看来，分解电压是由于电解产物在电极上形成某种原电池，产生反向电动势而引起的。

分解电压的理论数值可以根据电解产物及溶液中有关离子的浓度计算得到。例如，对于上述电解水时形成的氢氧原电池，容易通过计算得出该原电池的电动势 *E*。

$0.100\ mol \cdot dm^{-3}\ Na_2SO_4$，水溶液中 pH=7，即 $c(H^{+})=c(OH^{-})=1.00\times10^{-7}\ mol \cdot dm^{-3}$。

氧电极反应　　$H_2O+\frac{1}{2}O_2+2e^{-} = 2OH^{-}$

氧电极电势
$$\varphi(O_2/OH^-)=\varphi^{\ominus}-\frac{RT}{2F}\ln\frac{\{c(OH^-)/c^{\ominus}\}^2}{\{p(O_2)/p^{\ominus}\}^{1/3}}$$

$$=0.401V-(0.05917V/2)\lg(1.00\times10^{-7})=0.815V$$

氢电极反应
$$H_2 = 2H^+ + 2e^-$$

氢电极电势
$$\varphi(H^+/H_2)=\varphi^{\ominus}-\frac{RT}{2F}\ln\frac{p(H_2)/p^{\ominus}}{\{c(H^+)/c^{\ominus}\}^2}$$

$$=(0.05917V/2)\lg(1.00\times10^{-7})^2=-0.414V$$

此电解产物组成的氢氧原电池的电动势为

$$E=0.815V-(-0.414V)=1.23V$$

这就是说，为使电解水的反应能够发生，外加直流电源的电压不能小于1.23 V，这个电压称为理论分解电压。然而实验中所测得的实际分解电压约为1.7 V，比理论分解电压高出很多，下面分析其原因。

按照能斯特方程计算得到的电极电势，是在电极上几乎没有电流通过的条件下的平衡电极电势。但当有可察觉量的电流通过电极时，电极的电势会与上述的平衡电势有所不同。这种电极电势偏离了没有电流通过时的平衡电极电势值的现象，在电化学上称为极化。电解池中实际分解电压与理论分解电压之间的偏差，除了因电阻所引起的电压降以外，就是由于电极的极化所引起的。

电极极化包括浓差极化和电化学极化两个方面。

(1) 浓差极化

浓差极化现象是由于离子扩散速率缓慢所引起的。它可以通过搅拌电解液和升高温度，使离子扩散速率增大而得到一定程度的消除。

在电解过程中，离子在电极上放电的速率总是比溶液中离子扩散速率快，使得电极附近的离子浓度与溶液中间部分的浓度有差异(在阴极附近的正离子浓度小于溶液中间部分的浓度，而在阳极附近的正离子浓度大于溶液中间部分的浓度)，这种差异随着电解池中电流密度的增大而增大。不难理解，在浓差极化的情况下，为使电解池阳极上发生氧化反应，外电源加在阳极上的电势必须比没有浓差极化时的更正(大)一些；同样可以理解，为使电解池阴极上发生还原反应。外电源加在阴极上的电势必须比没有浓差极化时的更负(小)一些，也就是说在浓差极化的情况下，实际分解电压(外电源两极之间的电势差)比理论分解电压更大。

(2) 电化学极化

电化学极化是由电解产物析出过程中某一步骤(如离子的放电、原子结合为分子、气泡的形成等)反应速率迟缓而引起电极电势偏离平衡电势的现象。即电化学极化是由电化学反应速率决定的。对电解液的搅拌，一般并不能消除电化学极化的现象。

有显著大小的电流通过时电极的电势φ(实)与没有电流通过时电极的电势φ(理)之差的绝对值被定义为电极的超电势η。即

$$\eta=\varphi(实)-\varphi(理)$$

电解时电解池的实际分解电压E(实)与理论分解电压E(理)之差则成为超电压E(超)，φ 即

$$E(超)=E(实)-E(理)$$

显然，超电压与超电势之间的关系为 $E(超)=\eta<(阴)+\eta(阳)$

在上述电解 0.100 mol · dm^{-3} Na_2SO_4水溶液的电解池中，超电压为

$$E(超)=E(实)-E(理)=1.70V-1.23V=0.47V$$

影响超电势的因素主要有以下三个方面：

① 电解产物。金属超电势较小。气体的超电势较大，而氢气、氧气的超电势则更大。

② 电极材料和表面状态。同一电解产物在不同电极上的超电势数值不同，且电极表面状态不同时超电势数值也不同(表 2-2)。

③ 电流密度。随着电流密度增大超电势增大。使用超电势的数据时，必须指明电流密度的数值或具体条件(表 2-2)。

表 2-2 298.15K 时 H_2、O_2、Cl_2 在一些电极上的超电势

电 极	电流密度/(A · m^{-2})				
	10	100	1000	5000	50000
从 0.5mol · dm^{-2} H_2SO_4 溶液中释放 H_2(g)					
Ag	0.097	0.13	0.30	0.48	0.69
Fe	—	0.56	0.82	1.29	—
石墨	0.002	—	0.32	0.60	0.73
光亮 Pt	0.0000	0.16	0.29	0.68	—
镀 Pt	0.0000	0.030	0.041	0.048	0.051
Zn	0.48	0.75	1.06	1.23	—
从 1mol · dm^{-3} KOH 溶液中释放 O_2(g)					
Ag	0.58	0.73	0.96	—	1.13
Cu	0.42	0.58	0.56	—	0.79
石墨	0.53	0.90	1.09	—	1.24
光亮 Pt	0.72	0.85	1.28	—	1.49
镀 Pt	0.40	0.52	0.64	—	0.77
从饱和 NaCl 溶液中释放 Cl_2(g)					
石墨	—	—	0.25	0.42	0.53
光亮 Pt	0.008	0.03	0.054	0.161	0.236
镀 Pt	0.006	—	0.026	0.05	—

电极上超电势的存在，使得电解所需的外加电压增大，消耗更多的能源，因此人们常常设法降低超电势。但是，有时超电势也会给人们带来便利。例如，在 铁板上电镀锌(利用电解的方法在铁板上沉积一层金属锌)时，如果没有超电势，由于 $\varphi<(H^+/H_2)>\varphi(Zn^{2+}/Zn)$，所以在阴极铁板上析出的是氢气而不是金属锌。但是，控制电解条件。使得氢的超电势很大，实际上就可以析出金属锌。

二、电解池中两极的电解产物

在讨论了分解电压和超电势的概念以后，便可进一步讨论电解时两极的产物。

如果电解的是熔融盐，电极采用铂或石墨等惰性电极，则电极产物只可能是熔融盐的正、负离子分别在阴、阳两极上进行还原和氧化后所得的产物。例如，电解熔融 $CuCl_2$，在阴极得到金属铜，在阳极得到氯气。

如果电解的是盐类的水溶液，电解液中除了盐类离子外还有 H^+ 和 OH^- 存在，电解时究竟是哪种离子先在电极上析出就值得讨论了。

从热力学角度考虑，在阳极上进行氧化反应的首先是析出电势(考虑超电势因素后的实际电极电势)代数值较小的还原态物质；在阴极上进行还原反应的首先是析出电势代数值较大的氧化态物质。

简单盐类水溶液电解产物的一般情况如下。

阴极析出的物质：

① 电极电势代数值比 $\varphi<(H^+/H_2)$ 大的金属正离子首先在阴极还原析出；

② 一些电极电势比 $\varphi<(H^+/H_2)$ 小的金属离子(如 Zn^{2+}、Fe^{2+} 等)，则由于比的超电势较大，这些金属正离子的析出电势仍可能大于 H^+ 的析出电势(可小于 1.0 V)，因此这些金属也会首先析出。

③ 电极电势很小的金属离子(如 Na^+、K^+、Mg^{2+}、Al^{3+} 等)，在阴极不易被还原，而总是水中的 H^+ 被还原成 H_2 而析出。

阳极析出的物质：

① 金属材料(除 Pt 等惰性电极外，如 Zn 或 Cu、Ag 等)作阳极时，金属阳极首先被氧化成金属离子溶解。

② 惰性材料用作电极时，溶液中存在 S^{2-}、Br^-、Cl^- 等简单负离子时，如果从标准电极电势数值来看，$\varphi<(O_2/OH^-)$ 比它们的小，似乎应该是 OH^- 在阳极上易于被氧化而产生氧气。然而由于溶液中 OH^- 浓度对中 $\varphi<(O_2/OH^-)$ 的影响较大，再加上 O_2 的超电势较大，OH^- 析出电势可大于 1.7 V，甚至还要大。因此电解 S^{2-}、Br^-、Cl^- 等简单负离子的盐溶液时在阳极可以优先析出 S、Br_2、Cl_2。

③ 用惰性阳极且溶液中存在复杂离子如 SO_4^{2-} 等时，由于其电极电势 $\varphi^\ominus<(SO_4^{2-}/S_2O_8{}^{2-})=+2.01$ V，比 $\varphi^\ominus<(O_2/OH^-)$ 还要大，因而一般都是 OH^- 首先被氧化而析出氧气。

例如，在电解 NaCl 浓溶液(以石墨作阳极，铁作阴极)时，在阴极能得到氢气，在阳极能得到氯气；在电解 $ZnSO_4$ 溶液(以铁作阴极，石墨作阳极)时，在阴极能得到金属锌，在阳极能得到氧气。

第四节　电化学腐蚀与防护

当金属与周围介质接触时，由于发生化学作用或电化学作用而引起金属的破坏叫作金

属的腐蚀。因此，了解腐蚀发生的原理及防护方法有十分重要的意义。

一、腐蚀的分类

根据金属腐蚀过程的不同特点，可以分为化学腐蚀和电化学腐蚀两大类。

1. 化学腐蚀

单纯由化学作用而引起的腐蚀叫作化学腐蚀。金属在干燥气体或无导电性的非水溶液中的腐蚀，都属于化学腐蚀。温度对化学腐蚀的影响很大。例如，钢材在高温下容易被氧化，生成一层由 FeO、Fe_2O_3和 Fe_3O_4组成的氧化层，同时还会发生脱碳现象。这主要由于钢铁中的渗碳体(Fe_3C)按下式与气体介质作用所产生的结果：

$$Fe_3C+O_2 = 3Fe+CO_2$$

$$Fe_3C+CO_2 = 3Fe+2CO$$

$$Fe_3C+H_2O = 3Fe+CO+H_2$$

反应生成的气体产物离开金属表面，而碳从邻近尚未反应的金属内部逐渐地扩散到这一反应区，于是金属层中的碳逐渐减少，形成了脱碳层(图 2-6)。钢铁表面由于脱碳致使硬度减小、疲劳极限降低。

此外在原油中含有多种形式的有机硫化物，对金属输油管及容器也会产生化学腐蚀。

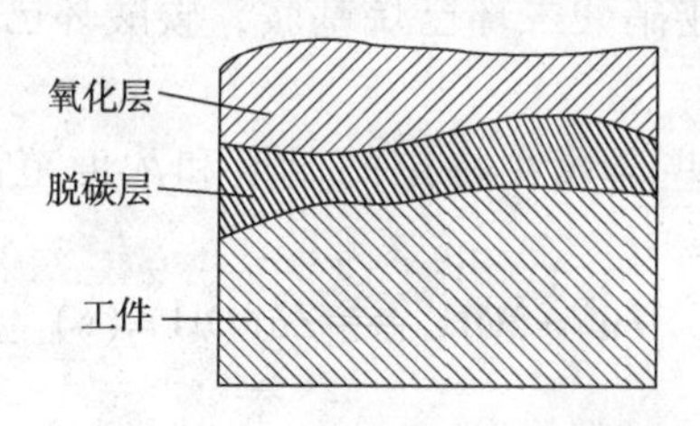

图 2-6　工件表面氧化脱碳示意图

2. 电化学腐蚀

当金属与电解质溶液接触时，由电化学作用而引起的腐蚀叫作电化学腐蚀。金属在大气中的腐蚀，在土壤及海水中的腐蚀和在电解质溶液中的腐蚀都是电化学腐蚀。

电化学腐蚀的特点是形成腐蚀电池，电化学腐蚀过程的本质是腐蚀电池放电的过程。电化学腐蚀过程中，金属通常作为阳极，被氧化而腐蚀；阴极则根据腐蚀类型不同，可发生氢或氧的还原，析出氢气或氧气。

钢铁在大气中的腐蚀通常为析氧腐蚀，腐蚀电池的阴极反应为

$$\frac{1}{2}O_2(g)+H_2O(l)+2e^- = 2OH^-(aq)$$

将铁完全浸没在酸溶液中，由于溶液中氧气含量较低，阴极反应也可以是析氢反应：

$$2H^+(aq)+2e^- = H_2(g)$$

二、金属腐蚀的防止

金属防腐的方法很多。例如，可以根据不同的用途选用不同的金属或非金属，组成耐

腐合金以防止金属的腐蚀；也可以采用油漆、电镀、喷镀或表面钝化等方法形成非金属或金属覆盖层而与介质隔绝的方法以防止腐蚀。下面介绍缓蚀剂法和阴极保护法。

1. 缓蚀剂法

在腐蚀介质中，加入少量能减小腐蚀速率的物质以防止腐蚀的方法叫作缓蚀剂法。所加的物质叫作缓蚀剂。缓蚀剂按其组分可分成无机缓蚀剂和有机缓蚀剂两大类。

① 无机缓蚀剂。在中性或碱性介质中主要采用无机缓蚀剂，如铬酸盐等。它们主要在金属的表面形成氧化膜或沉淀物。例如铬酸钠(Na_2CrO_4)在中性水溶液中，可使铁氧化成氧化铁(Fe_2O_3)，并与铬酸钠的还原产物 Cr_2O_3 形成复合、氧化物保护膜。

$$2Fe+2Na_2CrO_4+2H_2O = Fe_2O_3+Cr_2O_3+4NaOH$$

又如，在含有氧气的近中性水溶液中，硫酸锌对铁有缓蚀作用。这是因为锌离子能与阴极上经 $O_2+2H_2O+4e^- = 4OH^-$ 反应产生的 OH^- 生成难溶的氢氧化锌沉淀保护膜。

② 有机缓蚀剂。在酸性介质中，无机缓蚀剂的效率较低，因而常采用有机缓蚀剂。它们一般是含有 N、S、O 的有机化合物。常用的缓蚀剂有乌洛托品[六亚甲基四胺 $(CH_2)_6N_4$]、若丁(其主要组分为二邻苯甲基硫脲)等。

在有机缓蚀剂中还有一类气相缓蚀剂。它们是一类挥发速率适中的物质，其蒸气能溶解于金属表面的水膜中。当金属制品吸附缓蚀剂后，再用薄膜包起来，就可达到缓蚀的作用。常用的气相缓蚀剂有亚硝酸二环已烷基胺，碳酸环已烷基胺和亚硝酸二异丙烷基胺等。

不同的缓蚀剂各自对某些金属在特定的温度和浓度范围内才有效，具体需由实验决定。

$$Zn^{2+}+2OH^- = Zn(OH)_2(s)$$

2. 阴极保护法

阴极保护法就是将被保护的金属作为腐蚀电池的阴极(原电池的正极)或作为电解池的阴极而不受腐蚀。前一种是牺牲阳极(原电池的负极)保护法，后一种是外加电流法。

① 牺牲阳极保护法。这是将较活泼金属或其合金连接在被保护的金属上，使形成原电池的方法。较活泼金属作为腐蚀电池的阳极而被腐蚀，被保护的金属则得到电子作为阴极而达到保护的目的。一般常用的牺牲阳极材料有铝合金镁合金、锌合金和锌铝镉合金等。牺牲阳极法常用于保护海轮外壳、锅炉和海底设备。

② 外加电流法。在外加直流电的作用下，用废钢或石墨等难溶性导电物质作为阳极，将被保护金属作为电解池的阴极而进行保护的方法。

我国海轮外壳、海湾建筑物(如防波堤、闸门、浮标)、地下建筑物(如输油管、水管、煤气管、电缆、铁塔脚)等大多已采用了阴极保护法来保护，防腐效果十分明显。

应当指出，工程上制造金属制品时，除了应该使用合适的金属材料以外，还应从金属防腐的角度对结构进行合理的设计，以避免因机械应力、热应力、流体的停滞和聚集等原因加速金属的腐蚀过程。由于金属的缝隙、拐角等应力集中部分容易成为腐蚀电池的阳极而受到腐蚀，所以合理地设计金属构件的结构是十分重要的。此外还要注意避免使电极电势相差很大的金属材料互相接触。当必须把不同的金属装配在一起时，最好使用橡皮、塑料及陶瓷等不导电的材料把金属隔离开。

思考题

【2-1】有人因铜不易被腐蚀而在某钢铁设备上装铜质阀门，你认为是否合适？为什么？

【2-2】为什么 $SnCl_2$ 溶液长期储存易失去还原性？

【2-3】为何金属银不能从稀硫酸或盐酸中置换出氢气，却能从氢碘酸中置换出氢气？

【2-4】铁溶于过量盐酸或稀硝酸，其氧化产物有何不同？

【2-5】将铁片和锌片分别浸入稀硫酸中，它们都被溶解，并放出氢气，如果将两种金属同时浸入稀硫酸中，两端用导线连接，这时有什么现象发生？是否两种金属都溶解了？氢气在哪一片金属上逸出？试说明理由。

练习题

2-1　根据下列原电池反应，分别写出各原电池中正、负电极的电极反应(须配平)。

① $Zn+Fe^{2+}$ ══ $Zn^{2+}+Fe$

② $2I^-+2Fe^{3+}$ ══ I_2+2Fe^{2+}

③ $Ni+Sn^{4+}$ ══ $Ni^{2+}+Sn^{2+}$

④ $5Fe^{2+}+8H^++MnO_4^-$ ══ $Mn^{2+}+5Fe^{3+}+4H_2O$

2-2　将各氧化还原反应组成原电池分别用图式表示原电池。

① $Zn+Fe^{2+}$ ══ $Zn^{2+}+Fe$

② $2I^-+2Fe^{3+}$ ══ I_2+2Fe^{2+}

③ $Ni+Sn^{4+}$ ══ $Ni^{2+}+Sn^{2+}$

2-3　已知锌汞电池的反应为

$Zn(s)+HgO(s)$ ══ $ZnO(s)+Hg(l)$

根据标准吉布斯自由能数据，计算 298K 时该电池的标准电动势。

已知 $\Delta_f G^{\ominus}_{(HgO)}=-58.53kJ\cdot mol^{-1}$，$\Delta_f G^{\ominus}_{(ZnO)}=-318.2kJ\cdot mol^{-1}$

2-4　计算由标准氢电极和标准镍电极组成的原电池反应的标准吉布斯函数变，写出原电池的图式。

2-5　计算 Zn^{2+} 浓度为 $0.001mol\cdot dm^{-3}$ 时的电极电势(298.15K)。

2-6　已知 25℃，$Fe^{3+}+e^-$ ══ Fe^{2+}，$\varphi^{\ominus}=0.771V$。试求 $[Fe^{3+}]/[Fe^{2+}]=10000$ 时的 $\varphi(Fe^{3+}/Fe^{2+})$ 值。

2-7　计算 OH^- 浓度为 $0.100\ mol\cdot dm^{-3}$ 时，氧的电极电势 $\varphi(O_2/OH^-)$。已知：$p(O_2)=100kPa$，$T=298.15K$。

2-8　求高锰酸钾在 $c(H^+)=1.000\times10^{-5}\ mol\cdot dm^{-3}$ 时的弱酸性介质中的电极电势，$T=298.15K$，设其中的 $c(MnO_4^-)=c(Mn^{2+})=1.00\ mol\cdot dm^{-3}$。

2-9　25℃，将锡和铅的金属片分别插入含有该金属离子的溶液中并组成原电池(用图式表示，要注明浓度)。

$$c(Sn^{2+})=0.0100\ mol\cdot dm^{-3},\ c(Pb^{2+})=1.00\ mol\cdot dm^{-3}$$

计算原电池的电动势，写出原电池的两电极反应和电池总反应式。

2-10　在含有 Ag^{+}/Ag 电对的体系中，电极反应为

$$Ag^{+}+e^{-}=\!=\!=Ag;\ \varphi^{\ominus}(Ag^{+}/Ag)=0.7991V$$

若加入 NaCl 溶液至溶液中 $c(Cl^{-})$ 维持 $1.00\ mol\cdot dm^{-3}$ 时，试计算 $\varphi(Ag^{+}/Ag)$ 值。

2-11　下列三个电对中，在标准条件下，哪个是最强的氧化剂？若其中的 MnO^{4-} 改为 pH 值在 5.00 的条件下，它们的氧化性相对强弱顺序将发生怎样的改变？

$$\varphi^{\ominus}(MnO_4^{-}/Mn^{2+})=+1.507V$$

$$\varphi^{\ominus}(Br_2/Br^{-})=+1.066V$$

$$\varphi^{\ominus}(I_2/I^{-})=+0.5355V$$

第三章　分析化学基础

分析化学是人们获得物质化学组成和结构信息的科学，是研究物质及其变化规律的重要方法之一，是化学学科的一个重要分支。分析化学包括成分分析和结构分析两个方面。成分分析的目的是确定物质各组成部分的含量。在实际工作中，首先须了解物质的定性组成，然后根据测定要求选择适当的定量分析方法。分析方法分为化学分析法和仪器分析法。化学分析法是以物质的化学反应为基础的分析方法；仪器分析法则是利用特定仪器，以物质的物理和化学性质为基础的分析方法。在化学学科的发展及与化学有关的各科学领域中，分析化学都有着举足轻重的地位。几乎任何科学研究，只要涉及化学现象，分析化学就要作为一种手段被运用其中。

原油的勘探、开发和加工利用过程中，需要对储层岩石、储层流体、产液、钻井液、驱替液、原油组成等进行各种分析，因此石油工程相关专业的人员需要掌握一定的分析化学知识，本书只简单介绍石油工业中常用的分析方法，具体方法的原理和操作等，可以查阅相关专业书籍。

第一节　定量分析

前面已经提到，分析化学中的成分分析按其任务可以分为定性分析与定量分析两个部分。但在一般情况下，分析试样的来源、主要成分及主要杂质都是已知的，尤其是工业生产中的原料分析、中间产品的控制分析和出厂成品的质量检查等，常常不再需要进行定性分析，而只需要进行定量分析，故在此主要介绍定量分析的各种方法。

在进行定量分析时，可以采用不同的分析方法，一般可将这些方法分为两大类，即化学分析方法与仪器分析方法。

一、化学分析法

化学分析法就是以化学反应为基础的分析方法，如重量分析法和滴定分析法。

通过化学反应及一系列操作步骤使试样中的待测组分转化为另一种纯粹的、固定化学组成的化合物，再称量该化合物的质量，从而计算出待测组分的含量，这样的分析方法称为重量分析法。

将已知浓度的试剂溶液，滴加到待测物质溶液中，使其与待测组分发生反应，而加入的试剂量恰好为完成反应所必需的，根据加入试剂的准确体积计算出待测组分的含量，这样的分析方法称为滴定分析法(旧称容量分析法)。依据不同的反应类型，滴定分析法又可分为酸碱滴定法(又称中和法)、沉淀滴定法(又称容量沉淀法)、配位滴定法(又称络合滴定法)和氧化还原滴定法。

重量分析法和滴定分析法通常用于高含量或中含量组分的测定，即待测组分的含量一般在1%以上。重量分析法的准确度比较高，至今还有一些测定是以重量分析法为标准方法的，但分析速度较慢。滴定分析法操作简便、快速，测定结果的准确度也较高(在一般情况下相对误差为0.2%左右)。所用仪器设备又很简单，是重要的例行测试手段之一，因此滴定分析法在生产实践和科学实验上都具有很大的实用价值。

二、仪器分析法

该方法是借助光电仪器测量试样的光学性质(如吸光度或谱线强度)、电学性质(如电流、电位、电导)等物理或物理化学性质来求出待测组分含量的方法。利用物质的光学性质建立的测定方法称为光学分析法；利用物质的电学性质建立的测定方法称为电化学分析法。随着当代科学技术的迅速发展，新成就被不断应用于分析化学，新的测试方法及测试仪器日益增多，在此仅作简单介绍。

1. 光学分析法

吸光光度法：有的物质，其吸光度与浓度有关。例如$K_2Cr_2O_7$溶液越来浓度越大，其颜色越深，吸光度越大，利用这一性质可作铬的吸光度测定，从而确定$K_2Cr_2O_7$的浓度。这种方法称为吸光光度法。近年来各种光度法如双波长、三波长、示差等方法应用越多，可在一定程度上消除杂质干扰，免去分离步骤。

红外、紫外吸收光谱分析法：用红外光或紫外光照射不同的试样，如有机化合物，可得到不同的光谱图，根据图谱能够测定有机物质的结构及含量等，这类方法称为红外吸收光谱分析法和紫外吸收光谱分析法。

发射光谱分析法：利用不同的元素可以产生不同光谱的特性．通过检查元素光谱中几根灵敏而且较强的谱线(“最后线”)可进行定性分析。此外，还可根据谱线的强度进行定量测定，这种方法称为发射光谱分析法。

原子吸收光谱分析法：是利用不同的元素可以吸收不同波长的光的性质建立起来的分析方法。

荧光分析法：某些物质在紫外线照射下可产生荧光，在一定条件下，荧光的强度与该物质的浓度成正比，利用这一性质所建立的测定方法，称荧光分析法。

2. 电化学分析法

电重量分析法：该法是使待测定的组分借电解作用，以单质或以氧化物形式在已知质量的电极上析出，通过称量，求出待测组分的含量。电重量分析法是最简单的电化学分析法。

电容量分析法：该法的原理与一般滴定分析法相同，但它的滴定终点不是依靠指示剂来确定，而是借溶液电导、电流或电位的改变找出。如电导滴定、电流滴定和电位滴定。

电位分析法：该方法是电化学分析法的重要分支，它的实质是通过在零电流条件下测定两电极间的电位差来进行分析测定的。从20世纪60年代开始在电位测定法的领域内研制出一类新的电极，就是“离子选择性电极”，由于这类电极对待测离子具有一定选择性，使测定简便快速。近年来修饰电极引起了人们很大的兴趣，这一类电极是用化学方法使电极表面改性，或在电极表面涂敷一层能引起某种特殊反应或功能的聚合物，以利于分析与测定。

极谱分析法：该方法也属于电化学分析法。它是利用对试液进行电解时，在极谱仪上得到的电流-电压曲线(极谱图)来确定待测组分及其含量的方法。

3. 色谱分析法

色谱分析法又名色层法(主要有液相色谱法和气相色谱法)，是一种用以分离、分析多组分混合物的极有效的物理及物理化学分析方法。这一方法具有高效、快速、灵敏和应用范围广等特点。具有高效能的毛细管气相色谱法与高效薄层色谱法已经得到普遍应用。

近年来，质谱法、核磁共振波谱法、电子探针和离子探针微区分析法等发展迅速。

仪器分析法的优点是操作简便而快速，最适用于生产过程中的控制分析，尤其在组分的含量很低时，更加需要用仪器分析法。但有的仪器价格较高，日常维护要求高，维修也比较困难。在实际工作中，一般在进行仪器分析之前，时常要用化学方法对试样进行预处理(如富集、除去干扰杂质等)。在建立测定方法过程中，要把未知物的分析结果和已知的标准做比较，而该标准则常需以化学法测定，所以化学分析法与仪器分析法是互补充、相辅相成的。

第二节　化学分析法

一、重量分析法

重量分析法，指的是通过物理或化学反应将试样中待测组分与其他组分分离，然后用称量的方法测定该组分的含量。重量分析的过程包括了分离和称量两个过程。重量分析法根据将被测成分以单质或纯净化合物的形式分离出来，然后准确称量单质或化合物的质量，再以单质或化合物的质量及供试样品的质量来计算被测成分的百分含量。

1. 几种常用的分析重量法

重量分析法简称重量法，是将被测组分与试样中的其他组分分离后，转化为一定的称量形式，然后用称量方法测定它的质量，再据此计算该组分的含量的定量分析法。根据待测组分与试样中其他组分分离方法的不同，可以分为沉淀法、气化法和电解法。

(1) 气化重量法

气化重量法是用适当的方法使待测组分从试样中挥发逸出后。再根据试样质量的减少值或吸收待测组分的吸收剂质量的增加值来计算该组分含量的方法。例如，测定某纯净化合物结晶水的含量，可以加热烘干试样至恒重，使结晶水全部气化逸出，试样所减少的质量就等于所含结晶水的质量。又如，测定某试样中CO_2的含量，可以设法使CO_2全部逸出，用碱石灰作为吸收剂来吸收，然后根据吸收前、后碱石灰质量之差来计算 CO_2 的含量。

(2) 电解重量法

电解法又称电重量法。重量分析法的全部数据都是由分析天平称量获得的，不需要基准物质或标准溶液进行比较。由于称量误差一般很小，如果分析方法可靠，操作细心，对常量组分的测定，通常能得到准确的分析结果，测定的相对误差一般不大于0.1%。但重量法操作烦琐，分析周期长，且不适用于微量分析和痕量组分的测定，因此应用受到限制。目前，主要用于含量不太低的硅、硫、磷、钨、钼、镍及稀土元素的精确测定和做仲裁分析。例如，要测定某试液中 Cu^{2+} 的含量，可以通过电解使试液中的 Cu^{2+} 全部在阴极析出，电解前、后阴极质量之差就等于试液中 Cu^{2+} 的质量。

(3) 沉淀重量法

沉淀法是重量分析法中应用最广泛的一种方法，这种方法是以沉淀反应为基础，将被测组分转化成难溶化合物沉淀下来，再将沉淀过滤、洗涤、烘干或灼烧，最后称量沉淀的质量。根据沉淀的质量算出待测组分的含量。例如，测定试液中 SO_4^{2-} 的含量时，可加入过量 $BaCl_2$ 作为沉淀剂，使 SO_4^{2-} 全部沉淀为 $BaSO_4$，再将 $BaSO_4$ 沉淀过滤、洗涤、灼烧，最后称重，据此计算出 SO_4^{2-} 的含量。

重量分析法中的全部数据都是直接由分析天平称量得来的，不需要像滴定分析法那样还要经过与基准物质或标准溶液进行比较，也不需要用容量器皿测定的体积数据，因而没有这些方面的误差。因此，对于高含量组分的测定，重量分析法具有准确度较高的优点，测定的相对误差一般不大于0.1%。重量分析法的不足之处是操作烦琐，费时较长，对低含量组分的测定误差较大。

2. 重量分析法对沉淀的要求

(1) 对沉淀形式的要求

① 沉淀的溶解度要小，以使沉淀反应有足够的完全度。如果沉淀不完全，就会造成分析误差。

② 沉淀要纯净，要尽量避免杂质对沉淀的污染，以免引起测定误差，同时沉淀要易于过滤和洗涤。要得到纯净并易于过滤的沉淀。就要根据晶形沉淀和无定形沉淀的不同特点而选择适当的沉淀条件。

③ 沉淀要易于转化为称量形式。

(2) 对称量形式的要求

① 称量形式的实际组成必须与化学式完全相符，这是对称量形式最基本的要求。如果组成与化学式不相符，则不可能得到正确的分析结果。

② 称量形式必须稳定。稳定是指称量形式不易吸收空气中的水分和二氧化碳，在干燥或灼烧时不易分解等。称量形式如果不稳定，就无法准确称量。

③ 称量形式的相对分子质量应比较大。称量形式的相对分子质量越大，被测组分在其中的相对含量越小，越可以减少称重时的相对误差，提高分析的准确度。

3. 重量分析法的应用

由于重量分析法是直接用分析天平对物质进行称量来测定物质的含量，因此，对含量高的成分，即常量成分的测定具有很高的准确度和精密度。一些常见的非金属元素(如硅、

磷、硫等)在样品中通常是常量成分，因此，常用重量分析法进行测定。一些常见的金属元素(如铁、钙、镁等)在样品中也通常是常量成分，因此，也常用重量分析法进行测定。

用重量分析法测定常量成分时，要根据样品和待测成分的性质采用适当的分离方法和称量形式。例如，在分析硅酸盐中硅的含量时，一般是设法将硅酸盐转化为硅酸沉淀后，再灼烧为二氧化硅进行称量。在分析含磷样品中磷的含量时，一般是设法将磷全部转化为正磷酸后，再用钼酸盐转化为磷钼杂多酸盐沉淀，将沉淀烘干后再进行称量。在分析含钾样品中的钾时，可用四苯硼钠将 K^+沉淀为四苯硼钾后再烘干进行称量。

一些化学性质相近的物质常常共存于混合物中，将这些性质相近的物质完全分离开有时比较麻烦。此时可将重量分析法与滴定分析法或其他分析法相结合，测出这些物质的总质量和总物质的量，然后通过计算分别求出各自的含量。

二、滴定分析法

1. 基本概念

滴定分析法：又叫容量分析法，将已知准确浓度的标准溶液，滴加到被测溶液中(或者将被测溶液滴加到标准溶液中)，直到所加的标准溶液与被测物质按化学式计量关系定量反应为止，然后测量标准溶液消耗的体积，根据标准溶液的浓度和所消耗的体积，算出待测物质的含量。这种定量分析的方法称为滴定分析法，它是一种简便、快速和应用广泛的定量分析方法，在常量分析中有较高的准确度。

标准溶液：准确滴加到被测溶液中的标准溶液，在滴定分析中，称为滴定液。其中的物质称为滴定剂。

基准物质：能直接配成标准溶液或标定溶液浓度的物质。基准物质须具备的条件：①组成恒定，实际组成与化学式符合；②纯度高，一般纯度应在99.5%以上；③性质稳定：保存或称量过程中不分解、不吸湿、不风化、不易被氧化等；④具有较大的摩尔质量，称取量大，称量误差小；⑤使用条件下易溶于水(或稀酸、稀碱)。

滴定：滴定分析时将标准溶液通过滴定管逐滴加到锥形瓶中进行测定，这一过程称为滴定。滴定分析，以及滴定分析法即因此而得名。

化学计量点：当滴加滴定剂的量与被测物质的量之间，正好符合化学反应式所表示的化学计量关系时，即滴定反应达到化学计量点，简称等当点。

指示剂：指示化学计量点到达而能改变颜色的一种辅助试剂。

滴定终点：在等当点时，没有任何外部特征，而必须借助于指示剂变色来确定停止滴定的点。即把这个指示剂变色点称为滴定终点，简称终点。

滴定误差：滴定终点与等当点往往不一致，由此产生的误差，称为终点误差。

2. 滴定分析原理

(1) 测量依据

滴定分析是建立在滴定反应基础上的定量分析法。若被测物 A 与滴定剂 B 的滴定反应式为

$$aA+bB = dD+eE$$

它表示 A 和 B 是按照摩尔比 $a:b$ 的关系进行定量反应的。这就是滴定反应的定量关

系，它是滴定分析定量测定的依据。

依据滴定剂的滴定反应的定量关系，通过测量所消耗的已知浓度(mol/L)的滴定剂的体积(mL)，求得被测物的含量。

例如计算被测定物质 A 的百分含量(A%)：A 的摩尔质量为 M_A 的称样量为 G(g)，滴定剂 B 的标准溶液浓度为 C(mol/L)，滴定的体积为 V(mL)，则计算式为

$$A\% = [CV(a/b)M/1000G] \times 100\%$$

(2) 反应条件

适合滴定分析的化学反应，应该具备以下几个条件：

① 反应必须按方程式定量地完成，通常要求在 99.9%以上，这是定量计算的基础。

② 反应能够迅速地完成(有时可加热或用催化剂以加速反应)。

③ 共存物质不干扰主要反应或用适当的方法消除其干扰。

④ 有比较简便的方法确定计量点(指示滴定终点)。

(3) 方法分类

根据标准溶液和待测组分间的反应类型的不同，分为四类：

① 酸碱滴定法：以质子传递反应为基础的一种滴定分析方法。例如氢氧化钠测定醋酸。

② 配位滴定法：以配位反应为基础的一种滴定分析方法。例如 EDTA 测定水的硬度。

③ 氧化还原滴定法：以氧化还原反应为基础的一种滴定分析方法。例如高锰酸钾测定铁含量。

④ 沉淀滴定法：以沉淀反应为基础的一种滴定分析方法。例如食盐中氯的测定。

(4) 分析方式

① 直接滴定法　所谓直接滴定法，是用标准溶液直接滴定被测物质的一种方法。凡是能同时满足上述滴定反应条件的化学反应，都可以采用直接滴定法。直接滴定法是滴定分析法中最常用、最基本的滴定方法。例如用 HCl 滴定 NaOH，用 $K_2Cr_2O_7$ 滴定 Fe^{2+} 等。

往往有些化学反应不能同时满足滴定分析的滴定反应要求，这时可选用下列几种方法之一进行滴定。

② 返滴定法　当遇到下列几种情况下，不能用直接滴定法。

第一，当试液中被测物质与滴定剂的反应慢，如 Al^{3+} 与 EDTA 的反应，被测物质有水解作用时。

第二，用滴定剂直接滴定固体试样时，反应不能立即完成。如 HCl 滴定固体 $CaCO_3$。

第三，某些反应没有合适的指示剂或被测物质对指示剂有封闭作用时，如在酸性溶液中用 $AgNO_3$ 滴定 Cl^- 缺乏合适的指示剂。

对上述这些问题，通常都采用返滴定法。

返滴定法就是先准确地加入一定量过量的标准溶液，使其与试液中的被测物质或固体试样进行反应，待反应完成后，再用另一种标准溶液滴定剩余的标准溶液。

例如，对于上述 Al^{3+} 的滴定，先加入已知过量的 EDTA 标准溶液，待 Al^{3+} 与 EDTA 反应完成后，剩余的 EDTA 则利用标准 Zn^{2+}、Pb^{2+} 或 Cu^{2+} 溶液返滴定；对于固体 $CaCO_3$ 的滴定，先加入已知过量的 HCl 标准溶液，待反应完成后，可用标准 NaOH 溶液返滴定剩余的 HCl；

对于酸性溶液中 Cl^- 的滴定，可先加入已知过量的 $AgNO_3$ 标准溶液使 Cl^- 沉淀完全后，再以三价铁盐作指示剂，用 NH_4SCN 标准溶液返滴定过量的 Ag^+，出现 $[Fe(SCN)]^{2+}$ 淡红色即为终点。

③ 置换滴定法　对于某些不能直接滴定的物质，也可以使它先与另一种物质起反应，置换出一定量能被滴定的物质来，然后再用适当的滴定剂进行滴定。这种滴定方法称为置换滴定法。例如硫代硫酸钠不能用来直接滴定重铬酸钾和其他强氧化剂，这是因为在酸性溶液中氧化剂可将 $S_2O_3^{2-}$ 氧化为 $S_4O_6^{2-}$ 或 SO_4^{2-} 等混合物，没有一定的计量关系。但是，硫代硫酸钠却是一种很好的滴定碘的滴定剂。这样一来，如果在酸性重铬酸钾溶液中加入过量的碘化钾，用重铬酸钾置换出一定量的碘，然后用硫代硫酸钠标准溶液直接滴定碘，计量关系便非常好。实际工作中，就是用这种方法以重铬酸钾标定硫代硫酸钠标准溶液浓度的。

④ 间接滴定法　有些物质虽然不能与滴定剂直接进行化学反应，但可以通过别的化学反应间接测定。

例如高锰酸钾法测定钙就属于间接滴定法。由于 Ca^{2+} 在溶液中没有可变价态，所以不能直接用氧化还原法滴定。但若先将 Ca^{2+} 沉淀为 CaC_2O_4，过滤洗涤后用 H_2SO_4 溶解，再用 $KMnO_4$ 标准溶液滴定与 Ca^{2+} 结合的 $C_2O_4^{2-}$，便可间接测定钙的含量。

显然，由于返滴定法、置换滴定法、间接滴定法的应用，大大扩展了滴定分析的应用范围。

3. 标准溶液

滴定分析用标准溶液的制备，一般要求的内容，依据 GB/T 601—2016《化学试剂 标准滴定溶液的制备》中的规定，进行配制。配制方法分为直接配制和间接配制。

① 直接配制：准确称量一定量的用基准物质，溶解于适量溶剂后定量转入容量瓶中，定容，然后根据称取基准物质的质量和容量瓶的体积即可算出该标准溶液的准确浓度。

② 间接配制：先配制成近似浓度，然后再用基准物或标准溶液标定。

③ 标定法配制：标定法配制标准溶液，是对已经配制成接近于需要浓度的溶液，用基准试剂或标准溶液来测定其准确浓度的操作，称为标定。标定法配制的标准溶液，主要有盐酸、氢氧化钠、EDTA、硝酸银、高锰酸钾、草酸、硫代硫酸钠等。

当一种标准溶液的标定有多种标定法存在时，应该选择化学毒性小、有利于环保的标定法。例如硫代硫酸钠的标定，首选碘酸钾法，而不选择重铬酸钾法标定。

4. 分析仪器

滴定分析用的仪器，主要是指具有准确体积的滴定管、容量瓶和移液管。

滴定管（流出仪器），其规格有 25mL、50mL；移液管（流出仪器），其规格有 2mL、5mL、10mL、25mL、50mL，刻度移液管其规格有 0.1~25mL；常用容量瓶其规格有 10mL、25mL、100mL、250mL、500mL、1000mL。

滴定分析用的仪器都需要进行定期校准。滴定管、容量瓶和移液管的校准，可以采用绝对校正和相对校正方法。

第三节　光学分析法

光学分析法是基于物质对光的吸收或激发后光的发射所建立起来的一类方法，比如紫外-可见分光光度法，红外及拉曼光谱法，原子发射与原子吸收光谱法，原子和分子荧光光谱法，核磁共振波谱法，质谱法等。

一、紫外-可见光吸收光谱分析

紫外吸收光谱和可见吸收光谱都属于分子光谱，它们都是由于价电子的跃迁而产生的。利用物质的分子或离子对紫外和可见光的吸收所产生的紫外可见光谱及吸收程度可以对物质的组成、含量和结构进行分析、测定、推断。

紫外-可见吸收光谱的波长范围为10~800nm，该区域又可分为：可见光区(400~800nm)，有色物质在这个区域有吸收；近紫外光区(200~400nm)，芳香族化合物或具有共轭体系的物质在此区域有吸收，这是紫外光谱研究的对象；远紫外光区(10~200nm)，由于空气中的O_2、N_2、CO_2和水蒸气在这个区域有吸收，对测定有干扰，远紫外光谱的操作必须在真空条件下进行，因此这个区域又称为真空紫外区。通常所说的紫外光谱是指200~400nm的近紫外光谱。

1. 紫外光谱法的特点

① 紫外吸收光谱所对应的电磁波长较短，能量大，它反映了分子中价电子能级跃迁情况。主要应用于共轭体系(共轭烯烃和不饱和羰基化合物)及芳香族化合物的分析。

② 由于电子能级改变的同时，往往伴随有振动能级的跃迁，所以电子光谱图比较简单，但峰形较宽。一般来说，利用紫外吸收光谱进行定性分析信号较少。

③ 紫外吸收光谱常用于共轭体系的定量分析，灵敏度高，检出限低。

2. 紫外吸收曲线

紫外吸收光谱以波长λ(nm)为横坐标，以吸光度A或吸收系数ε为纵坐标。如图3-1所示。光谱曲线中最大吸收峰，所对应的波长，相当于跃迁时所吸收光线的波长，称为λ_{max}。与λ_{max}相应的摩尔吸收系数为ε_{max}。$\varepsilon_{max}>10^4$为强吸收，$\varepsilon_{max}<10^3$为弱吸收。曲线中的谷，称为吸收谷或最小吸收(λ_{min})。有时在曲线中还可看到肩峰(sh)。

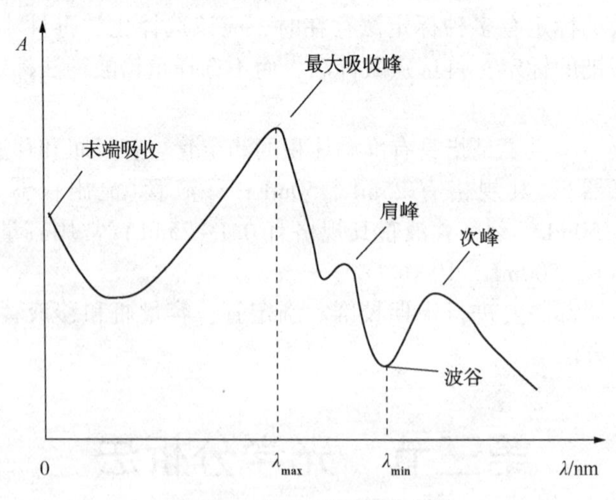

图3-1 紫外-可见吸收曲线

3. 紫外可见吸收光谱的应用

紫外可见吸收光谱应用广泛，不仅可进行定量分析，还可利用吸收峰的特性进行定性分析和简单的结构分析，测定一些平衡常数、配合物配位比等；也可用于无机化合物和有机化合物的分析，对于常量、微量、多组分都可测定。

物质的紫外吸收光谱基本上是其分子中生色团及助色团的特征，而不是整个分子的特征。如果物质组成的变化不影响生色团和助色团，就不会显著地影响其吸收光谱，如甲苯和乙苯具有相同的紫外吸收光谱。另外，外界因素如溶剂的改变也会影响吸收光谱，在极性溶剂中某些化合物吸收光谱的精细结构会消失，成为一个宽带。所以，只根据紫外光谱是不能完全确定物质的分子结构，还必须与红外吸收光谱、核磁共振波谱、质谱以及其他化学、物理方法共同配合才能得出可靠的结论。

（1）化合物的鉴定

利用紫外光谱可以推导有机化合物的分子骨架中是否含有共轭结构体系，如C═C—C═C、C═C—C═O、苯环等。利用紫外光谱鉴定有机化合物远不如利用红外光谱有效，因为很多化合物在紫外没有吸收或者只有微弱的吸收，并且紫外光谱一般比较简单，特征性不强。利用紫外光谱可以用来检验一些具有大的共轭体系或发色官能团的化合物，可以作为其他鉴定方法的补充。

① 如果一个化合物在紫外区是透明的，则说明分子中不存在共轭体系，不含有醛基、酮基或溴和碘。可能是脂肪族碳氢化合物、胺、腈、醇等不含双键或环状共轭体系的化合物。

② 如果在210~250nm有强吸收，表示有K吸收带，则可能含有两个双键的共轭体系，如共轭二烯或α，β-不饱和酮等。同样在260nm、300nm、330nm处有高强度K吸收带，在表示有3个、4个和5个共轭体系存在。

③ 如果在260~300nm有中强吸收（$\varepsilon=200\sim1000$），则表示有B带吸收，体系中可能有苯环存在。如果苯环上有共轭的生色基团存在时，则ε可以大于10000。

④ 如果在250~300nm有弱吸收带（R吸收带），则可能含有简单的非共轭并含有n电子的生色基团，如羰基等。

（2）纯度检查

如果有机化合物在紫外可见光区没有明显的吸收峰，而杂质在紫外区有较强的吸收，则可利用紫外光谱检验化合物的纯度。

（3）异构体的确定

对于异构体的确定，可以通过经验规则计算出λ_{max}值，与实测值比较，即可证实化合物是哪种异构体。如：乙酰乙酸乙酯的酮-烯醇式互变异构。

（4）位阻作用的测定

由于位阻作用会影响共轭体系的共平面性质，当组成共轭体系的生色基团近似处于同一平面，两个生色基团具有较大的共振作用时，λ_{max}不改变，ε_{max}略为降低，空间位阻作用较小；当两个生色基团具有部分共振作用，两共振体系部分偏离共平面时，λ_{max}和ε_{max}略有降低；当连接两生色基团的单键或双键被扭曲得很厉害，以致两生色基团基本未共轭，或具有极小共振作用或无共振作用，剧烈影响其UV光谱特征时，情况较为复杂化。在多数情况下，该化合物的紫外光谱特征近似等于它所含孤立生色基团光谱的“加合”。

（5）氢键强度的测定

溶剂分子与溶质分子缔合生成氢键时，对溶质分子的 UV 光谱有较大的影响。对于羰基化合物，根据在极性溶剂和非极性溶剂中 R 带的差别，可以近似测定氢键的强度。

（6）定量分析

朗伯-比尔定律是紫外-可见吸收光谱法进行定量分析的理论基础，它的数学表达式为 $A=\varepsilon bc$。

二、红外吸收光谱分析

红外吸收光谱（Infrared Absorption Spectroscopy，IR）又称为分子振动-转动光谱。当样品受到频率连续变化的红外光照射时，分子吸收了某些频率的辐射，并由其振动或转动运动引起偶极矩的净变化，产生分子振动和转动能级从基态到激发态的跃迁，使相应于这些吸收区域的透射光强度减弱。记录红外光的百分透射比与波数或波长关系的曲线，就得到红外吸收光谱。

1. 红外光谱在化学领域中的应用

红外光谱在化学领域中的应用大体上可分为两个方面：一是用于分子结构的基础研究。应用红外光谱可以测定分子的键长、键角，以此推断出分子的立体构型；根据所得的力常数可以知道化学键的强弱；由简正频率来计算热力学函数。二是用于化学组成的分析。红外光谱最广泛的应用在于对物质的化学组成进行分析。用红外光谱法可以根据光谱中吸收峰的位置和形状来推断未知物结构，依照特征吸收峰的强度来测定混合物中各组分的含量，它已成为现代结构化学、分析化学最常用和不可缺少的工具。

红外光谱法是鉴别化合物和确定物质分子结构的常用手段之一。随着计算机技术的高速发展，出现了光声光谱、时间分辨光谱和联用技术，红外与色谱联用可以进行多组分样品的分离和定性；与显微镜联用可进行微区（10μm×10μm）和微量（10^{-12}g）样品的分析鉴定；与热量联用可进行材料的热重稳定性研究；与拉曼光谱联用可得到红外光谱弱吸收的信息。这些新技术为物质结构的研究提供了更多的手段，使红外光谱法广泛地应用于有机化学、高分子化学、无机化学、化工、催化、石油、材料、生物、环境等领域。

2. 红外光区的划分

习惯上按红外线波长将红外光谱分成三个区域：

① 近红外区：0.78~2.5μm（12820~4000cm^{-1}），主要用于研究分子中的O—H、N—H、C—H键的振动倍频与组频。

② 中红外区：2.5~25μm（4000~400cm^{-1}），主要用于研究大部分有机化合物的振动基频。

③ 远红外区：25~300μm（400~33cm^{-1}），主要用于研究分子的转动光谱及重原子成键的振动。

其中，中红外区是研究和应用最多的区域，通常说的红外光谱就是指中红外区的红外吸收光谱。红外光谱除用波长 λ 表征横坐标外，更常用波数 $\tilde{\upsilon}$ 表征。纵坐标为百分透射比

T%，如图 3-2 所示。

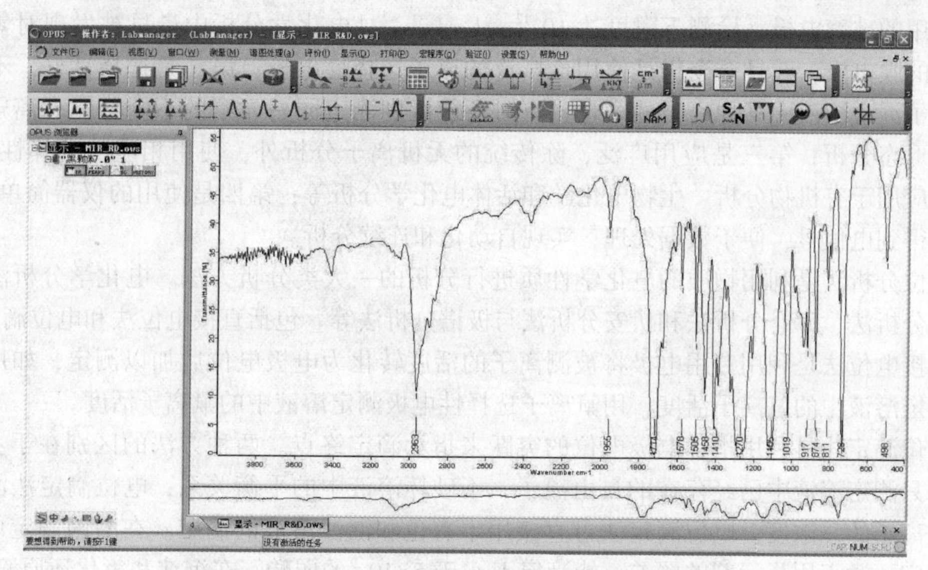

图 3-2　IRAffinity-1 软件 IRsolution 界面红外光谱

3. 红外光谱法的特点

① 特征性高。就像人的指纹一样，每一种化合物都有自己的特征红外光谱，所以把红外光谱分析形象地称为物质分子的“指纹”分析。

② 应用范围广。从气体、液体到固体，从无机化合物到有机化合物，从高分子到低分子都可以用红外光谱法进行分析。

③ 用样量少，分析速度快，不破坏样品。

第四节　电位分析

一、电位分析法原理

电化学分析法(或称电分析化学)是应用电化学的基本原理和实验技术，依据物质的电化学性质来测定物质组成和含量的分析方法。一般以待测试样溶液作为化学电池(原电池或电解池)的一部分，然后根据该电池的相关物理量(如电极电势、电流、电量、电阻等)与待测试样含量的关系进行测定。

1889 年德国物理化学家能斯特提出 Nernst 方程，将电动势与离子浓度、温度联系起来，奠定了电化学的理论基础，电化学分析法逐步得到发展。电沉积重量分析、极谱分析、电位和电导分析、安培和库仑滴定等相继出现，氢电极、玻璃电极和离子选择性电极陆续制成。其中测定电解过程中极化电极的电流-电位或电位-时间曲线，从而确定溶液中待测物浓度的极谱分析，由捷克化学家海洛夫斯基于 1922 年创立，是最早的电化学仪器分析方法。

电位分析是通过测定原电池的电动势或电极电势，利用 Nernst 方程直接求出待测物质含量。电位分析测定离子含量时有一些优点。第一是灵敏度较高，如测定溶液氢离子浓度中所采用的玻璃电极，检测下限可达 $10^{-12}\,mol \cdot L^{-1}$，是电化学分析中最早被发现对氢离子有响应的膜电极，并且至今仍是使用最广泛的离子选择性电极；第二是选择性好，不仅可测定离子混合溶液中某种离子的含量，有时还能区别测定同一元素的不同氧化态离子，实现元素形态分析；第三是应用广泛，除传统的无机离子分析外，使用相应的选择性电极，可广泛应用于有机物分析、生物电化学和活体电化学分析等；第四是使用的仪器简单廉价，可直接得到电信号，便于数据处理，实现自动化和连续分析。

电位分析法是利用物质的电化学性质进行分析的一大类分析方法。电化学分析法主要有电位分析法、库仑分析法和伏安分析法与极谱分析法等。包括直接电位法和电位滴定法。

直接电位法是利用专用电极将被测离子的活度转化为电极电位后加以测定，如用玻璃电极测定溶液中的氢离子活度，用氟离子选择性电极测定溶液中的氟离子活度。

电位滴定法是利用指示电极电位的突跃来指示滴定终点。两种方法的区别在于：直接电位法只测定溶液中已经存在的自由离子，不破坏溶液中的平衡关系；电位滴定法测定的是被测离子的总浓度。电位滴定法可直接用于有色和混浊溶液的滴定。在酸碱滴定中，它可以滴定不适于用指示剂的弱酸，能滴定 K 小于 5×10^{-9} 的弱酸。在沉淀和氧化还原滴定中，因缺少指示剂，它应用更为广泛。电位滴定法可以进行连续和自动滴定。

二、电位分析的电极

电位分析一般包括两个电极：指示电极和参比电极。分析时，将对待测离子敏感的选择性电极作为指示电极（又称工作电极），电极电势为 $\varphi_{A^+/A}$，将电极电势固定不变且数值已知的电极作为参比电极，常见的有甘汞电极或银/氯化银电极，电极电势为 $\varphi_{参比}$。

若指示电极的电极电势相对参比电极的电极电势要高，所构成的原电池为

参比电极虚 ┆ ┆ $A^+(c)$ | A

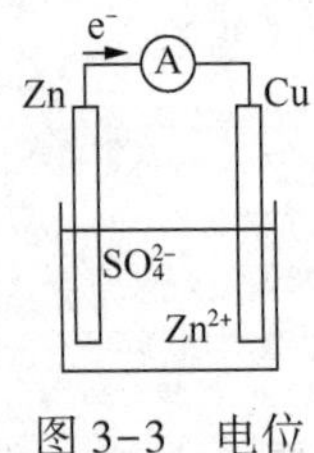

图 3-3 电位分析法

该原电池的电动势 $E=\varphi_{A^+/A}-\varphi_{参比}$

因为 $\varphi_{参比}$ 数值已知，所以测量电池电动势 E 的数值，就可以求得指示电极的电极电势 $\varphi_{A^+/A}$，然后根据电极电势的能斯特方程，求得浓度 C_{A^+}。

例如，锌电极插入 $ZnSO_4$ 溶液，同电极插入 $CuSO_4$ 溶液，两种溶液用多孔隔板或半透膜隔开，便构成了一个原电池（图 3-3）。当锌、铜两电极用导线与外电路的负载（用电器）连接时，由电子从锌极经负载流向铜极（电流从铜极经负载流向锌极）。

第五节　色谱分析

一、基本概念和分类

在进行物质分析时，常遇到待测物是含有数种组分的混合物而非纯净物的情况，需要

先行分离，再分别分析测定组分的含量或浓度。

目前常用的仪器分离分析方法有色谱法和高效毛细管电泳法。色谱法是基于不同组分在固定相、流动相之间吸附或分配平衡的差异实现分离，结合分光光度分析、电化学等检测器进行组分的定量分析。高效毛细管电泳法是基于不同带电胶体或离子在电场中迁移速率和分配行为的差异，以毛细管为分离通道实现分离，结合分光光度等检测器等进行组分定量检测。近来常用于分析生命科学相关物质，如核酸、蛋白质、药物等。人类基因组计划的提前完成得益于高效毛细管电泳法的高度集成化应用。本节着重介绍色谱分析法。

色谱分析法的分离过程可认为是待分离的组分在固定相和流动相两相之间的不断分配而达到分离的过程。固定相固定不动，有较大比表面积，有时是多孔的固体微粒，有时是键合在多孔固体微粒表面的薄层液体；流动相是可携带试样组分渗滤过固定相的流体，有时是气体，有时是液体。若流动相为气体，则为气相色谱；若流动相为液体，则为液相色谱。

最初的色谱分析始于20世纪初，俄国植物学家茨维特将碳酸钙固体装入管内，成为固定相柱，碳酸钙柱顶部加入绿叶色素混合液，继用石油醚淋洗，分离出包括叶绿素、叶黄素、胡萝卜素等几组色素。这是液相色谱分离的雏形。

目前，仪器分析中的色谱分析主要包括气相色谱和高效液相色谱，两者分别可按如下分类：

气相色谱包括气固吸附色谱、气液分配色谱；高效液相色谱包括液固吸附色谱、液液分配色谱、离子交换色谱和凝胶色谱等(表3-1)。除离子交换色谱分析无机或有机离子外，其余色谱分析方法主要用于分析有机物分子，其中气相色谱受试样必须汽化的限制，一般分析能汽化、热稳定的有机物(有时通过适当的化学衍生，也可分析难汽化或热不稳定的有机物)；而凝胶色谱则主要用于分离不同相对分子质量分布的有机高分子化合物。

表3-1　色谱法的分类

流动相	液体				气体	
固定相	固体			液体	固体	液体
名称	液固色谱			液液色谱	气固色谱	气液色谱
按色谱原理分类	吸附色谱	离子交换色谱	凝胶色谱	分配色谱	吸附色谱	分配色谱

二、分离机理和分析流程

一般来说，流动相携试样组分流经固定相时，试样组分会与固定相作用。若固定相为固体，组分分子与固定相间存在吸附/脱附作用；若固定相为通过化学键结合在固体表面的薄层液体，组分分子与固定相液体间存在溶解(或萃取)/洗脱作用。因为不同组分在性质和结构上的差异，与固定相之间作用力的强弱不同；如吸附/脱附作用可随相对分子质量的变化而变化，溶解能力随分子的极性变化而变化等；随着流动相的移动，各组分在两相间经反复多次的吸附/脱附(或溶解分配)平衡，由于各组分被固定相保留的时间不同，从而逐渐分离，按一定次序由色谱柱固定相中流动(图3-4)。

气相色谱仪和高效液相色谱仪的分析流程如图3-5和图3-6所示。

气相色谱仪主要由气路系统、进样系统、分离系统、检测系统、数据记录处理系统和温度控制系统组成。气路系统包括高压载气瓶、减压阀、流量计、流量调节器(针形阀)等；进样系统包括进样口、进样室；分离系统包括色谱柱和恒温箱；检测系统包括组分收集接口、检测和信号放大器；数据记录处理系统包括计算机及仪器操作控制装置；温度控制系统包括对进样室、恒温箱、检测器等处进行加热控温的装置。

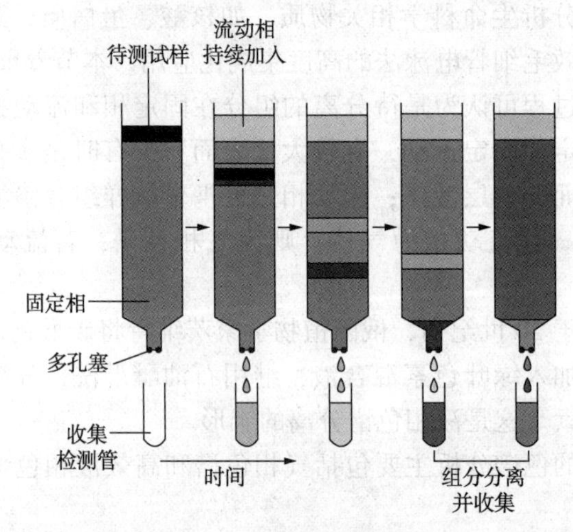

图 3-4 色谱分离示意图

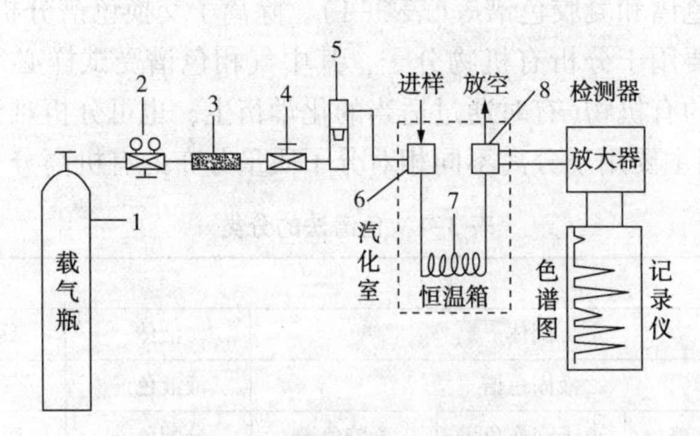

图 3-5 气相色谱分析流程图

1—载气瓶；2—减压阀；3—净化干燥管；4—针形阀；5—流量计；6—进样器；7—色谱柱；8—检测器

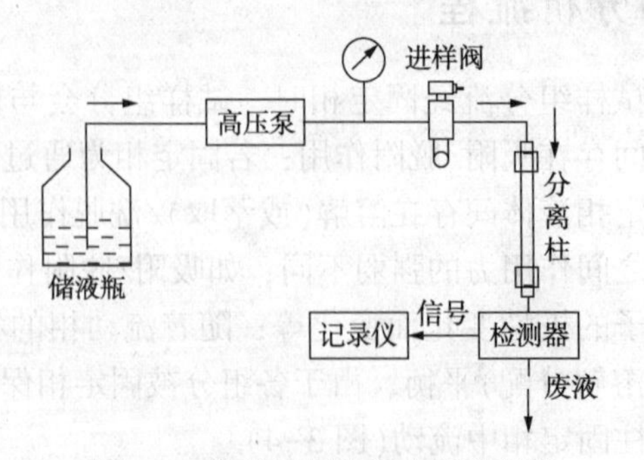

图 3-6 高效液相色谱分析流程图

高效液相色谱仪由高压输液系统、进样阀、色谱分离柱、检测器、数据记录处理系统等组成。其中高压输液系统包括储液瓶、高压泵、流动相梯度混合装置等。

三、气相色谱法

气相色谱法是利用气体作流动相的色层分离分析方法。汽化的试样被载气(流动相)带入色谱柱中，柱中的固定相与试样中各组分分子作用力不同，各组分从色谱柱中流出时间不同，组分彼此分离。采用适当的鉴别和记录系统，制作标出各组分流出色谱柱的时间和浓度的色谱图。根据图中表明的出峰时间和顺序，可对化合物进行定性分析；根据峰的高低和面积大小，可对化合物进行定量分析。具有效能高、灵敏度高、选择性强、分析速度快、应用广泛、操作简便等特点。适用于易挥发有机化合物的定性、定量分析。对非挥发性的液体和固体物质，可通过高温裂解，汽化后进行分析。可与红光及收光谱法或质谱法配合使用，以色谱法作为分离复杂样品的手段，达到较高的准确度。是各行业中检测有机化合物的重要分析手段。

气相色谱法(gas chromatography，GC)是色谱法的一种。色谱法中有两个相，一个相是流动相，另一个相是固定相。如果用液体作流动相，就叫液相色谱，用气体作流动相，就叫气相色谱。

气相色谱法由于所用的固定相不同，可以分为两种，用固体吸附剂作固定相的叫气固色谱，用涂有固定液的单体作固定相的叫气液色谱。

按色谱分离原理来分，气相色谱法亦可分为吸附色谱和分配色谱两类，在气固色谱中，固定相为吸附剂，气固色谱属于吸附色谱，气液色谱属于分配色谱。

按色谱操作形式来分，气相色谱属于柱色谱，根据所使用的色谱柱粗细不同，可分为一般填充柱和毛细管柱两类。一般填充柱是将固定相装在一根玻璃或金属的管中，管内径为2~6mm。毛细管柱则又可分为空心毛细管柱和填充毛细管柱两种。空心毛细管柱是将固定液直接涂在内径只有0.1~0.5mm的玻璃或金属毛细管的内壁上，填充毛细管柱是近几年才发展起来的，它是将某些多孔性固体颗粒装入厚壁玻管中，然后加热拉制成毛细管，一般内径为0.25~0.5mm。

在实际工作中，气相色谱法是以气液色谱为主。

1. 检测器

气相色谱法中可以使用的检测器有很多种，最常用的有火焰电离检测器(FID)与热导检测器(TCD)。这两种检测器都对很多种分析成分有灵敏的响应，同时可以测定一个很大范围内的浓度。TCD从本质上来说是通用性的，可以用于检测除了载气之外的任何物质(只要它们的热导性能在检测器检测的温度下与载气不同)，而FID则主要对烃类响应灵敏。FID对烃类的检测比TCD更灵敏，但却不能用来检测水。两种检测器都很强大。由于TCD的检测是非破坏性的，它可以与破坏性的FID串联使用(连接在FID之前)，从而对同一分析物给出两个相互补充的分析信息。

有一些气相色谱仪与质谱仪相连接而以质谱仪作为它的检测器，这种组合的仪器称为气相色谱-质谱联用(GC-MS，简称气质联用)，有一些气质联用仪还与核磁共振波谱仪相连接，后者作为辅助的检测器，这种仪器称为气相色谱-质谱-核磁共振联用(GC-MS-

NMR)。有一些 GC-MS-NMR 仪器还与红外光谱仪相连接，后者作为辅助的检测器，这种组合叫作气相色谱-质谱-核磁共振-红外联用(GC-MS-NMR-IR)。但是必须指出，这种情况是很少见的，大部分的分析物用单纯的气质联用仪就可以解决问题。

2. 检测原理

气相色谱系统由盛在管柱内的吸附剂或惰性固体上涂着液体的固定相和不断通过管柱的气体的流动相组成。将欲分离、分析的样品从管柱一端加入后，由于固定相对样品中各组分吸附或溶解能力不同，即各组分在固定相和流动相之间的分配系数有差别，当组分在两相中反复多次进行分配并随移动相向前移动时，各组分沿管柱运动的速度就不同，分配系数小的组分被固定相滞留的时间短，能较快地从色谱柱末端流出。以各组分从柱末端流出的浓度 c 对进样后的时间 t 作图，得到的图称为色谱图。当色谱过程为冲洗法方式时，色谱图如图 3-7 所示。

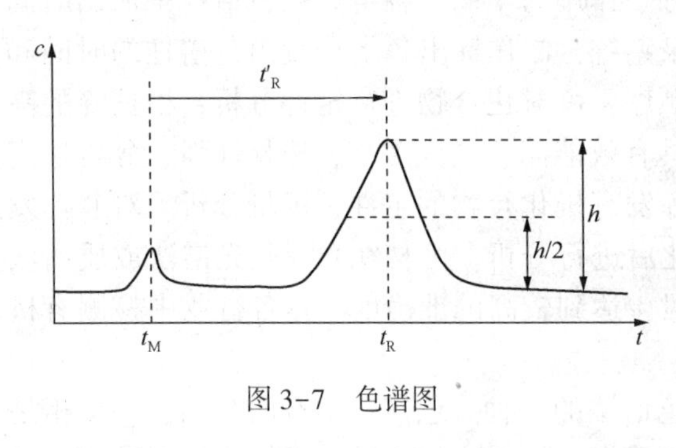

图 3-7　色谱图

从色谱图可知，组分在进样后至其最大浓度流出色谱柱时所需的保留时间 t_R'，与组分通过色谱柱空间的时间 t_M，及组分在柱中被滞留的调整保留时间 t_R' 之间的关系是：式中 t_R' 与 t_M 的比值表示组分在固定相比在移动相中滞留时间长多少倍，称为容量因子 k。

从色谱图还可以看到从柱后流出的色谱峰不是矩形，而是一条近似高斯分布的曲线，这是由于组分在色谱柱中移动时，存在着涡流扩散、纵向扩散和传质阻力等因素，因而造成区域扩张。在色谱柱内固定相有两种存放方式，一种是柱内盛放颗粒状吸附剂，或盛放涂敷有固定液的惰性固体颗粒(载体或称担体)；另一种是把固定液涂敷或化学交联于毛细管柱的内壁。用前一种方法制备的色谱柱称为填充色谱柱，后一种方法制备的色谱柱称为毛细管色谱柱(或称开管柱)。

3. 气相色谱在石油分析中的应用

只要在气相色谱仪允许的条件下可以汽化而不分解的物质，都可以用气相色谱法测定。对部分热不稳定物质或难以汽化的物质，通过化学衍生化的方法，仍可用气相色谱法分析。

在石油化工、医药卫生、环境监测、生物化学、食品检测等领域都得到了广泛的应用。本节只介绍气相色谱在石油分析中的应用案例。

(1) 快速气相色谱法分析原油、轻油全烃分布

原油和轻质油用气相色谱法分析，可以得到按碳数或沸程分布曲线和正异构烷烃相对含量。常规原油全烃分布分析采 25m×0. 25mm 毛细管柱完成，由于 $C_3 \sim C_{40}$ 烷烃沸点范围大，分析时间需 80min。这里介绍一种快速气相色谱方法，用 12m 细内径毛细管柱分析时间为 8min，用 20m 100μm 细内径柱，可以得到更详细异构烃信息，分析时间仅为 15min。

① 实验条件

仪器：岛津 GC-2010 气相色谱仪、FID 检测器、GCsolution 色谱工作站。

② 色谱条件

细内径毛细柱：A 柱，12m×100μm×0. 1μmOV-1 柱；

B 柱，20m×100μm×0.1μmOV-1 柱。

载气：高纯氮。

柱前压：A 柱，340kPa；B 柱，680kPa。

柱温：A 柱，50℃(1min)-50℃/min-320℃(5min)；

B 柱，50℃(1min)-30℃/min-320℃(5min)。

进样口温度：320℃。

检测器温度：320℃。

进样量：0.2μL。

分流比：600∶1。

样品：1#原油、2#轻质油、3# C_8～C_{38}烷烃混合标样。

原油直接进样，采用进 3#正构烷标样，利用正构烷程序升温保留规律(碳数与保留时间线性关系)相结合定性，峰面积归一化法定量。

用 12m×100μm OV-1 柱快速分析原油，柱前压 340kPa，升温速率 50℃/min。

可以在 8min 完成原油全烃分布分析，如图 3-8 所示。

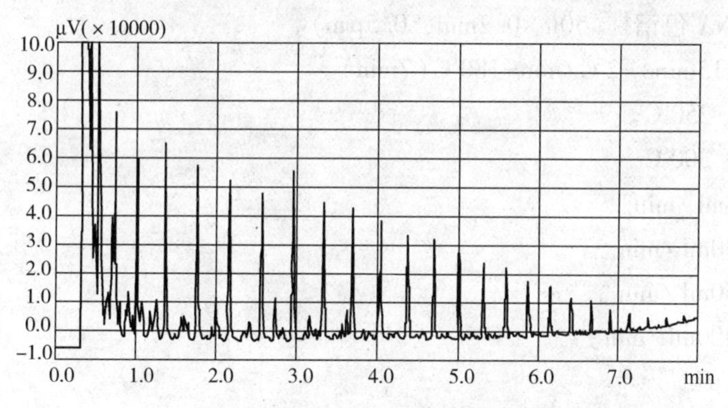

图 3-8　12m×100μm OV-1 柱分析原油全烃色谱图

用 20m×100μm OV-1 柱快速分析原油，柱前压 680kPa，升温速率 30℃/min。在 15min 完成原油全烃分布，对生物标记物等异构烷有更详细分离，如图 3-9 所示。

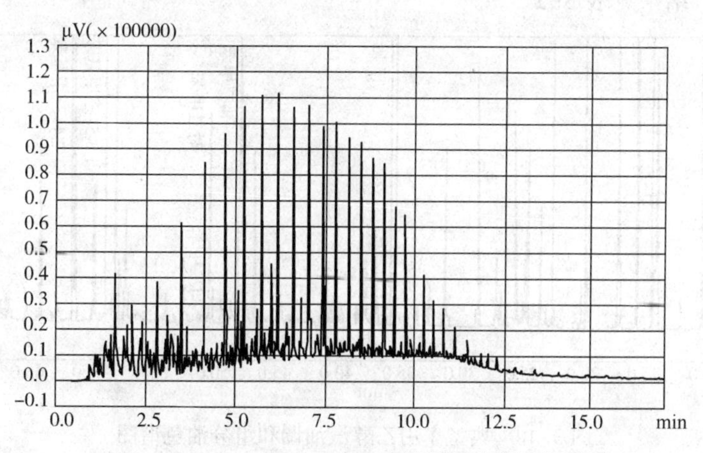

图 3-9　20m×100μm OV-1 柱分析原油全烃色谱图

由分析结果可以看出，采用12~20m细内径100μm石英毛细柱，30~50℃/min快速程序升温与300~700kPa柱前压快速分析原油与轻质油金烃分布，分析时间缩短5~10倍，并可以得到更详尽异构烷信息。

(2) PONA分析法测定车用乙醇汽油调和组分油芳烃含量

芳烃含量是影响汽油调和方案的关键因素，也是车用乙醇汽油调和组分油产品的重要技术指标。PONA分析法可以给出汽油产品的烷烃、环烷烃、烯烃、芳香族组成，是汽油单体烃族组成的重要分析手段。毛细管气相色谱的PONA分析，采用高理论塔板数的非极性化学键合型熔融石英毛细管色谱柱，将碳氢混合物分离成单个色谱峰。采用程序升温保留指数进行定性，给出单体烃分析结果，随后按碳数(3~13)烃族给出族组成分析报告。定量方法为面积归一化法。由于烃类在FID检测器上的相对重量校正因子近似相等，所以面积分数接近质量分数，芳香族比其他类化合物的检测灵敏度高一些。

① 实验条件

仪器：岛津GC-2010气相色谱仪、FID检测器、GC-2010PONA分析软件。

② 色谱条件

色谱柱：PONA色谱柱(50m×0.2mm，0.5μm)。

柱温：35℃(15min)-2℃/min-180℃(7min)。

进样口温度：250℃。

检测器温度：300℃。

柱流量：0.4mL/min。

氮气流量：30mL/min。

氢气流量：50mL/min。

空气流量：400mL/min。

进样量：0.2μL。

分流比：50∶1。

通过GC-2010PONA分析软件，采用辽化公司裂解汽油定性数据库，将每个车用乙醇汽油调和组分油单次色谱分析数据进行定性、定量处理，车用乙醇汽油调和组分油色谱图如图3-10所示，结果见表3-2。

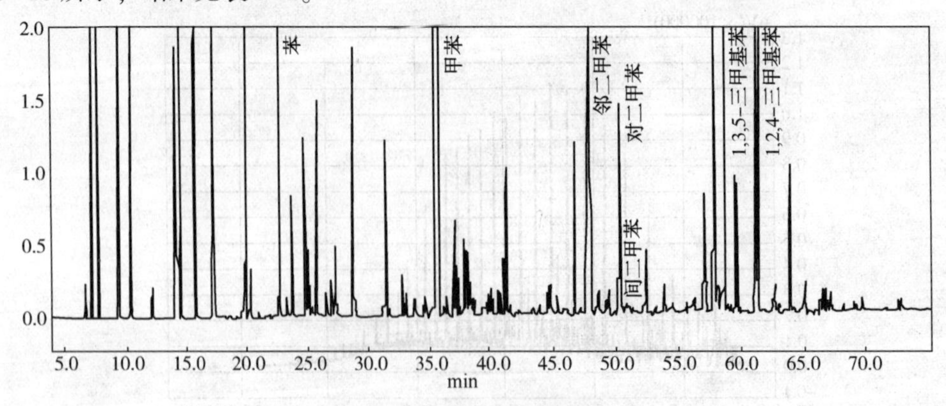

图3-10　典型车用乙醇汽油调和组分油色谱图

表 3-2　车用乙醇汽油调和组分油 GC-2010PONA 分析软件分离及定性结果

样品	色谱峰数/个	PONA 分析软件定性峰数/个	定性组分含量占总含量百分数/%
1#调和油	126	96	93.77
2#调和油	128	100	94.33
3#调和油	111	90	92.18
4#调和油	125	91	95.26

用 1#调和油样品单次色谱分析数据，根据 PONA 分析软件给出的芳烃组分定性定量结果，选择含量相对较高的苯、甲苯、邻二甲苯、对二甲苯、间二甲苯、1, 3, 5-三甲基苯，1, 2, 4-三甲基苯组分分别进行标样保留时间定性，结果见表 3-3。

表 3-3　主要芳烃组分及其色谱标样定性结果

芳烃组分	样品峰保留时间/min	色谱标样峰保留时间/min
苯	22.575	22.530
甲苯	35.763	35.712
邻二甲苯	47.754	47.722
对二甲苯	47.866	47.816
间二甲苯	50.500	50.483
1, 3, 5-三甲基苯	58.546	58.527
1, 2, 4-三甲基苯	61.215	61.206

研究结果表明，利用 PONA 色谱柱对车用乙醇汽油和组分油进行分离，分离出 111~128 个峰，通过 GC-2010PONA 分析软件定性出 90~100 个色谱峰，定性组分含量占总含量的 92.18%~95.26%，且定性出的主要芳烃组分色谱峰与其标样峰完全吻合。得到准确的车用乙醇汽油调和组分油芳烃含量，为汽油调和方案的制定提供了依据，验证了 PONA 分析法在调和汽油分析中的应用，拓宽了 PONA 分析技术应用范围。

四、高效液相色谱法

高效液相色谱法(High Performance Liquid Chromatography，HPLC)又称“高压液相色谱”“高速液相色谱”“高分离度液相色谱”“近代柱色谱”等。高效液相色谱是色谱法的一个重要分支，以液体为流动相，采用高压输液系统，将具有不同极性的单一溶剂或不同比例的混合溶剂、缓冲液等流动相泵入装有固定相的色谱柱，在柱内各成分被分离后，进入检测器进行检测，从而实现对试样的分析。该方法已成为化学、医学、工业、农学、商检和法检等学科领域中重要的分离分析技术应用。

1. 高效液相色谱法的优点

高效液相色谱法有“四高一广”的特点：

① 高压：流动相为液体，流经色谱柱时，受到的阻力较大，为了能迅速通过色谱柱，必须对载液加高压。

② 高速：分析速度快、载液流速快，较经典液体色谱法速度快得多，通常分析一个样

品在15~30min，有些样品甚至在5min内即可完成，一般小于1h。

③ 高效：分离效能高。可选择固定相和流动相以达到最佳分离效果，比工业精馏塔和气相色谱的分离效能高出许多倍。

④ 高灵敏度：紫外检测器可达0.01ng，进样量在μL数量级。

⑤ 应用范围广：70%以上的有机化合物可用高效液相色谱分析，特别是高沸点、大分子、强极性、热稳定性差化合物的分离分析，显示出优势。

⑥ 柱子可反复使用：用一根柱子可分离不同化合物。

⑦ 样品量少、容易回收：样品经过色谱柱后不被破坏，可以收集单一组分或做制备。

高效液相色谱法，只要求试样能制成溶液，而不需要汽化，因此不受试样挥发性的限制。对于高沸点、热稳定性差、相对分子质量大(大于400以上)的有机物(这些物质几乎占有机物总数的75%~80%)原则上都可应用高效液相色谱法来进行分离、分析。据统计，在已知化合物中，能用气相色谱分析的约占20%，而能用液相色谱分析的占70%~80%。

2. 高效液相色谱分离原理

分离原理是根据被分离的组分在流动相和固定相中溶解度不同而分离，分离过程是一个分配平衡过程。

高效液相色谱主要有4种：

(1) 液-固吸附色谱

流动相为液体，固定相为吸附剂(如硅胶、氧化铝等)。这是根据物质吸附作用的不同来进行分离的，吸附作用越强，K值越大保留时间越长。其作用机制是：当试样进入色谱柱时，溶质分子(X)和溶剂分子(S)对吸附剂表面活性中心发生竞争吸附(未进样时，所有的吸附剂活性中心吸附的是S)。

(2) 液-液分配色谱

流动相和固定相都是液体。流动相与固定相之间应互不相溶(极性不同，避免固定液流失)，有一个明显的分界面。当试样进入色谱柱，溶质在两相间进行分配。它是将固定液涂在载体上作为固定相的，它的分离原理与液液萃取的原理相同，从而服从分配定律。在固定液中溶解度大，K值大，保留时间长。

(3) 离子交换色谱(Ion-exchange Chromatography，IEC)

IEC是以离子交换剂作为固定相，是离子交换树脂上可电离的离子与具有相同电荷的被测离子可逆交换，由于被测离子在不同交换剂上具有不同的亲和力而使离子分离，亲和力越强，K值越大保留时间越长。

(4) 排阻色谱(也称凝胶色谱)

空间排阻色谱法以凝胶(gel)为固定相。它类似于分子筛的作用，但凝胶的孔径比分子筛要大得多，一般为数纳米到数百纳米。溶质在两相之间不是靠其相互作用力的不同来进行分离，而是按分子大小进行分离。分离只与凝胶的孔径分布和溶质的流动力学体积或分子大小有关。试样进入色谱柱后，随流动相在凝胶外部间隙以及孔穴旁流过。分子大于孔隙的不能进入固定相，直接从表面流过，几乎没有保留，首先在色谱图上出现；小分子的物质可自由进出孔隙完全不受排阻，保留时间长，这些组分在柱上的保留值最大，在色谱图上最后出现。中等体积的分子介于两种情况之间。分离顺序只与分子的尺寸有关。

3. 高效液相色谱法应用实例

(1) 环境中有机氯农药残留量分析

固定相：薄壳型硅胶(37~50mm)。

流动相：正己烷。

流速：1. 5mL/min。

色谱柱：50cm´；2. 5mm(内径)。

检测器：示差折光检测器。

可对水果、蔬菜中的农药残留量进行分析。

(2) 稠环芳烃的分析

稠环芳烃多为致癌物质。

固定相：十八烷基硅烷化键合相。

流动相：20%甲醇-水~100%甲醇；线性梯度淋洗 2%/min。

流速：1mL/min。

柱温：50℃。

柱压：70´；104Pa。

检测器：紫外检测器。

思考题

【3-1】简述沉淀重量分析中，对沉淀反应所形成的沉淀形式的要求。

【3-2】简述重量分析法的分类和特点。

【3-3】紫外及可见光吸收光谱的机理是什么？紫外光谱是一种电子吸收光谱，与电子吸收光谱有关的电子跃迁主要可分为几种类型？各有什么特点，属不属于紫外光谱仪的工作范围，与有机化合物的结构有何关系？

【3-4】紫外光谱图中可划分为几种类型的吸收带？各种类型的吸收带是由何种电子跃迁引起的？吸收强度及吸收峰波长各有何特征性？各种吸收带与有机分子的某些特征基团有何联系？

【3-5】红外光谱是一种由原子振动引起的原子吸收光谱，原子振动可分为几种类型？伸缩振动、弯曲振动有何特点？红外光谱是如何产生的？

【3-6】如何分析某种原油样品的元素组成？如何确定该油样的结构特征？

【3-7】对于给定的某天然气样品，如何获得其组成分布情况？

【3-8】查阅油气田水质分析的相关行业标准和国家标准，试列出标准方法中涉及哪几种滴定类型。

第四章 有机及高分子化合物

19世纪初，科学家把来源于动物和植物的物质统称为有机化合物，以区别来源于矿物质的无机化合物，当时的“有机化合物”是作为“无机化合物”的对立物而命名的。随着科学技术的发展，大量实践证明，有机化合物不仅可以从有机体中获得，也可以在实验室以无机化合物为原料合成，因而打破了有机化合物和无机化合物的界限。但是由于历史和习惯的原因，还保留着“有机”这个名词，但它却被赋予了新的含义。

在化学上，通常把化合物分为两大类：一类是不含碳的化合物，例如H_2O、H_2SO_4等称为无机化合物；另一类是含碳的化合物，例如甲烷(CH_4)、乙烯(C_2H_4)、乙炔(C_2H_2)、苯(C_6H_6)等称为有机化合物。简单地说，有机化合物就是含碳的化合物。有机化合物根据相对分子质量的大小又分为有机小分子化合物和有机高分子化合物。有机高分子化合物又叫高分子化合物，简称高分子，一般指相对分子质量高达几千到几百万的化合物。

石油工程各项作业中，用到的有机化合物主要是高分子化合物，尤其是高分子化合物配制成的水溶液有着十分广泛的应用，如钻井液中的降黏剂和增黏剂，油井酸化压裂液中的缓蚀剂，防砂、堵水的各种树脂，提高乳状液及泡沫稳定性的稳定剂，提高注水黏度的增黏剂等都是高分子化合物配制的水溶液。因此，掌握高分子化合物及其溶液的性质和特点，对于应用高分子化合物有着重要的意义。

第一节 有机化合物的特点、分类

一、有机化合物的特点

有机化合物在元素组成、结构和性质上都与无机化合物有明显区别。通过研究发现，组成有机化合物的主要元素是碳，此外还有氢、氧、氮、硫、磷、卤素等。有机化合物有其独特的结构和性质，它的一般特点表现在如下几个方面。

① 有机化合物种类繁多、数目巨大，异构现象普遍存在。研究证明，其根本原因来自碳原子的一种独特的性质，因为是碳原子组成了有机化合物的骨架，碳原子与碳原子之间可以以强的共价键连接起来形成碳链和碳环。

② 大多数有机化合物容易燃烧，燃烧后生成二氧化碳和水，同时放出大量的热，而无机化合物则难以燃烧。人们常利用这一性质区分有机化合物和无机化合物。当然也有例外，例如，有机化合物四氯化碳不但不燃烧，反而可以灭火，是一种灭火剂。

③ 有机化合物熔点、沸点较低。许多有机化合物在常温下是气体、液体，即使是固体，其熔点也较低，有机化合物的熔点一般不超过 400℃；而无机化合物的熔点和沸点较高，常常难以熔化。

④ 多数有机化合物难溶于水，易溶于有机溶剂，例如食用油难溶于水，但易溶于汽油。当然例外的情况也很多，例如酒精、醋酸与水可以任意比例互溶，等等。

⑤ 有机化合物的反应速率较慢且副反应多。多数无机化合物之间的反应进行得很迅速，瞬间可以完成，而有机化合物的反应速率较慢，需要的时间长。为了加快有机化合物的反应速率，往往需要加热、光照或使用催化剂等。有机化合物反应复杂、副反应多，因此降低了主要产物的产率，为了提高主要产物的产率，必须选择最有利的反应条件以尽量减少副反应的发生。

二、有机化合物的分类

有机化合物的数目繁多，一般有机化合物有两种分类方法：按碳骨架分类和按官能团分类。

(1) 有机化合物按碳骨架分类

按照碳骨架，通常把有机化合物分为四大类。

① 开链有机化合物　开链有机化合物也就是脂肪族有机化合物。这类有机化合物的共同特点是，它们的分子链都是张开的。在这类有机化合物中，碳原子间或碳原子与其他原子连接成链状碳骨架。因为开链有机化合物最初是从动植物油脂中获得的，所以此类有机化合物也称为脂肪族有机化合物，例如，乙烷、乙烯、乙醇、乙酸等都是脂肪族有机化合物。

$CH_3—CH_3$	$CH_2═CH_2$	$CH_3—CH_2—OH$	CH_3COOH
乙烷	乙烯	乙醇	乙酸

② 脂环有机化合物　这类有机化合物的共同特点是，在它们的分子中碳原子连接成环状碳骨架。由于这类有机化合物的性质与脂肪族有机化合物相似，所以称为脂环有机化合物，例如，环己烷、环己烯等是脂环族有机化合物。

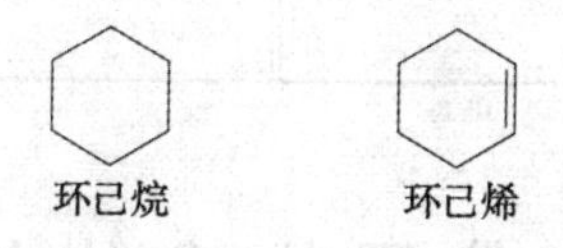

③ 芳香族有机化合物　这类有机化合物的共同特点是，在它们分子中碳原子也连接成环状般骨架，但是一般含有苯环结构，因此与脂肪族有机化合物、脂环有机化合物不同，它具有特殊的性质。这类有机化合物最初是从具有芳香气味的有机物——天然香树脂和香精油中提取出来的，因此称为芳香族有机化合物，例如，苯、甲苯、苯酚等是芳香族有机化合物。

苯　　甲苯　　苯酚

④ 杂环有机化合物　这类有机化合物的共同特点是，在它们的分子中也具环状结构，但是组成环的原子除了碳原子外，还有氧、硫、氮等原子，在碳环上的这些原子被称为杂原子，这类有机化合物称为杂环有机化合物，例如，呋喃、吡啶、糠醛等都是杂环有机化合物。

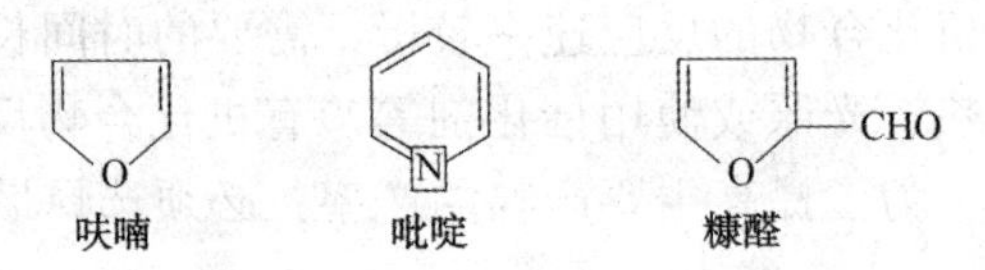

呋喃　　吡啶　　糠醛

（2）有机化合物按官能团分类

官能团指的是有机化合物分子中比较活泼、容易反应的原子或基团，它常常决定有机化合物的主要性质，反映着有机化合物的主要特征。含有相同官能团的有机化合物一般具有相类似的性质。例如，烯烃中的双键（C═C），炔烃中的三键（C≡C），卤代烃中的卤原子（F、Cl、Br、I），醇中的羟基（—OH）等是常见的官能团。常见的官能团见表 4-1。

表 4-1　常见的官能团

结构	名称	结构	名称
$>C=C<$	双键	$C-\overset{O}{\overset{\|}{C}}-C$	酮基
—C≡C—	三键	$-\overset{O}{\overset{\|}{C}}-OH$	羧基
—OH	羟基	—CN	氰基
—X（F、Cl、Br、I）	卤原子	$-NO_2$	硝基
$-\overset{\|}{\underset{\|}{C}}-O-\overset{\|}{\underset{\|}{C}}-$	醚键	$-NH_2$	氨基
$-\overset{O}{\overset{\|}{C}}-H$	醛基	$-SO_3H$	磺酸基

第二节　高分子化合物的基本知识

一、高分子化合物的一般概念

高分子化合物（又称高聚物）的分子比低分子有机化合物的分子大得多。一般有机化合

物的相对分子质量不超过1000，而高分子化合物的相对分子质量一般在10^4以上，是千百个原子以共价键连接而构成的大分子化合物。由于高分子化合物的相对分子质量很大，所以在物理、化学和力学性能上与低分子化合物有很大差异。

高分子化合物的相对分子质量虽然很大，但其化学组成一般比较简单，通常是由结构单元重复连接而构成。例如，丙烯分子聚合生成聚丙烯。

$$n\mathrm{CH_2{=}CH(CH_3)} \rightarrow \mathrm{{+}\!\!\left(CH_2{-}CH(CH_3)\right)\!\!{+}_n}$$

丙烯　　　聚丙烯

聚丙烯的分子是由重复出现的基本结构单元连接而成。通常将组成高分子化合物的重复结构单元称为链节。每个高分子中所包含的链节数(即 n)称为聚合度。聚合成高分子化合物的低分子物质称为单体。因此很容易得出高分子化合物的相对分子质量就是链节的相对分子质量与聚合度的乘积，即

高分子化合物的相对分子质量=链节的相对分子质量×聚合度　　(4-1)

例如，计算已知聚丙烯的链节相对分子质量为42，当聚丙烯的相对分子质量为5×10^4时，由式(4-1)计算得到该聚丙烯的链节数为1190。

实验证明，即使由同一种单体在相同的反应条件下聚合而成的高分子化合物，它们各个分子的聚合度也总是不一样的，也就是说，它们各个分子的相对分子质量不同。因此，合成高分子化合物实际上是相对分子质量大小不等的同系列分子的混合物，这类化合物的相对分子质量只是一种平均相对分子质量。

二、高分子化合物的结构

高分子化合物的分子是由一个个链节以共价键形式连接起来的，根据连接方式的不同，它们的结构主要分为线型结构、支链型结构和体型(网状)结构。实际上，这 3 种结构之间没有明显的分界线，支链短的支链型结构接近于线型结构，支链多的支链型结构接近于体型结构。

线型结构是指许多链节(结构单元)连接在一起形成的长链大分子。由于所形成的高分子链中，原子与原子或链节与链节之间都是以共价键相结合，这些键大都是单键，形成单键的原子(或链节)间可以相对旋转，柔顺性非常好。因此，在一般条件下，线型结构的高分子化合物(如橡胶、纤维、热塑性塑料等)总是以柔软卷曲的形式存在，如图 4-1(a)所示。其柔顺性决定了此类高分子化合物的一些物理性质，如在适当的溶剂中能溶解，升高温度可使其软化并具有流动性，常温下具有弹性和塑性等，常用于注入水增黏及油井防蜡。

有些线型结构的高分子带有支链，如图 4-1(b)所示，即线型结构高分子主链上有侧链，此类高分子化合物称为支链型高分子化合物。侧链的长短和数量可以不同，甚至有的侧链上还带有侧链，支链型高分子化合物的结构特点决定了它的性能介于线型高分子化合物和体型高分子化合物之间。

体型结构的高分子化合物(如热固性塑料)可以看成是许多线型高分子或支链型高分子的链与链之间互相交联，所形成的空间网状(或立体)结构，如图 4-1(c)所示。这种结构的

特点是键与键之间没有内旋转的可能，所以体型结构高分子化合物几乎没有柔顺性，脆性大，没有弹性和塑性，不溶于任何溶剂。交联体型高分子化合物不溶、不熔，常用于防砂、堵水。

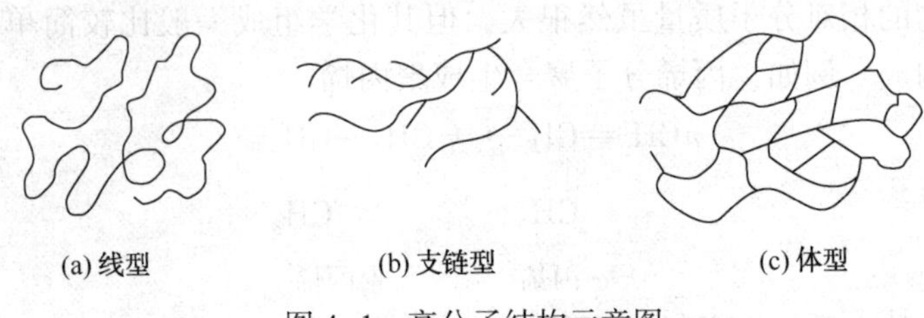

图 4-1　高分子结构示意图

三、高分子化合物的特性

由于高分子化合物具有很大的相对分子质量和特殊的结构，因此它们具有不同于低分子化合物的特性，主要体现在以下几个方面。

1. 溶解性

线型结构高分子化合物可以溶解在适当的溶剂中，例如聚苯乙烯、聚甲基丙烯酸甲酯等能溶于氯仿、苯等有机溶剂中。线型结构高分子化合物在适当溶剂中的溶解过程比低分子化合物要缓慢得多。它们溶解时，溶剂分子先渗入缠绕在一起的高分子之间，使高分子化合物膨胀，然后溶剂分子逐渐把高分子包围而分离，形成高分子化合物溶液。

体型结构高分子化合物不能溶解，但交联程度较低的体型结构高分子化合物在适当的溶剂中会出现膨胀现象。例如，从废旧橡胶制品上刮下的橡胶在汽油中会出现膨胀现象，而酚醛树脂等交联程度较大的高分子化合物，它们既不能溶解，也不会膨胀。

2. 弹性

通常情况下，线型结构高分子化合物的分子是卷曲的，受到外力作用时，它们会更为卷曲或伸展，但外力消除时，这些分子又恢复到原来卷曲的形状，这种性质称为弹性。线型结构高分子化合物都有不同程度的弹性。

交联程度较低的体型结构高分子化合物也有弹性，如经过交联处理的橡胶；但交联程度很高的体型结构高分子化合物则失去弹性而变得比较僵硬，如酚醛树脂、环氧树脂等。

3. 可塑性

线型结构高分子化合物受热至一定温度时，随着温度的升高而逐渐软化，最后变为黏性的流动状态。由于它们分子链具有不同长度和不同相对分子质量，这一熔融过程不像低分子物质那样具有明显转变点。线型结构高分子化合物受热处于熔融状态时，如受外力作用，它们会变形，除去外力后它们也不能恢复原来的形状。因此，可以在加热至一定温度时，对它们进行模塑、浇铸、滚压等加工，使其形成一定形状，冷却后它们仍然保持已塑成的形状。这种性质称为可塑性，又称热塑性。

体型结构高分子化合物受热后既不软化也不熔化，当温度更高时，它们的化学键就会断裂，高分子化合物结构就会被破坏。所以体型结构高分子化合物一经加工成型，就不再受热熔化和变形，不能反复加工塑制。这种性质称为热固性。

4. 机械强度

物质在受到外力的拉、压、弯曲等作用时会断裂或破碎，这是由于分子间力抵抗不了外力，从而使分子分离。而高分子化合物的相对分子质量很大，分子间力很强，因此它们一般都有较强的抗拉、抗压、抗弯曲等能力，即机械强度较大。高分子化合物的机械强度与它们的相对分子质量、分子结构等有关。一般来说，对于同一种高分子化合物，相对分子质量越大，强度就越大。高分子化合物分子结构成体型的，机械强度显著增大。

第三节　高分子化合物溶液

一、高分子化合物的溶解

高分子化合物在溶剂中的分散过程叫作溶解。高分子化合物的溶解与低分子物质的溶解不同，这是因为高分子与溶剂分子的尺寸相差悬殊，二者的分子运动速度差别很大。高分子化合物加入溶剂中，由于溶剂分子小，所以能较快地渗入到高分子中，而高分子向溶剂中扩散的速度却非常慢。因此，高分子化合物的溶解要经过两个阶段，先是溶剂分子进入高分子内部，使高分子化合物体积膨胀，这就是高分子化合物所特有的溶胀现象；随着溶剂分子不断进入高分子链之间，高分子也扩散进入溶剂，彼此扩散，最后完全溶解形成高分子化合物溶液，简称高分子溶液，如图 4-2 所示。

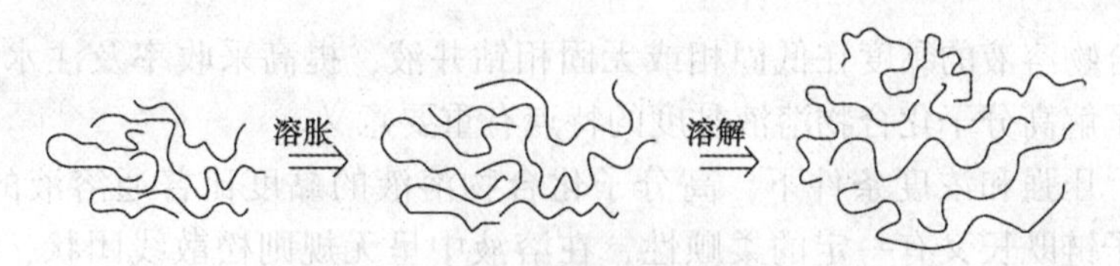

图 4-2　高分子在溶剂中的溶解过程

并不是所有的高分子化合物都可在溶剂中溶胀并进一步溶解。可溶胀并进一步溶解的高分子化合物必须满足以下 3 个条件：

① 高分子化合物必须是线型结构。此类高分子化合物主要呈现卷曲的形状，能提供溶剂分子扩散进去的较大空间。

② 高分子化合物的极性必须近于溶剂的极性。极性相近原则同样适用于高分子化合物的溶解，如聚丙烯酰胺溶于水但不溶于油，聚异丁烯溶于油但不溶于水等。

③ 高分子化合物的相对分子质量不能太大。若相对分子质量太大，则分子间力太大，这样不利于高分子在溶剂中的分散。因此，有些相对分子质量较大的线型结构高分子（如纤维素）即使在极性相近的溶剂（如水）中也不能溶解。

二、高分子化合物溶液的特征

对于高分子化合物溶液，溶质和溶剂有较强的亲和力，两者之间没有明显的界面存在，是均相分散体系。由于其分子较大，与低分子溶液在性质上存在许多不同之处，相比之下，高分子化合物溶液特点表现在以下几个方面。

1. 稳定

高分子化合物溶液在无菌、溶剂不蒸发的情况下，无需稳定剂，可以长期放置而不沉淀。稳定的主要因素是高分子化合物在溶液中的溶剂化能力强，分子结构中有许多亲水能力很强的基团，如羟基(—OH)、羧基(—COOH)、氨基(—NH_2)等；当以水作溶剂时，亲水基团与水分子以氢键结合，在高分子化合物表面形成很厚的水化膜，使其能稳定分散于熔液中不易凝聚，增加了体系的稳定性。

2. 黏度

高分子化合物溶液即使浓度很低时，也会使溶液的黏度增加很多。这主要是与它的特殊结构有关，由于高分子化合物通常是线型、支链型或体型分子，长链之间互相靠近而结合的产物，把一部分液体包围在结构中使它失去流动性，结合后的大分子在流动时受到的阻力也很大，高分子的溶剂化作用束缚了大量溶剂，因此高分子化合物溶液的黏度比低分子化合物溶液要大得多。

3. 盐析

电解质对高分子化合物溶液能够起到凝聚作用。高分子化合物溶液稳定的主要因素是其分子表面有很厚的水化膜，只有加入大量电解质才能把高分子化合物的水化膜破坏掉，使高分子化合物聚沉析出。像这种在高分子化合物溶液中加入大量电解质，使其从溶液中析出的过程叫作盐析。

三、高分子化合物溶液的黏度及其影响因素

高分子化合物溶液的黏度在低固相或无固相钻井液，提高采收率及注水等方面应用较为广泛。所以了解高分子化合物溶液黏度的特点有重要意义。

相同温度、压强和浓度条件下，高分子化合物溶液的黏度比普通溶液的黏度大得多。这是因为高分子链既长又有一定的柔顺性，在溶液中呈无规则松散线团状，在线团内充满了溶剂，而高分子化合物又具有很厚的溶剂化膜，体积庞大，因此流动时内摩擦力很大，黏度也比较大。再者，高分子化合物溶液达到一定浓度后，由于分子链很长及分子间作用力，使分子之间发生缔合或相互缠绕形成一定的网状结构，从而增加了溶液流动的内摩擦力，使溶液的黏度增大。

显然，由于外界因素的影响，网状结构是可以消除的。因此，由于网状结构所决定的部分黏度也可以被消除和降低。常把这种由于结构的形成或消失而引起的黏度增大或消失的黏度称为结构黏度。所以高分子化合物溶液的黏度一般由两部分组成：正常黏度和结构黏度，即

$$\eta=\eta_{正常}+\eta_{结构} \tag{4-2}$$

流体的黏度是流体分子间摩擦力的量度，所以，凡是影响高分子化合物溶液分子间摩擦力的因素都影响其黏度。影响高分子化合物溶液黏度有以下几个因素。

1. 质量浓度

高分子化合物溶液的黏度随质量浓度的变化而变化，如图 4-3 所示。

从图 4-3 可以看出，条件相同的情况下，质量浓度一定时，相对分子质量越大的高分子化合物溶液黏度越大；而同一种高分子化合物溶液黏度随质量浓度的增大而增大。这是

由于当质量浓度超过一定数值分子间距离缩小，分子间作用力增大，使分子间形成更多的网状结构，结构黏度迅速增大，因而使高分子化合物溶液的黏度随着质量浓度的增大而迅速增大。

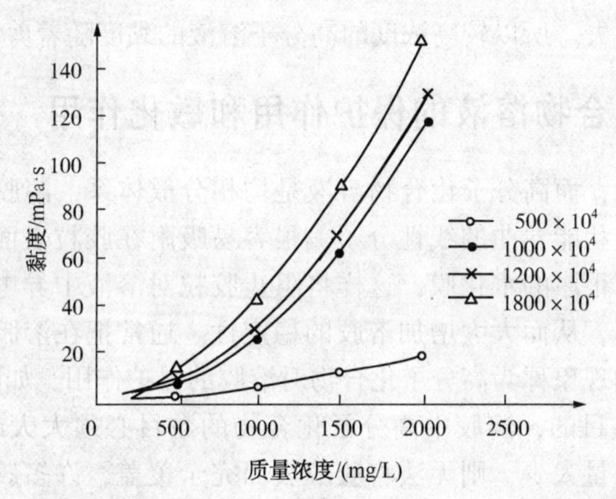

图 4-3　不同相对分子质量高分子化合物溶液黏度-质量浓度关系曲线

2. 温度

高分子化合物溶液的黏度随温度的变化也很大。这是因为温度升高，分子运动能增加，分子的热运动便高分子化合物分子链间的纠缠分离开来，分子间作用力减小，不利于网状结构的形成，使结构黏度降低；同时温度升高，高分子化合物的溶剂化程度减小，溶剂化膜变薄，高分子线团体积变小，流动时内摩擦力变小，使其结构黏度降低。这些都促使高分子化合物更加卷曲，如图 4-4 所示。高分子化合物的卷曲就意味着其黏度的减小。

3. 剪切速率

高分子化合物溶液的黏度随剪切速率的变化同样也很大。如图 4-5 所示，随着剪切速率的增大(如管中流动速度增加或搅拌器中搅拌速度加快)，高分子化合物溶液的黏度迅速下降，然后下降的趋势减小，最后接近一个确定的数值。高分子化合物溶液的黏度随剪切速率的变化关系是由于溶液中的网络结构在不同的剪切速率下产生不同程度的破坏所引起的，当剪切速率超过某一数值时，网络结构就彻底破坏，所以溶液的黏度就接近一个确定的数值。

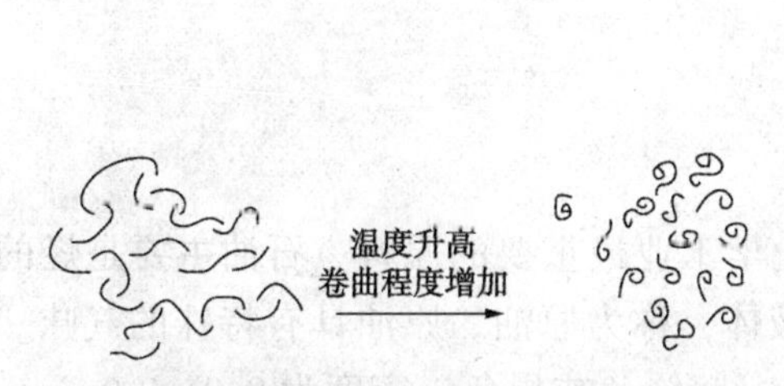

图 4-4　温度对高分子化合物卷曲程度的影响

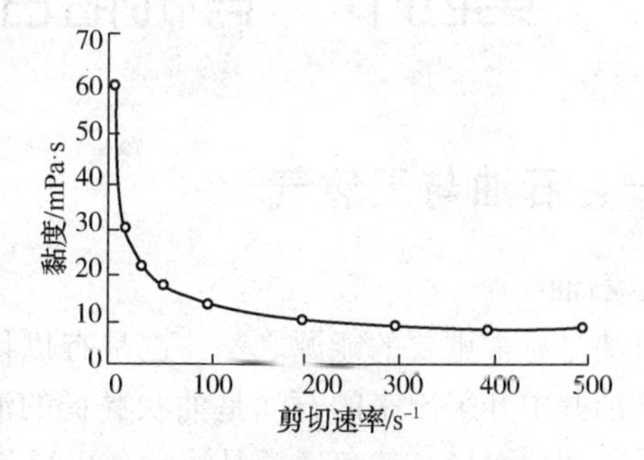

图 4-5　部分水解聚丙烯酰胺水溶液黏度随剪切速率的变化曲线

以上现象是因为高分子链在溶液中呈卷曲的线团状，随着剪切速率的增大，高分子线团发生变形，沿流动方向上变得狭长，使流动阻力变小、黏度降低。另外，在浓度较大的高分子溶液中，由于存在着结构黏度，随着溶液剪切速率的增大，网状结构随之遭到破坏，因而结构黏度也随之消失。所以较高浓度的高分子溶液的黏度随着剪切速率的增大而降低。

四、高分子化合物溶液的保护作用和敏化作用

溶胶是不稳定体系，而高分子化合物溶液是均相分散体系，溶胶中加入高分子化合物后，由于高分子都是链状能卷曲的线性分子，很容易吸附在胶粒表面包住胶粒，而高分子化合物本身很稳定，有很厚的水化膜，这样将阻止胶粒对溶液中异电离子的吸引，降低胶粒之间互相碰撞的概率，从而大大增加溶胶的稳定性。通常把在溶胶中加入高分子化合物使其稳定性得以提高的现象称为高分子化合物对溶胶的保护作用，如图 4-6 所示。

要达到保护溶胶的目的，溶胶中高分子化合物的数目必须大大超过溶胶粒子的数目，如果高分子化合物加入量太少，则无法将胶粒表面完全覆盖，许多胶粒则吸附在高分子化合物表面，高分子将起到“搭桥”的作用，把多个胶粒连接起来，变成较大的聚集体而下沉。通常把因加入少量的高分子化合物引起溶胶稳定性降低的作用称为敏化作用，如图 4-7 所示。因此，要保护溶胶，必须加入足够量的高分子化合物。

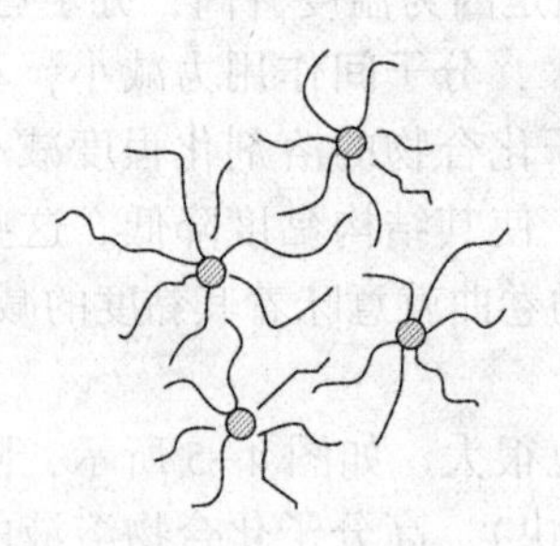

图 4-6 高分子化合物对溶胶的保护作用

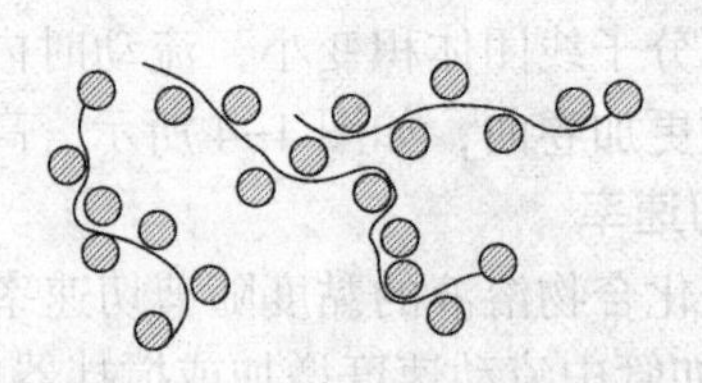

图 4-7 高分子化合物对溶胶的敏化作用

第四节 有机化合物与油气田的关系

一、石油与天然气

1. 石油

石油是非常重要的能源之一，也是有机化学工业最重要的原料。石油主要是烃的混合物，从油井中开采出来的石油是油状黏稠的液体，称为原油。原油具有特殊的气味。原油的性质因产地而异，颜色通常是淡黄色、褐色、暗绿色或黑色，密度为 $0.8\sim1.0g/cm^3$，黏度范围很宽，凝固点差别很大(30~-60℃)，沸点范围为常温到500℃以上，可溶于多种有机溶剂，不溶于水，但可与水形成乳状液。

（1）石油的组成

石油的组成很复杂，主要是由碳和氢组成，还含有硫、氮、氧、氯等元素。目前分析结果表明，石油中所含的烃类主要是1~50个碳原子的链状烷烃和一些环烷烃，个别地方所产原油包括大量的芳香烃。

（2）石油的加工

从油井中采出的原油是一种黏稠油状混合物，经加工后方可使用。石油加工过程主要分为：石油的分馏、石油的裂化、石油的重整。通过石油的加工，可以得到各种不同用途的石油产品，见表4-2。

表4-2　石油的分馏产品

名称		大致组成	沸点范围/℃	用途
石油气		$C_1\sim C_4$	<40	化工原料、燃料
粗汽油	石油醚	$C_5\sim C_6$	40~70	溶剂
	汽油	$C_7\sim C_9$	60~180	溶剂、内燃机燃料
	溶剂油	$C_8\sim C_{11}$	150~200	溶剂
煤油	航空煤油	$C_{10}\sim C_{15}$	145~250	喷气式飞机燃料
	煤油	$C_{11}\sim C_{16}$	160~300	工业洗涤油、燃料
柴油		$C_{16}\sim C_{18}$	180~350	柴油机燃料
机械油		$C_{18}\sim C_{20}$	>350	机械润滑油
凡士林		$C_{18}\sim C_{22}$	>350	防锈剂、制药
石蜡		$C_{20}\sim C_{24}$	>350	工业制皂
燃料油		—	—	燃料
沥青		—	—	防腐剂、铺路和建筑材料

石油产品主要用作燃料，也是有机化工的基本原料，石油还可以通过细菌等微生物"加工"得到更多更有用的化合物和石油蛋白。所以石油是工业的"血液"。

（3）石油的合成

随着国民经济的发展，石油的需求量逐年增加，2017年石油表观消费量约为5.88×10^8t，增速为5.9%。我国石油对外依存度达到67.4%，首破65%大关。而根据预测，2018年，中国石油表观消费量将首次突破6×10^8t，对外依存度将逼近70%。而石油的储量又是有限的，从长远观点看，由煤炭液化合成油、生物原料合成油有着重要战略意义和广阔前景。目前开发和研究的新型绿色能源"生物柴油"（脂肪酸甲酯）是优质的柴油代用品。生物原料合成油是目前全世界正在开发研究的最重要科研课题。

2. 天然气

（1）天然气的性质

天然气是蕴藏在地下的可燃气体，是除石油和煤以外的最重要的矿物燃料。天然气的主要成分是甲烷，根据甲烷含量不同，天然气可以分为两种，一种是干性天然气（简称干气），含甲烷86%~99%（体积分数）；另一种是湿性天然气（简称湿气），此种气体中除主要成分是甲烷（60%~70%）外，还含有乙烷、丙烷、丁烷等气体，有的也含有氮气、二氧化碳和硫化氢等气体。

天然气除用于动力燃料外，可以合成甲醛、甲醇，还可用来制造炭黑、水煤气，是合成氨肥、生成乙炔等化工产品的重要原料。

(2) 天然气的化学组成

天然气的主要成分是甲烷，此外还含有少量 C_2 ~ C_4 烷烃和更少量较高碳原子数的烷烃或其他烃类。除烃类之外，天然气一般还含有少量非烃气体，如 CO_2、H_2S、N_2、He 和 Ar。表 4-3 为某些天然气的组成。从数据可以看出，多数天然气中甲烷含量超过 80%，因此天然气的热值非常高。一般油气田伴生气中 C_2 以上烃类含量较多，而气井中 C_2 以上烃类含量较少。有的天然气经加工处理后，可以回收液化石油气或天然汽油。经处理的天然气在组成上有较大的变化。H_2S 在各地天然气中的含量往往差别很大，高含硫的天然气在使用中存在腐蚀设备和污染大气问题，在使用前应先通过净化处理。He 在天然气中的含量也因产地而异，但总的看来，He 在天然气中的含量远高于它在大气中的含量。天然气是工业氦的主要来源。天然气中还可能含有一些其他的组分，例如微量的汞蒸气。

表 4-3　某些天然气的组成　　%(体积分数)

组分名称	天然气产地				
	四龙卧龙河	大庆油田伴生气	胜利油田伴生气	苏联西伯利亚	罗马尼亚特兰西瓦尼亚
CH_4	94.32	84.56	86.6	96.39	99.87
C_2H_6	0.78	5.29	4.2	1.44	0.06
C_3H_8	0.18	5.21	3.5	0.17	0.02
C_4H_{10}	0.08	2.29	2.6	0.14	0.003
C_5^+	0.16	0.74	1.4	0.06	0.001
CO_2	0.32	0.13	0.6	1.61	0.02
H_2S	3.82	0.003	—	—	0.08
N_2	0.44	1.78	1.1	0.18	0.02
H_2	0.026	—	—	—	0.001
He	0.015	—	—	—	0.001

二、有机化合物在油田的应用

1. 部分水解聚丙烯酰胺(HPAM)

聚丙烯酰胺(PAM)是由丙烯酰胺引发聚合而成的水溶性链状高分子化合物，其结构式为

$$\left[CH_2—\underset{\displaystyle CONH_2}{\underset{|}{CH}} \right]_n$$

它不溶于汽油、煤油、柴油、苯、甲苯和二甲苯等有机溶剂，但可溶于水。聚丙烯酰胺在碱的作用下可以水解，水解产物中仍含有 $-CONH_2$，这表示聚丙烯酰胺仅是部分水解，所以称为部分水解聚丙烯酰胺。

$$\text{-}\!\!\left(\text{CH}_2\text{—}\underset{\text{CONH}_2}{\text{CH}}\right)\!\!\text{-}_n \xrightarrow[\text{OH}^-]{\text{H}_2\text{O}} \text{-}\!\!\left(\text{CH}_2\text{—}\underset{\text{CONH}_2}{\text{CH}}\right)\!\!\text{-}_x \text{-}\!\!\left(\text{CH}_2\text{—}\underset{\text{COO}^-}{\text{CH}}\right)\!\!\text{-}_{n-x}$$

部分水解聚丙烯酰胺在水中发生解离，产生 —COO^-，使整个离子带负电荷，链节上有静电斥力，因此在水中卷曲的高分子的分子链变得较为伸展，增黏性好。部分水解聚丙烯酰胺不仅可以提高水相黏度，还可以降低水相的有效渗透率，从而有效改善流度比，扩大注入水的波及体积。

由于部分水解聚丙烯酰胺存在盐敏效应，为使聚丙烯酰胺有较高的增黏效果，地层水含盐度不要超过 $100000\text{mg}\cdot\text{L}^{-1}$，注入水要求为淡水。聚合物化学降解随温度升高急剧增强，所以使用部分水解聚丙烯酰胺，要求油藏温度低于 93℃，当温度高于 70℃时，要求体系严格除氧；并且随温度越高，盐敏效应影响越大，甚至会发生沉淀，阻塞油层。

2. 酚醛树脂

酚醛树脂可由苯酚与甲醛通过缩聚反应生成。选用不同性质的催化剂和不同的配料比，可以合成两种不同性质的酚醛树脂，即热固性酚醛树脂和热塑性酚醛树脂。油气田常使用热固性酚醛树脂，它是在碱性催化剂(例如氢氧化钠、氢氧化钡)作用下，保持苯酚和甲醛的物质的量比小于 1 的条件下合成的，反应式如下：

$$2n\,\text{C}_6\text{H}_5\text{OH} + 3n\text{CH}_2\text{O} \xrightarrow[\text{pH}>7]{80\sim100℃} \text{-}\!\!\left(\text{C}_6\text{H}_3(\text{OH})\text{—CH}_2\text{—C}_6\text{H}(\text{OH})(\text{CH}_2\text{OH})\text{—CH}_2\right)\!\!\text{-}_n + 2n\text{H}_2\text{O}$$

(热固性酚醛树脂)

热固性酚醛树脂热固前为液体，可以注入地层，而热固后不溶、不熔，因此可用作封堵剂和胶结剂。热固反应可在催化剂作用下加速进行。在油水井防砂中，就是用酸性催化剂(如盐酸、草酸)使热固性酚醛树脂加速固化。

热固性酚醛树脂中的羟基可与环氧乙烷作用，生成聚氧乙烯酚醛树脂，反应式如下：

$$\text{-}\!\!\left(\text{C}_6\text{H}_3(\text{OH})\text{—CH}_2\text{—C}_6\text{H}(\text{OH})(\text{CH}_2\text{OH})\text{—CH}_2\right)\!\!\text{-}_n + n(x+y+z)\ \underset{\text{O}}{\text{CH}_2\text{—CH}_2} \xrightarrow[0.2\sim1.2\text{MPa}]{\text{NaOH},\ 120\sim150℃}$$

$$\text{-}\!\!\left(\text{C}_6\text{H}_3[\text{O}\text{-}\!(\text{CH}_2\text{CH}_2\text{O})\!\text{-}_x\text{H}]\text{—CH}_2\text{—C}_6\text{H}[\text{O}\text{-}\!(\text{CH}_2\text{CH}_2\text{O})\!\text{-}_y\text{H}][\text{CH}_2\text{O}\text{-}\!(\text{CH}_2\text{CH}_2\text{O})\!\text{-}_z\text{H}]\text{—CH}_2\right)\!\!\text{-}_n$$

(聚氧乙烯酚醛树脂)

由于在酚醛树脂中加入亲水的聚氧乙烯基，因此产物的水溶性大大提高，而且由于它的支链结构，使它对水有很好的增黏作用。

3. 脲醛树脂

脲醛树脂可由尿素与甲醛通过缩聚反应生成。常用的脲醛树脂是热固性脲醛树脂。热固性脲醛树脂是在碱性催化剂(例如氢氧化钠、氢氧化胺)作用下，保持尿素和甲醛的物质的量比小于1(一般为1∶2)的条件下合成的，反应式如下：

$$nNH_2-\overset{\overset{\displaystyle O}{\|}}{C}-NH_2 + 2nCH_2O \xrightarrow[pH>7]{80\sim100℃} \left[\begin{array}{l}N-CH_2\\ |\\ CO\\ |\\ HN-CH_2OH\end{array}\right]_n + nH_2O$$

(热固性脲醛树脂)

热固性脲醛树脂加热后变成不溶、不熔的交联体型结构。在使用时，为了加速热固反应的进行，也可使用酸性催化剂。脲醛树脂常用作封堵剂和胶结剂。

4. 羧甲基纤维素

甲基纤维素简称CMC，白色絮状或略呈纤维状粉末，是由纤维素(如棉花短纤维或木屑纤维等)经过苛性钠处理变成碱纤维后，再与一氯乙酸钠反应制成。

$$R_{纤}OH+NaOH+ClCH_2COONa \longrightarrow R_{纤}OCH_2COONa+NaCl+H_2O$$

羧甲基纤维素中羧基被NaOH中和后，即生成羧甲基纤维素钠盐，以Na-CMC表示。Na-CMC中含有羧甲酸钠基(—COONa)官能团，它在水中电离生成—COO^-和Na^+，使高分子链节上带负电而互相排斥，从而使高分子的卷曲程度减小，从而有较好的增黏能力。Na^+分布于扩散层中，水化能力强，故有降失水作用。此外，在Na-CMC分子结构中，有许多—OH，—O—键，吸附在水泥及黏土颗粒上而形成吸附层，增加水泥及黏土颗粒的分散性。但其仅耐温120℃，超过此温度即开始分解，因此羧甲基纤维素钠盐高温时不能用其作降失水剂。

5. 生物聚合物黄胞胶(XG)

黄胞胶是由黄单胞菌微生物接种到淡水化合物中，经发酵而产生的生物聚合物，又称黄原胶。黄胞胶的主链为纤维素骨架，其支链比HPAM更多且较长。由于支链对分子卷曲的阻碍，所以它的主链采取较伸展的构象，从而使其具有增黏性、抗剪切性和耐盐性等特性。黄胞胶主要用作水的增黏剂，交联后可用作注水井的调剖剂和油水井的压裂液。

黄胞胶对盐不十分敏感，适于地层水含盐度较高的油藏。其主要缺点首先是生物稳定性差，细菌对微生物聚合物易引起生物降解；其次，生物聚合物热稳定性也较差，温度超过80℃则易发生热降解，所以使用温度一般不超过75℃；此外，溶解氧也易引起黄胞胶的氧化降解。所以在黄胞胶使用过程中应添加除氧剂、热稳定剂和杀菌剂等；加之生物聚合物价格昂贵，因此黄胞胶一般只适用于含盐度较高的地层，其使用范围不如聚丙烯酰胺广泛。

6. 木质素磺酸盐

木质素磺酸盐是利用木材中天然存在的木质素，经亚硫酸盐的磺化作用后，从纸浆废液中提取出来的副产品。经常使用的是木质素磺酸钙和木质素磺酸钠，它们可以在井底循

环温度87℃以下单独使用，缓凝效果好，也能显著延长水泥浆的稠化时间。

钻井液常用的稀释剂铁铬盐全称是铁铬木质素磺酸盐，有时也用作油井水泥的缓凝剂，但使用温度不宜超过87℃，一般加盐为水泥质量的0.2%~1.0%，如量多时会产生气泡，使缓凝效果下降，影响固井质量。目前，由于考虑重金属铬离子的毒性，将其用作钻井液稀释剂及固井缓凝剂的情况逐渐减少。

7. 水解聚丙烯腈

水解聚丙烯腈常记作HPAN，白色或淡黄色粉末。聚丙烯腈不溶于水，不能直接加入水泥浆中，必须预先在95~100℃烧碱溶液中水解，变成水溶性的水解聚丙烯腈。聚丙烯腈水解度范围较广，具有中等水解度的水解聚丙烯腈可用作油井水泥的降失水剂；其他水解范围的聚丙烯腈因对水泥浆有絮凝或增稠作用，不宜在油井水泥中使用。由于水解聚丙烯腈线型大分子主链全是碳-碳键结合，因此不耐高温，不宜用作深井注水泥的降失水剂。

思考题

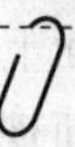

【4-1】什么是有机化学？谁首先引用了“有机化学”这个名词？有机化学的研究对象是什么？学习有机化学有何意义？有机化学的研究对象有哪些？

【4-2】有机物和无机物有哪些区别和联系？有机物额相同特征有哪些？它们与有机物的结构有什么关系？有机物所含的元素主要有哪些？

【4-3】乙烯、丙烯有哪些主要用途？组成石油的主要元素有哪些？

【4-4】举例说明单体、单体单元、结构单元、重复单元、链节等名词的含义，以及它们之间对的相互关系和区别。

【4-5】高分子化合物是由一种或多种单体在催化剂作用下，经聚合反应而合成。举例说明缩聚反应和加聚反应机理。

【4-6】简述高分子化合物溶液的特征及其相对应的应用实例。

【4-7】举例油气田常用高分子化合物有哪几种？各起到什么作用？各自的作用机理如何？

练习题

4-1　写出下列单体的聚合反应式及聚合物的名称，并判断反应是加聚反应还是缩聚反应。

① $CH_2{=}CHF$　　② $CH_2{=}C(CH_3)_2$

③ $HO—(CH_2)_5—COOH$　　④ $CH_2{=}CH—COONa$

4-2　写出由下列单体聚合形成链状高分子化合物的链节简式；若聚合度均为1600，分别计算各高分子化合物的相对分子质量

① 乙烯　② 氯乙烯

③ 苯乙烯　④ 丙烯腈

⑤ 甲基丙烯酸甲酯　⑥ 丙烯酰胺

第五章　表面现象

表面现象是指发生在表面上的一切物理现象(如吸附、润湿)和化学现象(如在固体催化剂表面上发生的催化反应)。

表面现象严格说来应该称为界面现象，因为这些现象可以发生在任何两相界面(例如气液界面、气固界面、液固界面、液液界面)上。通常把两相中有一相为气相的界面称为表面。但习惯上也将界面称为表面，而把界面现象称为表面现象。

在钻井液中存在着各种界面，例如在水基钻井液和油基钻井液中存在着黏土与水或黏土与油的固液界面，在油包水型钻井液中还存在着油与水的液液界面，在泡沫钻井液中则存在着气液界面。界面性质决定着钻井液的多种使用性能。各种钻井液处理剂主要是通过改变界面性质起作用的。

在油层中也存在着各种界面，例如天然气与地层油或地层水间有气液界面，地层油与地层水之间有液液界面，地层油、地层水或天然气与岩石间有液固界面或气固界面。由于油层中界面复杂，界面积很大，因此表面现象很突出。原油黏在岩石表面洗不下来，油珠难于通过油层孔隙结构的喉部等都是由于界面存在而发生的表面现象。

原油集输过程同样存在着各种界面，破乳、缓蚀、降凝、降黏和防垢等都是通过各种处理剂在界面上起作用，从而达到工艺上的各种目的。

可见，表面现象在钻井、采油和原油集输等过程中都是非常重要的。本章主要介绍在上述过程中遇到的基本表面现象及其遵循的基本规律。

第一节　表面能和表面张力

一、净吸力和表面张力的概念

1. 净吸力

凝聚态物质的分子在体相内部与界面上所处的环境是不同的。例如在图 5-1 中，液体表面上的某分子 M 受到如图中所示的各个方向的吸引力，其中 α、b 可抵消，e 向下，并有 c、d 的合力 f(向下)，故分子 M 受到一个垂直于液体表面、指向液体内部的“合吸力”，通

常称为净吸力。由于有净吸力存在，致使液体表面的分子有被拉入液体内部的倾向，所以任何液体表面都有自发缩小的倾向，这也是液体表面表现出表面张力的原因。

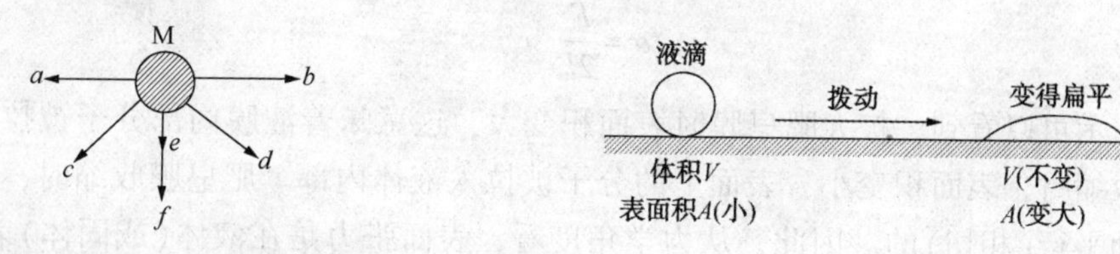

图 5-1　表面分子所处的环境　　　　图 5-2　球形液滴变形

2. 表面张力

为说明表面张力的问题，首先看图 5-2 的示意图。由图 5-2 可见，当球形液滴被拉成扁平后(假设液体体积 V 不变)，液滴表面积 A 变大，这就意味着液体内部的某些分子被"拉到"表面并平铺于表面上，因而使表面积变大。当内部分子被拉到表面上时，同样要受到向下的净吸力，这表明，在主体内部分子搬到液体表面时，需要克服内部分子的引力而消耗功。因此，表面张力(σ)可定义为增加单位面积所消耗的功(表面张力在许多教材中用 γ 表示，请读者注意)：

$$\sigma=\frac{\text{所消耗的功}}{\text{增加的面积}}=\frac{-\mathrm{d}\omega'_{\text{可}}}{\mathrm{d}A} \tag{5-1}$$

按能量守恒定律，外界所消耗的功储存于表面，成为表面分子所具有的一种额外的势能，也称为表面能。

因为恒温恒压下

$$-\mathrm{d}G=\mathrm{d}\omega'_{\text{可}}$$

式中　G——表面自由能；

$\omega'_{\text{可}}$——消耗功。

将其代入式(5-1)，得

$$\mathrm{d}G=\sigma\mathrm{d}A$$

或

$$\sigma=\left(\frac{\partial G}{\partial A}\right)_{T,p} \tag{5-2}$$

所以表面张力又称为比表面自由能。

表面张力的 SI 单位为 N/m。可以用图 5-3 的演示来说明表面张力是作用在单位长度长的力。图 5-3 为一带有活动金属丝的金属丝框。将金属丝框蘸上肥皂水后缓慢拉活动金属丝。设移动距离为 Δx，则形成面积为 $2l\Delta x$ 的肥皂膜(因为金属丝框上的肥皂膜有两个表面，所以要乘以 2)。此过程中，环境所消耗的表面功为

$$-\omega'_{\text{可}}=F\Delta x \tag{5-3}$$

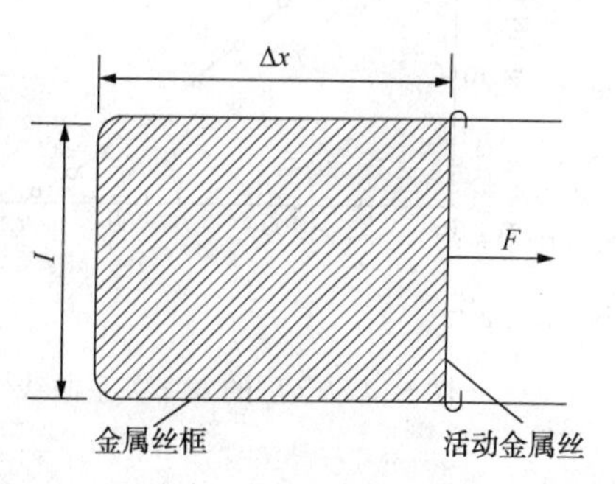

图 5-3　表面张力与表面功

与式(5-1)比较，则

$$-\omega'_{可} = F\Delta x = \sigma \Delta A = \sigma 2l\Delta x$$

$$\sigma = \frac{F}{2l} \tag{5-4}$$

从这个演示可以看到，扩大肥皂膜时表面积变大，这意味着液膜内部分子被拉到膜表面；肥皂膜收缩时，表面积变小，表面上的分子被拉入液体内部。肥皂膜收缩时，力的方向总是与液面平行(相切)的。因此，从力学角度看，表面张力是在液体(或固体)表面上，垂直于任一单位长度并与表面相切的收缩力。常用单位为 $mN \cdot m^{-1}$。

综上所述，可以得出结论：分子间力可以引起净吸力，而净吸力引起表面张力。表面张力永远和液体表面相切，而和净吸力相互垂直。

在净吸力的作用下，表面有自动收缩的倾向，因此表面能有自动减少的倾向。在等温下，表面能自动趋于减少，这是一切表面现象所遵循的普遍规律。各种表面现象都在这条规律的支配下发生和变化。曲界面两侧压力差的存在，吸附、润湿和毛细管现象的发生，都是这条规律起作用的结果。

二、影响表面张力的因素

表面张力是液体(包括固体)表面的一种性质，而且是强度性质。有多种因素可以影响物质的表面张力。

1. 物质本性

表面张力起源于净吸力，而净吸力取决于分子间的引力和分子结构，因此表面张力与物质本性有关。例如水是极性分子，分子间有很强的吸引力，常压下，20℃时水的表面张力高达 $72.75mN \cdot m^{-1}$。而非极性分子的正己烷在同温下其表面张力只有 $18.4mN \cdot m^{-1}$。水银有极大的内聚力，故在室温下是所有液体中表面张力最高的物质($\sigma_{Hg} = 485mN \cdot m^{-1}$)。当然，其他熔态金属的表面张力也很高(一般是在高温熔化状态时的数据)，例如，1100℃熔态钢的表面张力为 $879mN \cdot m^{-1}$。

2. 温度

一般情况下，液体的表面张力随温度的升高而降低，且 $\sigma-t$ 有线性关系(图5-4)。当温度升高到接近临界温度 t_c 时，液-气界面逐渐消失，表面张力趋近于零。温度升高，表面张力降低的定性解释，是因为温度升高时液体的体积膨胀，分子间距离增大，分子间吸引力减小，因此表面分子所受到的净吸力减小，σ 降低。

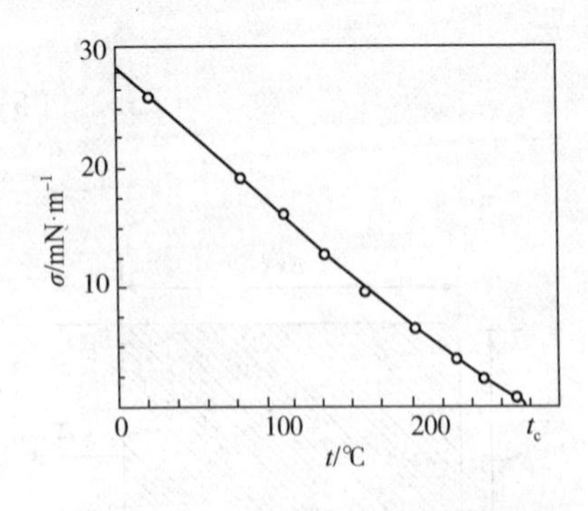

图5-4 CCl_4 的 $\sigma-t$ 关系曲线

某些液体在不同温度下的表面张力列于表5-1中。

表 5-1　几种液体在不同温度下的表面张力　　mN·m⁻¹

液体	0℃	20℃	40℃	60℃	80℃	100℃
水	75.64	72.75	69.56	66.18	62.61	58.85
乙醇	24.05	22.27	20.60	19.01	—	—
甲苯	30.74	28.43	26.13	23.81	21.53	19.39
苯	31.6	28.9	26.3	23.7	21.3	—

3. 压力

表面张力随着压力的增大而减小，这是由于压力增加，气体分子间的距离缩短，从而增加了气体分子对液体表面分子的吸引力，所以表面分子所受到的净吸力减小，表面张力下降。但当压力改变不大时，压力对液体表面张力的影响很小(表 5-2)。

表 5-2　压力对水的表面张力的影响(65℃)

p/MPa	σ/mN·m^{-1}	p/MPa	σ/mN·m^{-1}
0.10	67.5	7.24	50.4
0.82	63.2	10.74	46.5
1.89	58.1	14.29	42.3
3.67	55.5	19.35	39.5

三、表面张力的测定

表面张力的测定方法分静态法和动态法。静态法主要有毛细管法、最大气泡压力法、吊环法、吊片法、滴重法和滴体积法等；动态法有旋滴法、振荡射流法和悬滴法等。本节将介绍其中的五种静态法，其他方法可参考相关专著。

1. 毛细管法

毛细管插入液体后，按静力学关系，液体在毛细管内将上升或下降一定高度 h，此高度与表面张力值的关系如式(5-5)所示。公式的推导过程见本章第四节。

$$h = \frac{2\sigma\cos\theta}{\rho g R} \tag{5-5}$$

当液体完全润湿管壁时，液-气界面与固体表面的夹角(接触角)为零。则接界处的液体表面与管壁平行且相切。液面近似呈半球形。毛细管半径越小。弯月面越近似于半球形，例如水在玻璃毛细管中的情况就可做类似处理。若液体完全不湿润毛细管，液面将呈凸形而发生毛细下降。如汞与玻璃毛细管的接触角可近似为 180°。通常情况下，液体与毛细管之间的接触角为 0°~180°。

一般认为，表面张力的测定以毛细管法最准确。这是由于它不但有比较完整的理论，而且实验条件可以严密地控制。只要测得液柱上升(或下降)高度和固-液接触角，就可以确定液体的表面张力。

2. 最大气泡压力法

最大气泡压力法也是测定液体表面张力的一种常用方法，实验装置如图 5-5 所示。测定时将一根毛细管插入待测液体内部，从管中缓慢地通入惰性气体对其内的液体施以压力，使它能在管端形成气泡逸出。当所用的毛细管管径较小时，可以假定所产生的气泡都是球面的一部分，但是气泡在生成及发展过程中，气泡的曲率半径将随惰性气体的压力变化而改变，当气泡的形状恰为半球形时，气泡的曲率半径最小，正好等于毛细管半径。如果此时继续通入惰性气体，气泡便会猛然长大，并且迅速地脱离管端逸出或突然破裂。如果在毛细管上连一个 U 形压力计，U 形压力计所用的液体密度为 ρ，两液柱的高度差为 h，那么气泡的最大压力为 $\Delta p_{\max}$，就能通过实验测定，并有

$$\Delta p_{\max} = \frac{2\sigma}{r} = \rho g h$$

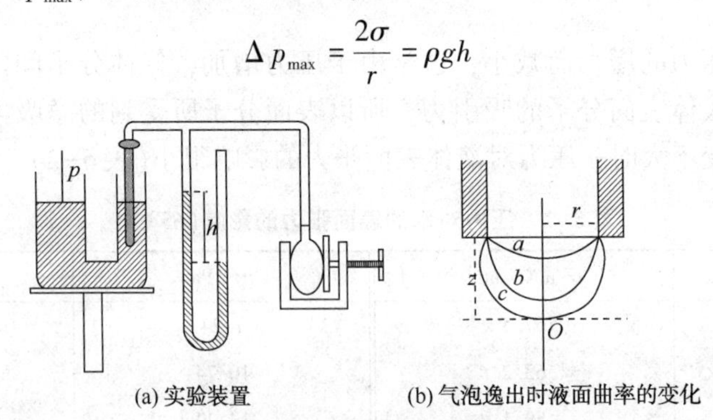

图 5-5　最大气泡压力法示意图

3. 吊环法

吊环法也称圆环法。从表面张力的基本概念得知，将浸在液面上的铂丝金属环脱离液面，其所需的最大拉力(p)等于吊环自身质量(w)加上表面张力与被脱离液面周长的乘积。如图 5-6所示，DuNouy 第一次应用扭力天平来测定此最大拉力。考虑到被拉起的液体并非圆柱形，Harkins 和 Jordan 引进了校正因子，可以用来测定纯液体表面张力，相应的计算公式为

$$\Gamma = \frac{p-w}{4\pi r} f\left(\frac{r^3}{V} \cdot \frac{r}{R}\right) \tag{5-6}$$

式中 r——圆环的半径；

R——铂丝的半径；

V——液滴的体积；

f——校正因子，如图 5-7 所示。

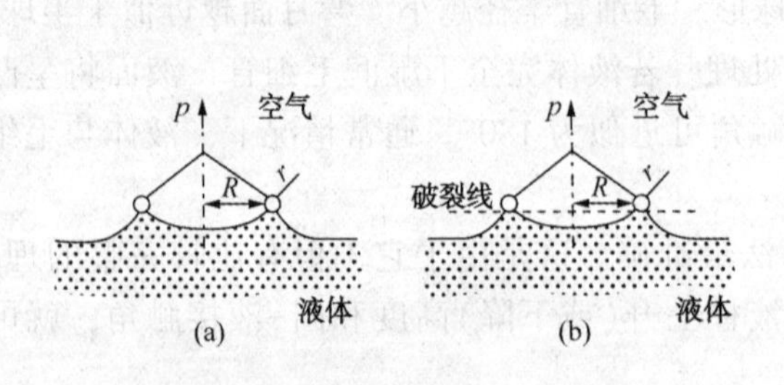

图 5-6　吊环法示意图

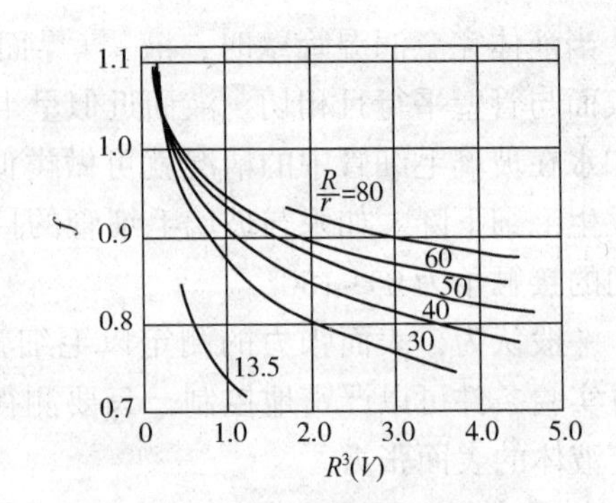

图 5-7　吊环法的校正因子

4. 吊片法

吊片法也称吊板法。是由 Wilhelmy 于 1863 年首先提出的，后来经 Dognon 和 Abribat 改进，现已被广泛使用。其原理与圆环法类似，都是通过测量力来测量表面张力，对润湿性要求较高。所用吊片为打毛的铂片、玻片或滤纸片，要满足吊片恰好与液面接触，既可采用脱离法，测定吊板脱离液面所需与表面张力相抗衡的最大拉力，也可将液面缓慢地上升至刚好与天平悬挂已知重量的吊板接触，然后测定其增量，再求得表面张力的值。

如图 5-8 所示，将吊片插入液体中，底边与液体接触，用细丝将吊片挂在天平的一端，在天平的另一端加上砝码，直到吊片达到平衡不再移动为止，此时砝码的质量就是被提上来的液体加上吊片自身的质量，有

$$\omega_{砝码}=\omega_{吊片}+2\Gamma(l+t)\cos\theta \tag{5-7}$$

式中　l——吊片底边的宽度；

t——吊片的厚度。

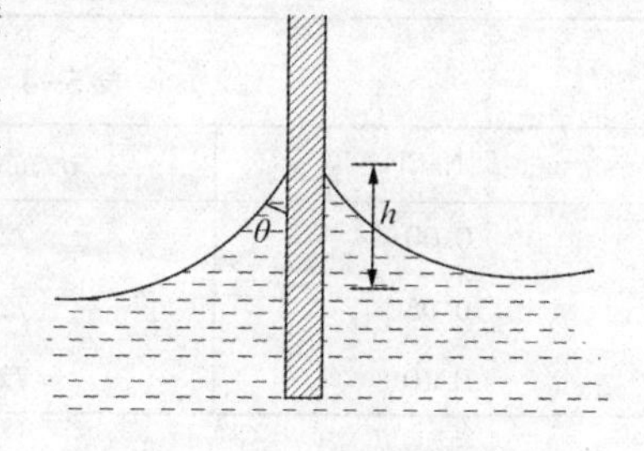

图 5-8　吊片法示意图

一般可近似认为接触角为零，且吊片的厚度可忽略不计，故式(5-7)简化为

$$\omega_{砝码}-\omega_{吊片}=2\Gamma l \tag{5-8}$$

5. 滴重法和滴体积法

滴重法是一种具有统计平均性质且较准确的方法，最早由 Tate 于 1861 年提出。基本原理是将待测液体在恒温条件下通过管尖，缓慢地形成液滴落入容器内，待收集至足够数量的液体时称量，由总滴数算出每滴液滴的平均质量(mg)，按泰特(Tate)定律求出表面张力：

$$mg=2\pi r\Gamma \tag{5-9}$$

式(5-9)表明表面张力所能拉住液体的最大质量等于管尖周长和液体表面张力的乘积。式中 r 是液滴顶部半径，如果待测的液体不能湿润管尖材料，只取内径 r，反之取外径。事实上，液滴落下前所形成的细长液柱在力学上是不稳定的，即液滴上半部分半径缩小，下半部分半径扩大，最后形成液滴落下时，只有下半部分的液体真正落入容器内，而上半部分的液滴仍与管尖相连，并成为下一个液滴的一部分。这是由于表面张力作用下的近管口液体受到其液滴重力作用，过早地拉伸而断裂所致。因此，所得液滴的实际质量要比计算值小得多。哈金斯和布朗对上述偏差做了修正。滴体积法是在滴重法的基础上发展起来的。滴重法虽然比较精确，但操作很不方便。为此，Gaddum 改用微型注射器直接测量滴体积。滴重法和滴体积法的测量设备简单，准确度较高，测量手段直接，样品用量少，易于恒温，能够用于一般液体或溶液的表面张力的测定，即使液体对滴头不能完全润湿、有一定的接触角(不大于 90°)时也能适用。

第二节　吸附

在一定温度下，纯液体的表面张力是定值。但是在纯液体中溶入溶质，表面张力就会发生改变。例如在水中溶入正丁醇，如表 5-3 所示，可使水的表面张力减小；或相反，把

氯化钠溶入水中，水的表面张力却稍稍增大，如表 5-4 所示。

表 5-3　正丁醇水溶液的表面张力(23.4℃)

c(正丁醇)	σ/mN·m^{-1}	c(正丁醇)	σ/mN·m^{-1}
0.000	72.2	0.100	55.3
0.025	66.6	0.200	46.9
0.050	61.9	0.400	36.6

表 5-4　氯化钠水溶液的表面张力(20.0℃)

b(NaCl)	σ/mN·m^{-1}	b(NaCl)	σ/mN·m^{-1}
0.00	72.75	0.50	73.57
0.05	72.84	1.00	74.39
0.10	72.92	2.00	76.03

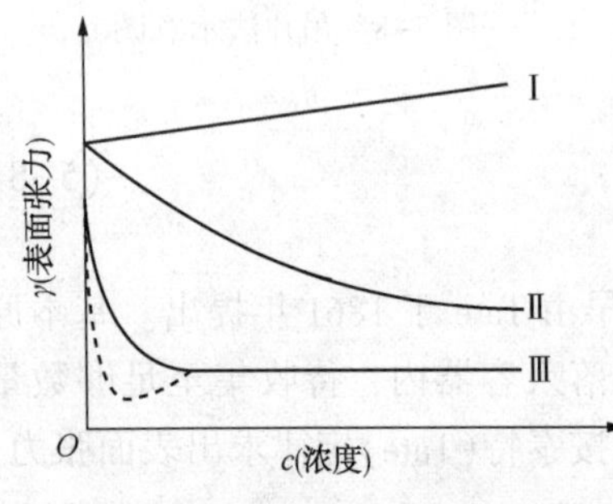

图 5-9　表面张力-浓度关系示意图

溶液的表面张力随溶质浓度的变化大致可分为三种类型，如图 5-9 所示。曲线Ⅰ表明，随着溶液浓度的增加，溶液的在面张力有所增加，这类物质常称为非表面活性物质。就水溶液而言，属于此种类型的溶质有：多数无机盐、不挥发性的无机酸和碱(如 NaCl、H_2SO_4、NaOH 等)，以及含有多个羟基的有机化合物(如蔗糖、甘油等)。曲线Ⅱ表明，随着溶质浓度的增加，溶液的表面张力缓慢下降，这类溶质包括大多数相对分子质量较小的水溶性极性有机物(如醇、酸、醛、酯、胺及其衍生物等)。曲线Ⅲ表明溶液浓度很低时表面张力就急剧下降并很快达最低点，而达到一定浓度，表面张力不再变化，达到最低点时的浓度一般在 1%以下。属于这类溶质的多为两亲有机物，如有机酸盐(含 8 个碳以上)、有机胺盐、磺酸盐、苯磺酸盐等。

溶质使溶剂(主要指水)表面张力降低的性质称为表面活性，具有表面活性的物质称为表面活性物质(如类型Ⅱ和类型Ⅲ)。由于Ⅲ类表面活性物质具有在低浓度范围内显著降低表面张力的特点，这类物质也称为表面活性剂。例如在 25℃时，在 0.008mol·L^{-1}的十二烷基硫酸钠水溶液中，水的表面张力从 72mN·m^{-1}降到 39mN·m^{-1}。

一般来说，使溶液表面张力增大的非表面活性物质，会自动地尽量进入溶液内部而较少留在表面层；能使溶液表面张力降低的表面活性物质，将会自动在表面层富集以减小系统的表面吉布斯函数。平衡条件下，溶质在溶液表面层(也称表面相)中的浓度与其在体相中浓度不同的现象，称为溶液表面的吸附。表面活性物质在溶液表面富集，使其表面浓度高于体相中浓度的现象称为正吸附；非表面活性物质自动减小其在溶液表面的浓度，而使表面浓度低于体相中浓度的现象称为负吸附。

凡能在表面上产生正吸附从而使表面张力降低的物质叫表面活性物质，如有机酸、醇、醛、酮等对水是表面活性物质。反之，叫表面惰性物质，如无机酸、碱、盐等对水是表面惰性物质。吸附可发生在任何两相界面上。

下面将讨论发生在气液界面、液液界面和液固界面上的吸附。

一、气液界面上的吸附

下面以脂肪酸同系物为例讨论气液界面吸附的宏观规律以及这些宏观规律的微观解释。

脂肪酸同系物(例如甲酸、乙酸、丙酸、丁酸)对水是表面活性物质。图 5-10 和图 5-11 分别表示脂肪酸同系物水溶液的表面张力和浓度的关系以及它们的吸附量与浓度的关系。

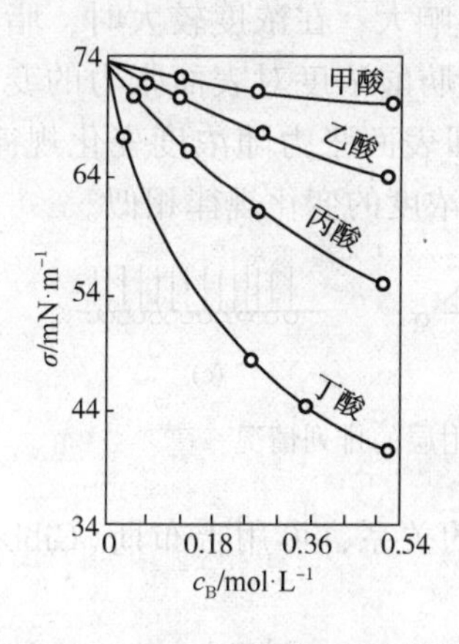

图 5-10 脂肪酸同系物水溶液的表面张力与浓度关系

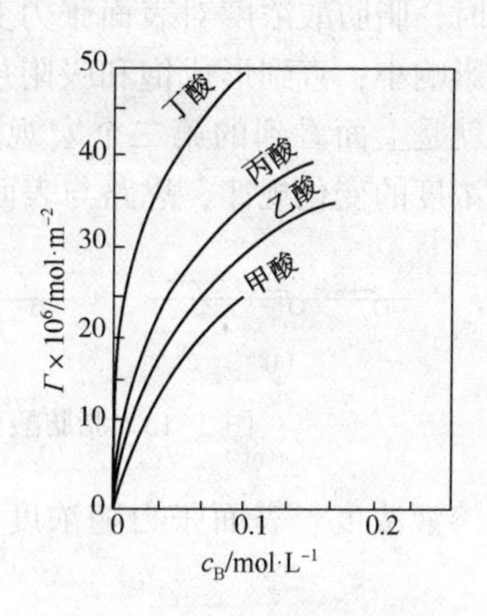

图 5-11 脂肪酸同系物水溶液的吸附量与浓度关系

从图 5-10 和图 5-11 可以看到:

① 在浓度相同时，脂肪酸同系物降低表面张力的能力和它在界面上的吸附量随着相对分子质量的增加而增加，这个规则叫特劳贝(Traube)规则，并且每增加一个—CH_2—基，降低表面张力的能力约增加 3.2 倍。

② 同一溶质，在浓度较小时，表面张力随浓度的增加而降低得很快，后来表面张力随浓度的变化减小，最后就不随浓度的增加而改变。同样，同一溶质在浓度较小时吸附量随浓度增加而增加得很快，后来吸附量随浓度的变化减小，最后就不随浓度的增加而改变。

可以从微观本质来理解上面的宏观规律。

脂肪酸分子与其他表面活性物质分子的结构一样，由两部分组成。一部分是非极性部分(烃链)，它是亲油的；另一部分是极性部分(羧基)，它是亲水的。图 5-12 表示的是丁酸的分子结构。由于脂肪酸分子的两亲性质，它在气液界面上吸附时极性部分指向水，非极性部分露出空气。脂肪酸同系物相对分子质量的增加，使露出空气的非极性部分的长度增加，空气对它的吸引力加大，因而净吸力减小，所以表面张力随着脂肪酸同系物相对分子质量的增加而减小。表面张力减小的结果，使脂肪酸分子更倾向于到液面上来，因此随着脂肪酸相对分

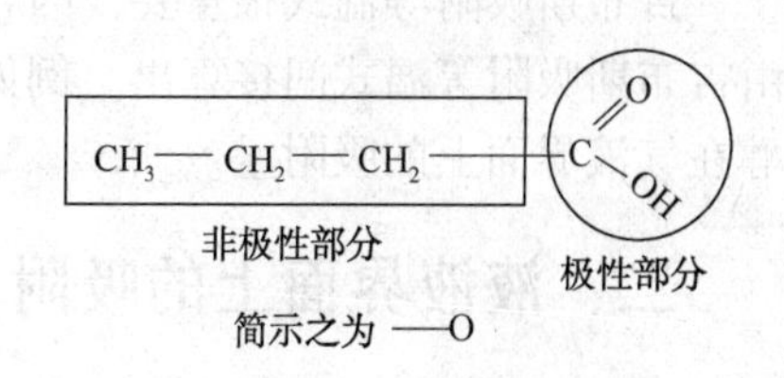

图 5-12 丁酸的结构

子质量的增加，它在液面上的吸附量也增加。这就是特劳贝规则的微观解释。

至于表面张力随浓度变化的规律，是脂肪酸分子在吸附层排列情况的宏观反映。脂肪酸分子在吸附层的排列情况与它在液体中的浓度有关。由图 5-13 可以看到，在浓度很小时，脂肪酸分子是平铺在液面上的[图 5-13(a)]；在浓度较大时，脂肪酸分子是倾斜于液面的[图 5-13(b)]；当浓度继续增加，脂肪酸分子可在液面上形成饱和吸附层[图 5-13(c)]。这时分子彼此靠拢，形成一单分子层。当吸附层为图 5-13(a)时，由于烃链平铺液面，所以它对表面性质的影响较吸附层如图 5-13(a)和图 5-13(b)时的影响要大得多。因此在浓度较小时，脂肪酸浓度对表面张力变化的影响大；在浓度较大时，脂肪酸浓度对表面张力变化的影响小；直到形成饱和吸附层时，脂肪酸浓度对表面张力的变化就不再有什么影响了。这就是上面看到的第二个宏观规律，即表面张力随浓度变化规律的微观解释。对于吸附量随浓度的变化规律，思路与表面张力随浓度的变化规律相似。

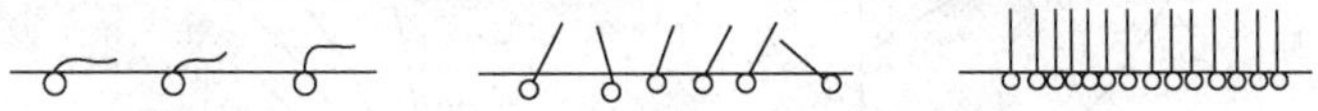

(a) (b) (c)

图 5-13 脂肪酸分子在吸附层的排列情况

吸附量与溶液浓度、表面张力随浓度变化率的关系，可用吉布斯(Gibbs)吸附等温式表示：

$$\Gamma = -\frac{c}{RT}\frac{d\sigma}{dc} \tag{5-10}$$

式中 Γ——吸附量，mol/m^2；

c——吸附质在溶液内部的浓度，mol/L；

R——通用气体常数，N·m/(K·mol)；

T——热力学温度，K；

σ——表面张力，N/m；

$\frac{d\sigma}{dc}$——表面张力随浓度的变化率，可由 $\sigma-c$ 曲线的斜率求出。

当 $\frac{d\sigma}{dc}<0$，Γ 为正值(正吸附)；当 $\frac{d\sigma}{dc}>0$，Γ 为负值(负吸附)。

吉布斯吸附等温式很重要，因气液界面上的吸附量不容易由实验直接测定，但它可以由吉布斯吸附等温式间接算出。例如从表 5-3 的数据就可计算 23.4℃时在指定浓度下正丁醇在气液界面上的吸附量。

二、液液界面上的吸附

1. 液液界面吸附与气液界面吸附的相同点

① 和气液界面吸附一样，界面活性物质在液液界面吸附也可降低液液界面的界面张力，减少界面能，从而使体系更加稳定。

② 和气液界面吸附一样，吸附在液液界面上的界面活性物质也是定向排列的。排列情况随着浓度的变化而变化(图 5-13)。

③ 吉布斯吸附等温式可用于液液界面上吸附量的计算。

2. 液液界面吸附的特点

① 由于液液界面的界面张力小于气液表面张力，因此液液界面的吸附倾向小于气液界面。

② 界面活性物质对两种液体亲和力的差别对液液界面吸附量有重要影响。若界面活性物质对两种液体的亲和力相近，则吸附量多，否则吸附量少。例如在苯水界面上吸附油酸钠，由于油酸钠分子的非极性部分对苯的亲和力与它的极性部分对水的亲和力相近，所以它在苯水界面上的吸附量大。若以油酸钠的烃链长度作为标准[图 5-14(a)]，缩短烃链的长度[图 5-14(b)]，则溶质在水中浓度增大，而在苯中的浓度减小。反之，增加烃链长度[图 5-14(c)]，溶质在苯中的浓度增大，而在水中的浓度减小。这两种情况都会降低溶质在苯水界面上的吸附量。

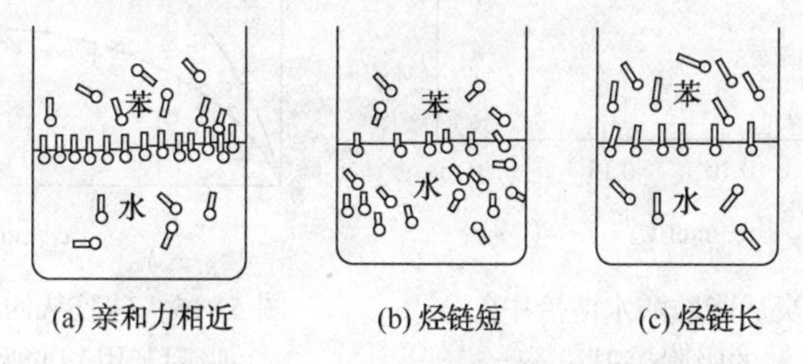

图 5-14 界面活性物质的烃链长度与吸附量关系

三、固体自溶液中的吸附

固体从溶液中吸附比较复杂，因为最简单的溶液也有两个组分，溶质与溶剂都可能被吸附，而且溶质和溶剂还有相互影响。至今仍未建立起成熟的理论来解释固体从溶液中吸附的全部问题，这里只介绍一些经验公式和经验规律。

1. 计算吸附量的经验公式

计算固体从溶液中吸附的吸附量主要通过一些经验公式，该部分内容将在第七章中详细介绍。

2. 固体从溶液中吸附的经验规律

若溶质为非电解质或弱电解质，则：

① 极性固体易于吸附极性溶质，非极性固体易于吸附非极性溶质。这一规律反映了一个规则，叫极性相近规则。此规则说明极性相近的物质或部分能很好地结合。图 5-15 可说明这一规则，因脂肪酸同系物极性大小顺序为甲酸>乙酸>丙酸>丁酸，而溶剂(即水)的极性最大，所以活性炭(非极性固体)易于从水中吸附极性较小的溶质，因而吸附量的顺序是丁酸>丙酸>乙酸>甲酸。

② 当极性固体(例如硅胶)从非极性溶剂(例如苯)中吸附带烃链的表面活性物质时，则烃链越长，吸附量越少；相反，当用非极性固体(例如活性炭)从极性溶剂(例如水)中吸附带烃链的表面活性物质时，则烃链越长，吸附量越大。这些规律也是极性相近原则的反映。因在带烃链的表面活性物质中，烃链越长，非极性越强，与极性固体(例如硅胶)极性越不相近，所以吸附量越小，但与非极性固体(例如活性炭)的极性却越相近，所以吸附量越大。

③ 若溶质在不同溶剂中有不同的溶解度，则溶解度越小的溶剂中的溶质在固体表面上的吸附量越大。例如苯甲酸在四氯化碳和苯中的溶解度之比是 1∶3。硅胶从四氯化碳和苯中吸附苯甲酸的数据如图 5-16 所示。从图中可以看出，溶解度越小的溶剂中的溶质在固体表面上有越大的吸附量。

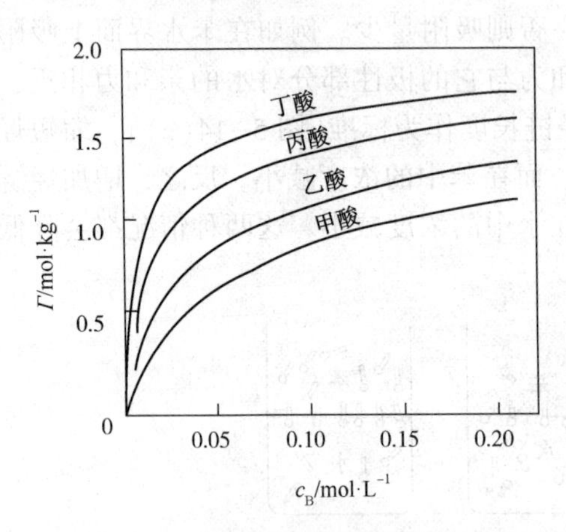

图 5-15 活性炭从脂肪酸水溶液中吸附低分子酸的吸附等温线

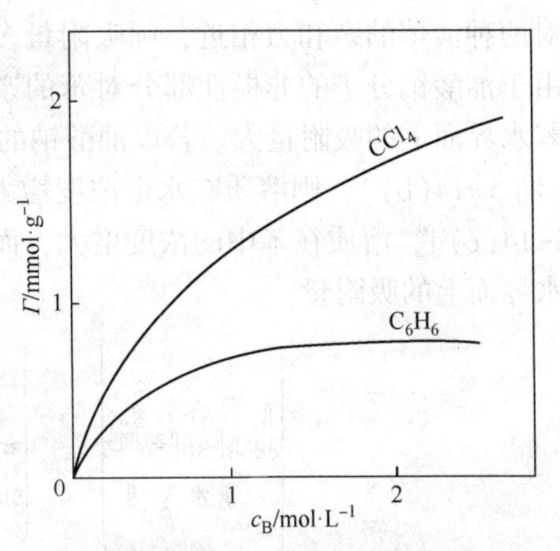

图 5-16 硅胶从四氯化碳和苯中吸附苯甲酸的吸附等温线

也可以从极性相近规则理解这一例子。因四氯化碳不易被极性物质(这里指苯甲酸)诱导产生极性，而苯易被极性物质诱导产生极性。与苯相比，四氯化碳的极性更不接近苯甲酸，故苯甲酸在四氯化碳中溶解度较小而有利于它在硅胶表面上吸附。

④ 温度对溶质在固体表面上吸附量的影响，决定于两个因素。一个因素是决定于温度对固体表面吸引力的影响，通常是温度升高固体表面对溶质的吸引力减小，使溶质在固体表面的吸附量也随之减少。另一个因素是决定于温度对溶质在溶剂中溶解度的影响。若温度升高，溶解度增加，这时前一因素与后一因素起决定作用的趋向相同，则温度升高，溶质在固体表面上吸附量必然减少(活性炭从水溶液中吸附乙酸)；若温度升高，溶解度减小，这时两个因素起作用的趋向相反，则温度对吸附量的影响决定于哪一个因素起主导作用，若前一因素起主导作用，则温度升高，吸附量减少(活性炭从稀丁醇水溶液吸附丁醇)。后一因素起主导作用，则温度升高吸附量增加(活性炭从浓丁醇水溶液吸附丁醇)。可见，温度对固体表面吸附量的影响需要对具体体系进行具体的分析。

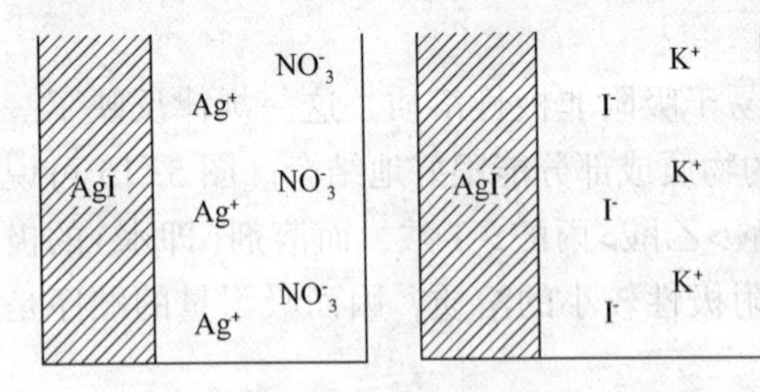

图 5-17 法扬斯法则

若溶质为电解质时，有一条重要的经验规律，当离子键固体从溶液中吸附离子时，若溶液中离子能与固体中异号离子形成难溶盐，这种离子就会优先被吸附。这条规律首先由法扬斯总结出来的，所以叫法扬斯法则，这法则可以解释为什么 AgI 从含 Ag^+ 和 NO_3^- 的水溶液中优先吸附 Ag^+ 离子，从含 K^+ 和 I^- 的水溶液中优先吸附 I^- 离子(图 5-17)。

第三节 润湿

润湿是一种表面现象，原油在岩石表面是否易于铺开就是一种与润湿有关的现象，这种现象直接与原油的采收率有关。此外，钻井液的配制、驱油剂的选择和各种处理剂的使用都要考虑“润湿”这种表面现象的影响。

一、润湿程度及其衡量标准

日常生活中有这样一些事实：普通棉布遇水一浸就湿，但由棉布制成的早期防雨布却不浸水；少量纯水能在洁净的玻璃板上展开形成水膜，却在石蜡或荷叶表面形成球形水珠。这里均涉及一个共同的问题，即固体表面与液体的接触。

固体与液体接触时，液体取代固体表面的气体而产生液-固界面的过程称为润湿。

1. 黏附功

液体与固体接触时液体能否润湿固体？从热力学观点看，就是恒温恒压下体系的表面自由能是否降低？如果自由能降低就能润湿，且表面自由能降低越多湿润程度越好。图 5-18 表示界面均为一个单位面积，固-液接触时体系表面自由能 ΔG 的变化。

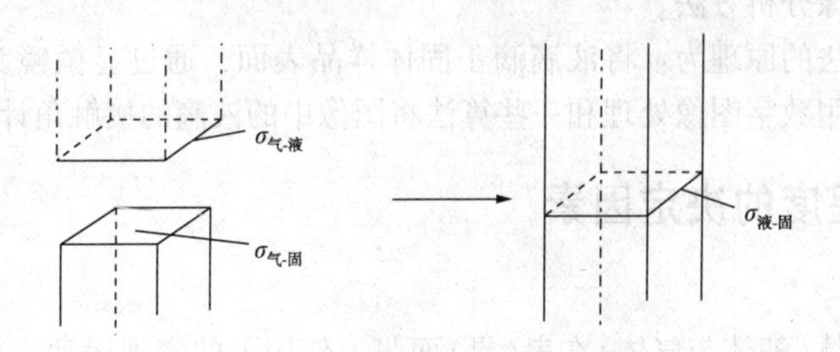

图 5-18 固-液接触时表面自由能的变化

此处

$$\Delta G=\sigma_{液-固}-\sigma_{气-液}-\sigma_{气-固} \tag{5-11}$$

当体系自由能降低时，它向外做的功为

$$W_a=\sigma_{气-液}+\sigma_{气-固}-\sigma_{液-固} \tag{5-12}$$

式中，W_a称为黏附功。W_a越大，体系越稳定，液-固界面结合越牢固，或者说此液体极易在此固体上黏附。所以，$\Delta G<0$ 或 $W_a>0$ 是液体润湿固体的条件。广义地说，润湿是用一种流体(如液体)取代固体表面上存在的另一种流体(如气体)的过程。固体表面张力 $\sigma_{气-固}$和 $\sigma_{液-固}$难以测定，因此难以用式(5-11)或式(5-12)进行计算和衡量润湿程度。幸而人们发现润湿现象还与润湿角有关，而润湿角是可以通过实验测定的。

2. 接触角(也叫润湿角)

让液体在固体表面形成液滴(图 5-19)，达到平衡时，在气、液、固三相接触的交界点 O 处，沿气-液界面画切线，此切线与固-液界面之间的夹角称为润湿角 θ。

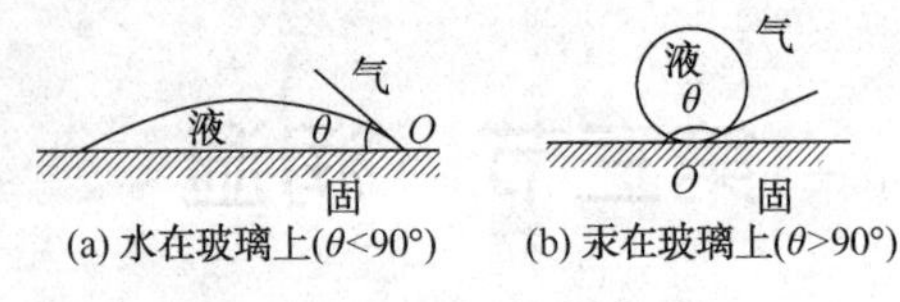

(a) 水在玻璃上(θ<90°)　(b) 汞在玻璃上(θ>90°)

图 5-19　润湿角图示

根据界面张力的概念，在平衡时，3 个界面张力在 O 点处相互作用的合力为零，此时液滴保持一定的形状，且界面张力与润湿角之间的关系为

$$\sigma_{气-固}=\sigma_{液-固}+\sigma_{气-液}\cos\theta \tag{5-13}$$

式(5-13)常称为杨(T. Young)方程或润湿方程。将式(5-13)代入式(5-11)，得

$$-\Delta G=\sigma_{气-液}+\sigma_{气-液}\cos\theta=\sigma_{气-液}(1+\cos\theta) \tag{5-14}$$

可见，θ 越小，$-\Delta G$ 越大，润湿性越好。当 $\theta=0°$时，$-\Delta G$ 最大，此时液体对固体“完全润湿”，液体将在固体表面上完全展开，铺成一薄层。当 $\theta=180°$时，$-\Delta G$ 最小，此时液体对固体“完全不润湿”，当液体量很少时则在固体表面上缩成一个圆球。故通常把 $\theta=90°$ 作为分界线，$\theta<90°$时，润湿好[如水在玻璃上，图 5-19(a)]；$\theta>90°$时，润湿不好[如汞在玻璃上，图 5-19(b)]。

测定接触角的方法很多，现有测试方法通常有两种：其一为外形图像分析方法；其二为称重法。后者通常应用润湿天平或渗透法接触角仪，但目前应用最广泛、测值最直接与准确的还是外形图像分析方法。

外形图像分析法的原理为：将液滴滴于固体样品表面，通过显微镜头与相机获得液滴的外形图像，再运用数字图像处理和一些算法将图像中的液滴的接触角计算出来。

二、润湿程度的决定因素

1. 物质的本性

润湿作用是流体(液体与气体)在表(界)面张力作用下的宏观运动。在液体与固体接触时形成固体-液体、液体-气体的界面和固-液-气的三相交界线，达到平衡时形成平衡润湿角 θ，显然 θ 的大小是由固体、液体和气体的物质本性[表现为相应的表(界)面张力]所决定。换言之，θ 仅取决于三相的组成，与物质的量关系不大，当然，这要忽略重力的影响。一般来说对于指定固体，液体表面张力越小，θ 越小；对于相同液体，固体表面越大，θ 越小。表 5-5 列出几种液体在三种固体上的润湿角。

表 5-5　几种体系的湿润角　(°)

液体	σ_w①/ mN·m^{-1}	正三十六烷②	石蜡②	聚乙烯②
正十四烷	26.7	41	23	铺展
正癸烷	23.9	28	7	铺展
苯	28.9	42	24	铺展
水	72.8	111	108	94
甘油	63.4	97	96	79

① σ_w 应为液-蒸气界面的表面张力，不严谨时常与 σ_{lg} 混用。

② 正三十六烷、石蜡、聚乙烯的表面能依次为 19.1mN·m^{-1}、25.4mN·m^{-1}和 33.1mN·m^{-1}。

2. 润湿角的滞后现象

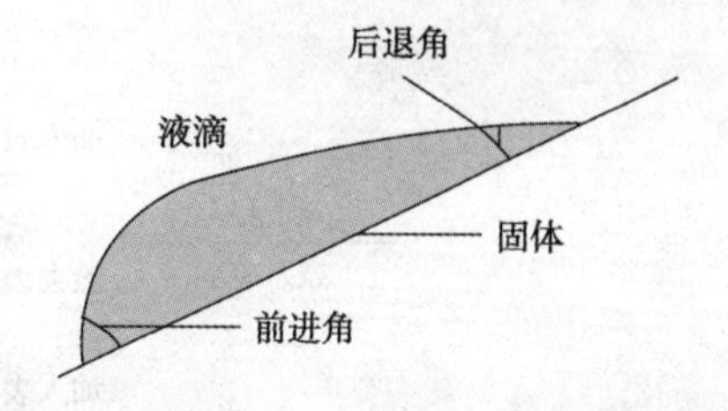

图 5-20 前进角、后退角与润湿角滞后

在固体表面上增大液滴时或使有液滴的固体表面倾斜时形成的较大润湿角称为前进润湿角。与此类似，从固体表面抽减液滴中液体时，或使有液滴的固体表面倾斜时形成的较小润湿角称为后退润湿角。前进角与后退角常不相等的现象称为润湿角的滞后，一般情况下，总是前进角大于后退角(图 5-20)。

3. 固体表面的粗糙性和不均匀性

固体表面的粗糙性可以用粗糙因子(也称粗糙度，roughnees)度量。粗糙因子以真实粗糙表面面积与相同体积固体完全平滑的表面面积之比表示。由于粗糙表面面积总是大于完全平滑的理想面积，故粗糙因子 r 总是大于 1 的，r 越大，表示表面越粗糙。液体在粗糙表面与在平滑表面上的润湿角不相等。设某液体在粗糙因子为 r 的表面上的润湿角为 θ'，在同一种固体平滑表面上的润湿角为 θ，它们之间的关系服从 Wenzel 方程：

$$r\cos\theta=\cos\theta' \tag{5-15}$$

Wenzel 方程说明：当 $\theta\geqslant 90°$ 时，r 越大(即表面越粗糙)润湿角越大，表面润湿性越差；当 $\theta<90°$ 时，r 越大，润湿角越小，表面润湿性越好。例如，水在某平滑的聚合物固体表面上润湿角为 109°，而在分维 $D=2.29$ 的该聚合物表面上的润湿角达 174°。这是因为水在聚合物上的 $\theta>90°$，分维 $D=2.29$ 表示表面较平滑表面粗糙(即 $r>1$)，故润湿角增大。分维 D 是表征体系分形性质的定量参数，对于近于二维的表面 D 应在 2~3，D 越大表面越粗糙。

对于混合物表面(如不同材料的混纺织物)，其表面有不同表面能区域，因而润湿角也不同。某种液体在各纯相物质 1 和 2 上的润湿角为 θ_1 和 θ_2，若表面由此两种物质构成，且已知各物质占的表面分数为 f_1 和 f_2，则在混合表面上的润湿角 θ 为

$$\sigma_{lg}\cos\theta=f_1\cos\theta_1+f_2\cos\theta_2 \tag{5-16}$$

式中，σ_{lg} 为所用液体的表面张力。此式称为 Cassie 方程。

4. 环境的影响

固体表面(特别是高能表面)在实验环境中易自气相或液相中吸附某种组分而降低表面能，同时也改变表面性质，从而影响润湿角。如水在干净的玻璃上应是完全铺展的(即无平衡润湿角，或不严谨地认为 $\theta=0°$)，而在实验室气氛中放置的玻璃上 θ 可能高达几十度。因此实验测定润湿角要求要净化固体表面，且要避免环境因素的干扰。保持严格实验条件实际上十分困难，这就是同一系统的润湿角文献报道有很大差别的原因。

三、润湿反转现象

液体对固体表面的润湿能力有时会因第三种物质的加入而发生改变。例如一个亲水性固体的表面由于表面活性物质的吸附变成一个亲油性表面。或者相反，一个亲油性固体的表面由于表面活性物质的吸附变成了一个亲水性表面。固体表面的亲水性和亲油性都可以在一定条件下发生相互转化(图 5-21)。固体表面的亲水性和亲油性的相互转化叫润湿反转现象。

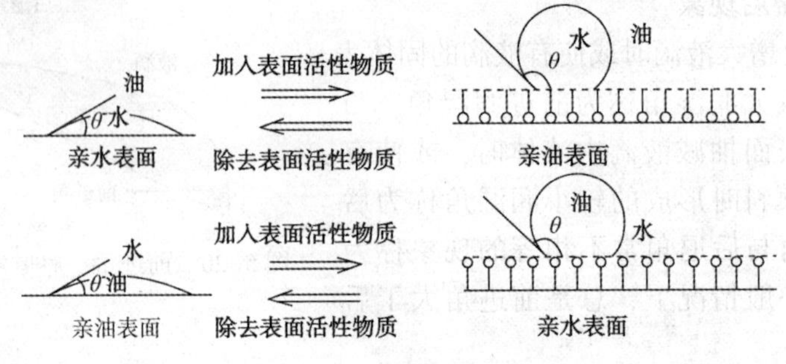

图 5-21　润湿反转现象

油层中的砂岩(主要为硅铝酸盐)，按它的性质是亲水性固体，因此砂岩表面上的原油容易被水洗下来。而事实上，砂岩表面性质常常由于吸附原油中或地层水中的表面活性物质而改变，即发生了润湿反转现象。现在的储油构造中相当一部分砂岩表面是亲油表面。原油在这样的砂岩表面上是不易被水洗下来的。这是水驱原油采收率不高的一个原因。有些提高采收率的方法就是根据润湿反转的原理提出来的，例如向油层注入活性水(溶有表面活性剂的水)，使注入水的表面活性剂按极性相近规则吸附第二层，抵消了原来表面活性物质的作用(图 5-22)，使砂岩表面由亲油表面再次反转为亲水表面。这样，原油就容易被水洗下来，使原油的采收率得到提高。

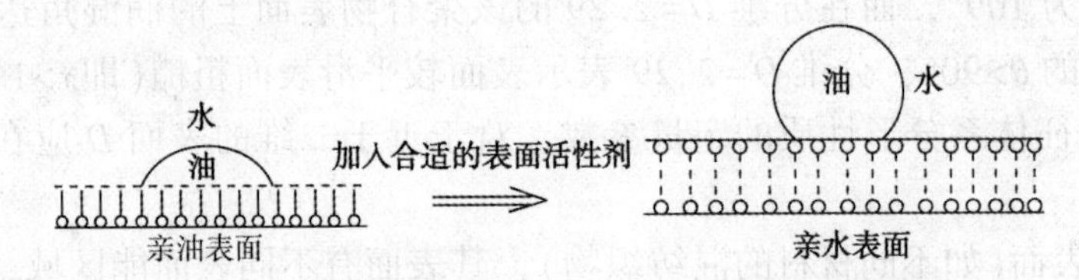

图 5-22　由表面活性剂第二层吸附引起的润湿反转

第四节　毛细管现象

人们在日常生活中经常见到液体中气泡的上浮、水的自然滴落等现象，这些滴状物的形成都是因液体表面张力的存在引起的。将垂直的干净玻璃毛细管插入水中，在管中的水面会自发上升到一定高度，这种液体在自身表面张力和界面张力作用下的宏观运动被称为毛细作用(capillary，拉丁语中 capillus 是毛发的意思，表示水只有在很细的毛细管中才发生液面上升的现象)。毛细作用不限于毛细上升的现象，而是泛指因液体表面张力的存在而引起的液体表面形态、性质变化的各种现象。

油层岩石的多孔结构可以看作是纵横交错的毛细管，它是毛细管现象发生的理想空间，而油水曲界面的存在则是毛细管现象发生的必要条件。因此，在油层中毛细管现象是非常突出的。

毛细管现象包括两种现象，即毛细管上升或下降现象、贾敏效应。

众所周知，一杯水的液面是平面，而滴定管或毛细管中的水面是弯曲液面，在细管中液面为什么是曲面？弯曲液面有些什么性质和现象？或者说，液面弯曲将对体系的性质产生什么影响？这些都是这一节里要讨论的基本问题，也是界面现象中十分重要的问题，日常生活中常见的毛巾会吸水、湿土块干燥时会裂缝以及实验中的过冷和工业装置中的暴沸等现象都与液面或界面弯曲有关。

一、弯曲界面两侧压力差

在一杯水界面层处，界面内外两侧的压力是平衡、相等的。但弯曲界面内外两侧的压力就不相同，有压力差。为分析弯曲界面两侧为什么有压力差，首先按图 5-23 所示来规定凹面和凸面。

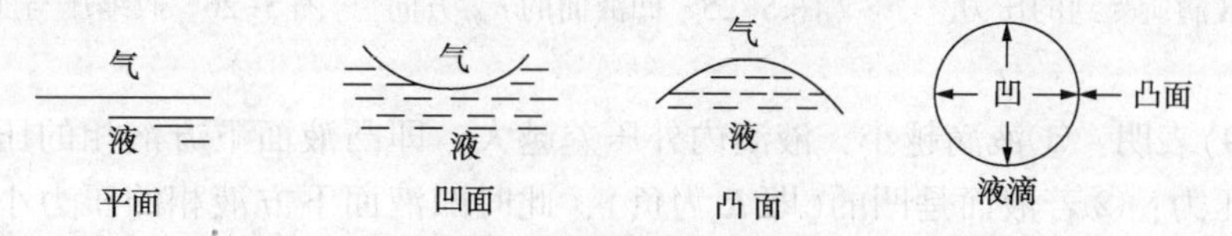

图 5-23　凹面、凸面的规定

现在分析处于平衡态下的一个液滴，设图 5-24 中的液滴的曲率半径为 R；液面上某分子因受净吸力的作用而产生一个指向液滴内部的压力为 $p_{收}$(通常称为收缩压，也称附加压力)；液滴的外部压力(即大气压，也就是凸面的压力)为 $p_{凸}$。此液滴所受到的压力为 $p_{收}+p_{凸}$。因液滴处于平衡态，故液滴的凹面上必有一个向外的与之相抗衡的压力 $p_{凹}$，即

$$p_{凹}=p_{收}+p_{凸}$$

或

$$p_{收}=p_{凹}-p_{凸}=\Delta p \tag{5-17}$$

上面讨论的是球形液滴的情况，$p_{收}$ 指向液滴内部，且 $p_{凹}>p_{凸}$，即表面层处液体分子所受到的压力必大于外部压力。与此相反，若为凹液面，则 $p_{收}$ 指向液体外部(即指向大气)，或者说，$p_{收}$ 总是指向凹面内部，这时关系式(5-16)依然成立(图 5-25)，且 $p_{凹}>p_{凸}$，但表面层分子所受到的压力将小于外部压力。

总之，由于表面张力的作用，在弯曲表面下的液体与平面不同，在由界面两侧有压力差，或者说表面层处的液体分子总是受到一种附加的指向凹面内部(球心)的收缩压力 $p_{收}$。且在曲率中心这一边的体相的压力总是比曲面另一边体相的压力大(图 5-25)。

二、弯曲界面两侧压力差与曲率半径的关系

设有一毛细管(图 5-26)内充满液体，管端有一半径为 R 的球状液滴与之成平衡。如果对活塞稍稍施加压力减少了毛细管中液体的体积，而使液滴的体积增加 dV，相应地其表面积增加 dA，此时为了克服表面张力，环境所消耗的体积功应为 $p_{收}\mathrm{d}V$，即($p_{凹}-p_{凸}$)。

当体系达到平衡时，此功的数值和表面能 $\sigma \mathrm{d}A$ 相等，即

$$(p_{凹}-p_{凸})\mathrm{d}V=\Delta p\mathrm{d}V=\sigma \cdot \mathrm{d}A \tag{5-18}$$

因为

$$球面积\ A=4\pi R^2;\ \mathrm{d}A=8\pi R\mathrm{d}R$$

$$球体积\ V=\frac{4}{3}\pi R^3;\ \mathrm{d}V=4\pi R^2\mathrm{d}R$$

代入式(5-12)，得

$$\Delta p=\frac{2\sigma}{R} \tag{5-19}$$

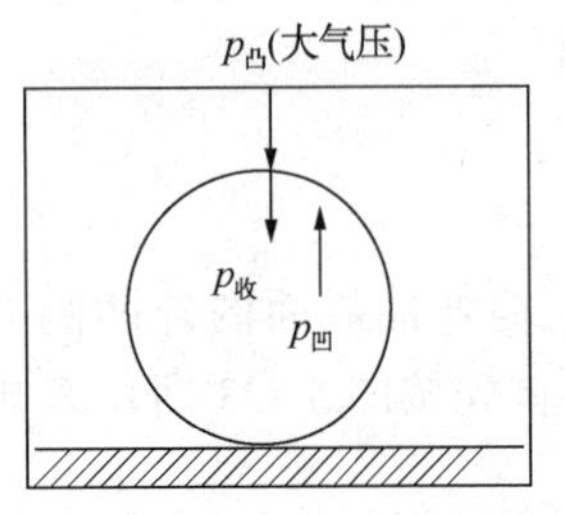

图 5-24　液滴所受到的压力

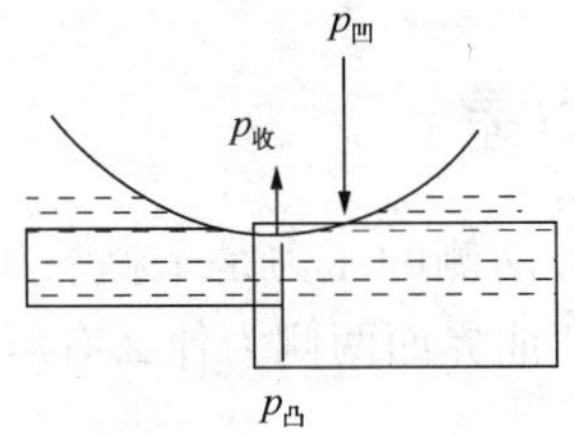

图 5-25　凹液面的 $p_{收}$ 方向

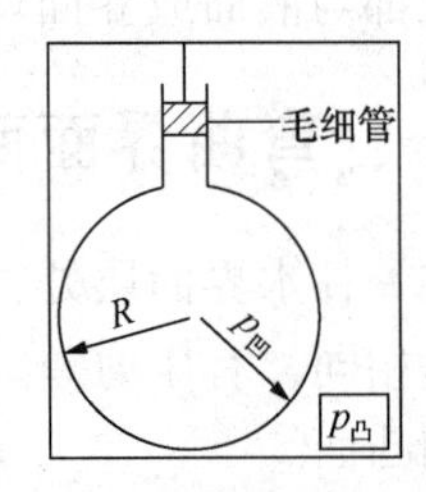

图 5-26　收缩压与曲率半径的关系

式(5-19)表明：①液滴越小，液滴内外压差越大，即凸液面下方液相的压力大于液面上方气相的压力；②若液面是凹的(即 R 为负)，此时凹液面下方液相的压力小于液面上方的气相压力；③若液面是平的(即 R 为∞)，压差为零。

式(5-19)同样适用于气相中的气泡(肥皂泡)。但肥皂泡有两个气-液界面，且两个球形界面的半径基本相等，此时气泡内外的压力差即为

$$\Delta p=\frac{4\sigma}{R} \tag{5-20}$$

如果液面不是球形的一部分而是任意曲面，且曲面的主曲率半径为 R_1 和 R_2，则曲界面两侧压力差为

$$\Delta p=\sigma\left(\frac{1}{R_1}+\frac{1}{R_2}\right) \tag{5-21}$$

式(5-21)为 Laplace 公式的一般形式，显然，当液面为球形时，式(5-21)即变为式(5-19)。

Laplace 公式说明，由于液体表面张力的存在，弯曲液面对内相有附加压力，此附加压力的大小与液体表面张力和液面曲率有关：当液面为凹形时，弯曲液面曲率半径为负值，Δp 为负值，即液体内部压力小于外压；当液面为凸形时，Δp 为正值，内压高于外压。换言之，弯曲液面的内外压差存在使得体相的一些性质随液滴大小和曲面形状而变化，根据 Laplace 公式，球形气泡液面，半径越小，Δp 越大。表 5-6 列出水中小气泡的半径与气泡内外压差的关系。

表 5-6　水中小气泡的半径与泡内外压差的关系

半径 r/nm	1	2	10	1000
Δp/Pa	1440×10^5	720×10^5	144×10^5	1.44×10^5

三、毛细上升和毛细下降现象

如图 5-27(a)所示，若液体能很好地润湿毛细壁管，则毛细管内的液面呈凹面。因为凹液面下方液相的压力比同样高度具有平面的液体中的压力低，因此，液体将被压入毛细

管内使得液柱上升，直到液柱的静压 ρgh（ρ 为液体的密度）

$$\Delta p=\frac{2\sigma}{R}=\rho gh$$

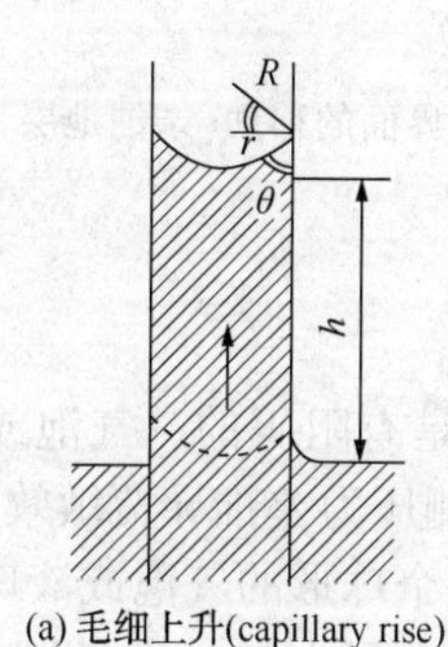

(a) 毛细上升(capillary rise)

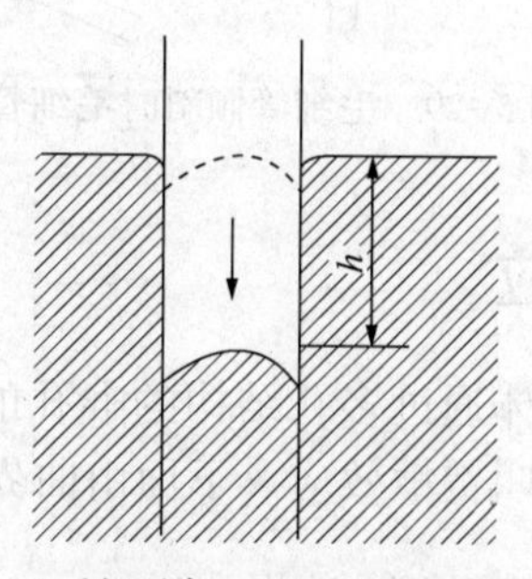

(b) 毛细下降(capillary depression)

图 5-27 毛细现象

与曲界面两侧压力差 Δp 相等时即达平衡，此时

$$h=\frac{2\sigma}{\rho gR} \tag{5-22}$$

式中，R 为曲率半径。由图 5-27(a)可见，R 和毛细管半径 r 之间的关系为 $R=r/\cos\theta$（θ 为润湿角），将此关系代入式(5-22)，得

$$h=\frac{2\sigma cos\theta}{\rho gr} \tag{5-23}$$

显然，若 $\theta=0°$，则 $h=\frac{2\sigma}{\rho gr}$

同样，若液体不能润湿管壁，则毛细管内的液面呈凸面[图 5-27(b)]。因凸液面下方液相的压力比同高度具有平面的液体中的压力高，亦即比液面上方气相压力大，所以管内液柱反而下降，下降的深度 h 也与 Δp 成正比，且同样服从式(5-23)。

毛细管上升或下降的现象与原油开采的关系很密切。为了弄清毛细现象对采油的影响，可以观察两个现象。当油水界面上发生图 5-28 所示的毛线管上升现象时，只要将毛细管倾斜，就可以观察到水驱油现象。这个现象说明，对于亲水地层，毛细管现象是水驱油的动力。相反，当油水界面上发生如图 5-29 所示的毛细管下降现象时，如果将毛细管倾斜，就可以观察到油驱水的现象。这说明，对于亲油地层，毛细管现象是水驱油的阻力。

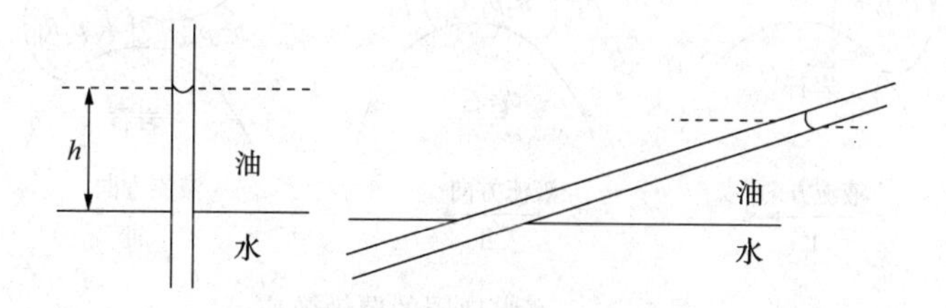

图 5-28 毛细管倾斜时毛细管中油水界面的移动(亲水地层)

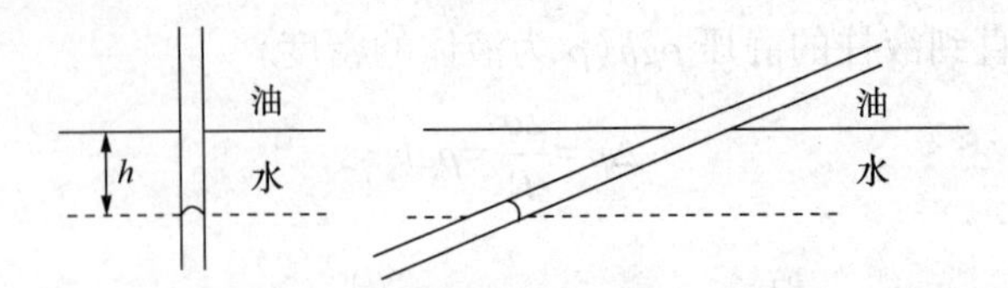

图 5-29　毛细管倾斜时毛细管中油水界面的移动(亲油地层)

四、贾敏效应

气泡或液珠对流体通过多孔结构的喉孔的流动是有阻碍的。气泡或液珠对通过喉孔的液流产生的阻力效应叫贾敏效应。下面由曲界面两侧压力差推导贾敏效应的计算公式。

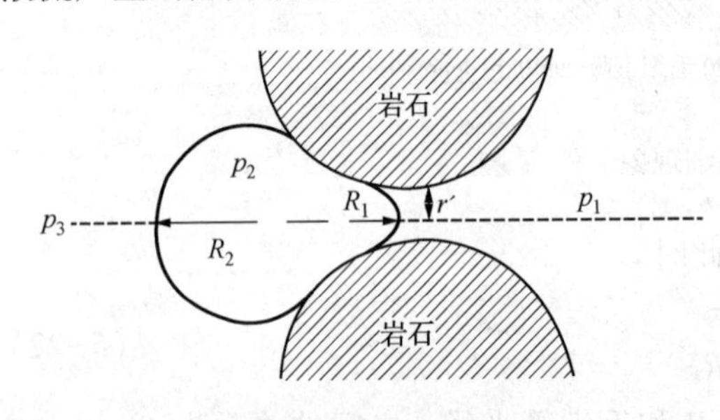

图 5-30　贾敏效应

一个球形的气泡或液珠通过喉孔时发生变形，有关压力和曲率半径如图 5-30 所示，由曲界面两侧压力差公式得

$$p_2-p_1=\frac{2\sigma}{R_1}$$

$$p_2-p_3=\frac{2\sigma}{R_2}$$

将上两式相减，得

$$p_3-p_1=2\sigma\left(\frac{1}{R_1}-\frac{1}{R_2}\right) \tag{5-24}$$

式(5-24)就是贾敏效应的计算公式。当 $R_1=r'/\cos\theta$ 时，因 r' 是最小半径，所以 p_3-p_1 最大，即喉孔内外至少有这个压力差，气泡或液珠才能通过喉孔，否则液体就被堵住。

不管地层的润湿性如何，贾敏效应始终是阻力效应。图 5-31 是发生在亲水地层的贾敏效应，贾敏效应发生在气泡或液珠通过喉孔之前。图 5-32 是发生在亲油地层的贾敏效应，贾敏效应发生在气泡或液珠通过喉孔之后。

贾敏效应是可以叠加的。图 5-33 是贾敏效应叠加的示意图。总的贾敏效应是流动通道上各个喉孔贾敏效应的加和。

在采油中，有时需要利用贾敏效应，例如用泡沫堵水就是一个例子；有时则需要清除贾敏效应，如用表面活性剂溶液处理压井水侵入的油层就是一个例子。

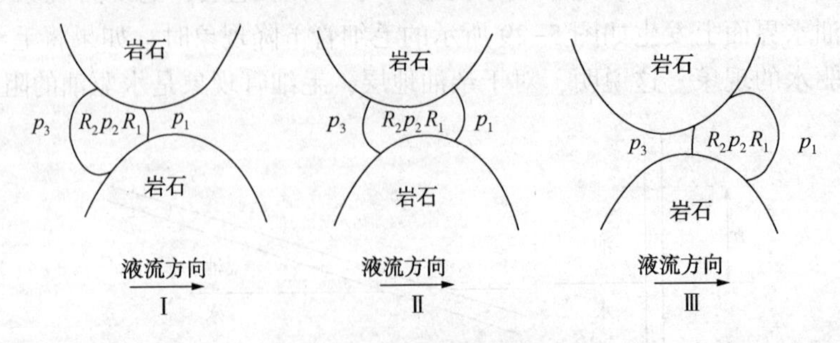

图 5-31　亲水地层的贾敏效应

Ⅰ—$p_3>p_1$ 有贾敏效应；Ⅱ—$p_3=p_1$ 无贾敏效应；Ⅲ—$p_3<p_1$ 无贾敏效应

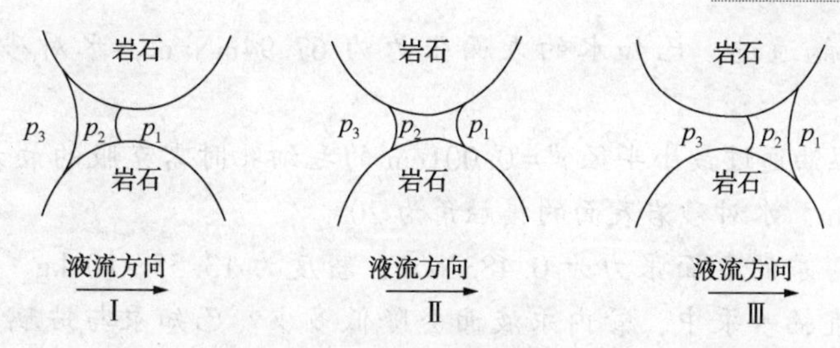

图 5-32　亲油地层的贾敏效应

Ⅰ—$p_3<p_1$ 无贾敏效应；Ⅱ—$p_3=p_1$ 无贾敏效应；Ⅲ—$p_3>p_1$ 有贾敏效应

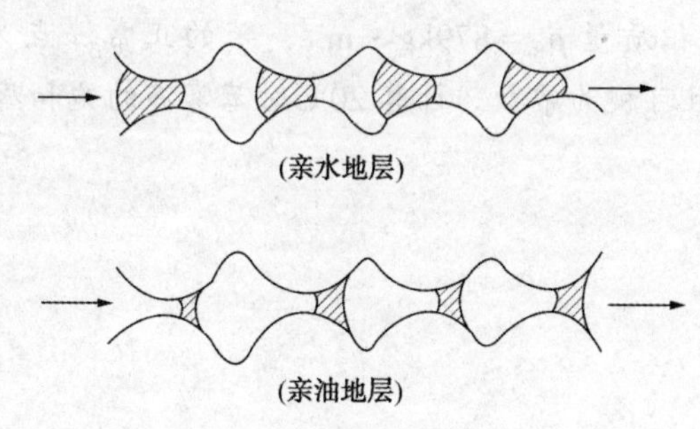

图 5-33　贾敏效应的叠加

思考题

【5-1】什么是表面 Gibbs 能？什么是表面张力？它们之间有什么异同和联系？

【5-2】两根水平放置的毛细管，管径粗细不同，管中装有少量液体，a 管中为润湿性的液体，b 管内为不润湿性液体。问：两管内液体最后平衡位置在何处？为什么？

【5-3】在装有部分液体的毛细管中，将其一端小心加热时，问：a 润湿性液体，b 不润湿性液体各向毛细管哪一端移动？为什么？

【5-4】什么是接触角？哪些因素决定接触角的大小？如何用接触角来判断固体表面的润湿状况？接触角的测量方法有哪些？

练习题

5-1　298K 时，某表面活性剂的稀溶液，表面张力随浓度的增加而线性下降，当表面活性剂的浓度为 $10^{-4}\text{mol}\cdot\text{L}^{-1}$ 时，表面张力下降了 $3\times10^{-3}\text{N}\cdot\text{m}^{-1}$，计算表面吸附量。

5-2　如图 5-34 所示，在玻璃毛细管半径改变处有一段水柱，试证明下式成立。

$$h=\frac{2\sigma(R-r)}{\rho gRr}$$

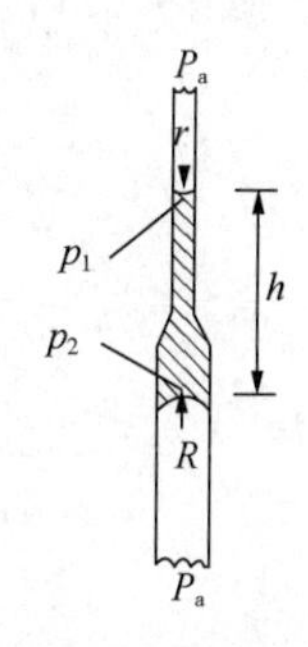

图 5-34　习题 5-3 图

5-3　半径 $R_2=0.05\text{cm}$ 的气泡通过 $r'=0.005\text{cm}$ 的毛细孔，需

要克服多大压差才能通过。已知水的表面张力为 67.94mN/m，水对砂岩表面的接触角为 30°。

5-4 计算水驱油通过最小半径 $r'=0.001$cm 的毛细孔时需克服的最大压差。已知水的表面张力为 40mN/m，水对砂岩表面的接触角为 20°。

5-5 20℃时，汞的表面张力为 0.483N/m，密度为 13.55×10^3kg·m^{-3}。把内直径为 10^{-3}m 的玻璃管垂直插入汞中，管内汞液面会降低多少？已知汞与玻璃的接触角为 180°，重力加速度 $g=9.81$m·s^{-2}。

5-6 20℃时，苯的蒸气结成雾，雾滴（球形）半径 $r=10^{-6}$m，20℃时苯表面张力 $\sigma=28.9\times10^{-3}$N·m^{-1}，体积质量 $\rho_B=879$kg·m^{-3}，苯的正常沸点为 80.1℃，摩尔汽化焓 $\Delta_{vap}H_m=33.9$kJ·mol^{-1}，且可视为常数。计算20℃时苯雾滴的饱和蒸气压。

第六章　表面活性剂

本章介绍表面活性剂的概念、结构特点、分类、表面活性剂溶液的体相性质和表面性质，表面活性剂的亲水亲油平衡，表面活性剂的主要作用，最后介绍表面活性剂在提高原油采收率方面的应用。

第一节　表面活性剂概念、分子结构特点及分类

一、表面活性剂定义

人们在长期的生产实践中发现，有些物质的溶液甚至在浓度很小时就能大大改变溶剂的表面性质，并使之适合于生产上的某种要求，如降低溶剂的表面张力或液–液界面张力、增加润湿、洗涤、乳化及起泡性能等。日常生活中，很早使用的肥皂即是这类物质中的一种。肥皂这类物质的一个最显著的特点是，加少量到水中时就能把水的表面张力降低很多，例如，油酸钠浓度很稀时，可将水的表面张力自 $72mN \cdot m^{-1}$ 降至约 $25mN \cdot m^{-1}$(图 6–1)。而一般的无机盐(如 NaCl 之类)水溶液浓度较稀时，对水的表面张力几乎不起作用，甚至使表面张力稍为升高。通过大量的研究，人们把各种物质的水溶液(浓度不大时)的表面张力和浓度之间的关系总结为如图 6–2 所示的 3 种类型。第一类(图 6–2 中曲线 1)是表面张力在稀溶液范围内随浓度的增加而急剧下降，表面张力降至一定程度后(此时溶液浓度仍很稀)便下降很慢或基本不再下降。第二类(图 6–2 中曲线 2)是表面张力随浓度增加而缓慢下降。第三类(图 6–2 中曲线 3)是表面张力随浓度增加而稍有上升。

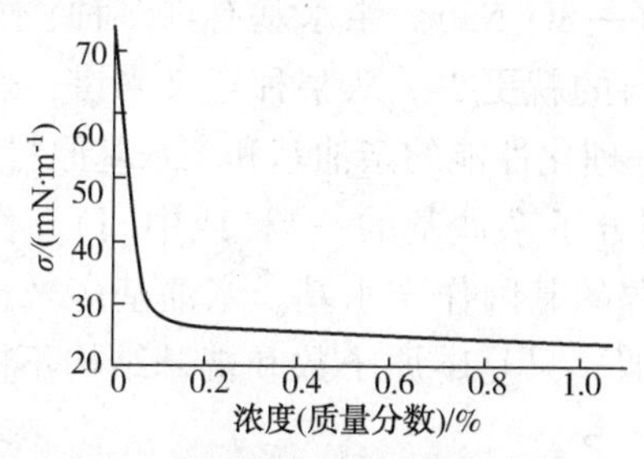

图 6–1　油酸钠水溶液的表面张力与浓度的关系(25℃)

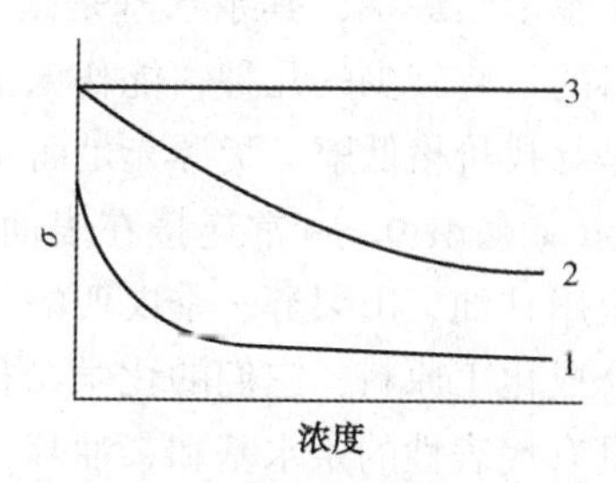

图 6–2　表面张力等温线的类型

一般的肥皂、洗衣粉、油酸钠等水溶液具有图 6-2 中曲线 1 的性质；乙醇、丁醇、乙酸等低相对分子质量极性有机物的水溶液具有曲线 2 的性质；而 NaCl、KNO_3、HCl、NaOH 等无机盐和多羟基有机物的水溶液则有曲线 3 的性质。

第二类物质虽能降低水的表面张力，但却不适合生产上的其他许多要求，如洗涤、乳化、起泡、加溶等作用。在降低溶剂表面张力上第一类物质和第二类物质也有质的差异。第一类物质在浓度很小时表面张力使降至最小值并趋于不变，而第二类物质则无此情况。所以不能仅从是否能降低溶液表面张力一个方面来确定某物质是否是表面活性剂。随着科学技术的进步和生产的发展，人们合成了许多能满足生产要求的第一类物质，并对它们的性质和作用进行了深入的研究，从而给表面活性剂下了比较确切的定义：表面活性剂是一种在很低浓度即能大大降低溶剂(一般为水)表面张力(或液-液界面张力)，改变体系的表面状态从而产生润湿和反润湿、乳化和破乳、分散和凝聚、起泡和消泡以及增溶等一系列作用的化学物质。溶质使溶剂表面张力降低的性质，称为表面活性。上述第一类物质和第二类物质都有表面活性，笼统称为表面活性物质，但只有第一类物质才称为表面活性剂。

二、表面活性剂的结构特点

表面活性剂分子由性质截然不同的两部分组成，一部分是与油有亲和性的亲油基(也称憎水基)，另一部分是与水有亲和性的亲水基(也称憎油基)。由于这种结构特点，表面活性剂也被称为两亲物质。表面活性剂的这种两亲特点使它溶于水后，亲水基受到水分子的吸引，而亲油基受到水分子的排斥。为了克服这种不稳定状态，就只有占据到溶液的表面，将亲油基伸向气相，亲水基伸入水中(图 6-3)。

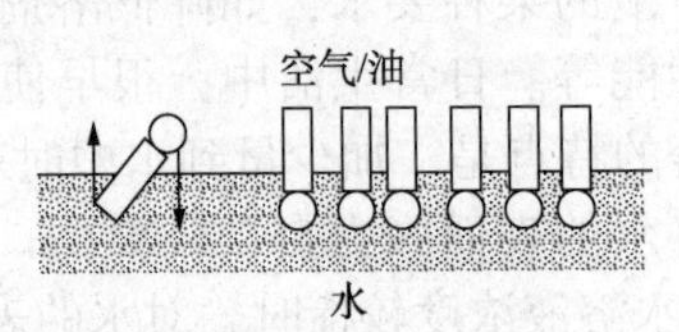

图 6-3　表面活性剂分子在油(空气)-水界面上的排列示意图

▭○—表面活性剂分子；○—亲水基；▭—亲油基

表面活性剂的种类很多，其作用不同，应用的方面和范围也不同。肥皂和洗衣粉有效成分结构分别示于图 6-4 和图 6-5 中，肥皂的亲水基是羧酸钠基(—COONa)；洗衣粉的活性成分是烷基苯磺酸钠，其亲水基是磺酸钠基($—SO_3Na$)。亲水基有许多种，而实际能作亲水基原料的只有较少的几种，能作亲油基原料的就更少。从某种意义来讲，表面活性剂的研制就是寻找价格低廉、货源充足而又有较好理化性能的亲油基和亲水基原料。

亲水基(如羧酸基等)常连接在表面活性剂分子亲油基的一端(或中间)。作为特殊用途，有时也用甘油、山梨醇、季戊四醇等多元醇的基因作亲水基。亲油基多来自天然动植物油脂和合成化工原料，它们的化学结构很相似，只是碳原子数和端基结构不同。表 6-1 列出的是具有代表性的亲水基和亲油基。

虽然表面活性剂分子结构的特点是两亲性，但并不是所有的两亲性分子都是表面活性剂，只有亲油部分有足够长度的两亲性物质才是表面活性剂。例如在脂肪酸钠盐系列中，碳原子数少的化合物(甲酸钠、乙酸钠、丙酸钠、丁酸钠等)虽皆具有亲油基和亲水基，有表面活性，但不起肥皂作用，故不能称之为表面活性剂。只有当碳原子数增加到一定程度后，脂肪酸钠才表现出明显的表面活性，具有一般的肥皂性质。大部分天然动植物油脂都是含 $C_{10}\sim C_{18}$ 的脂肪酸酯类，这些酸如果结合一个亲水基就会变成有一定亲油性、亲水性的表面活性剂，且有良好的溶解性。因此，通常以 $C_{10}\sim C_{18}$ 作为亲油基的研究对象。图 6-6 反映了表面活性剂性能与亲油基中碳原子数的关系。从图 6-6 可见，碳原子数越多，洗涤作用越强，而起泡性却以 $C_{12}\sim C_{14}$ 左右最佳。如果碳原子数过多，则将成为不溶于水的物质，也就无表面活性了。

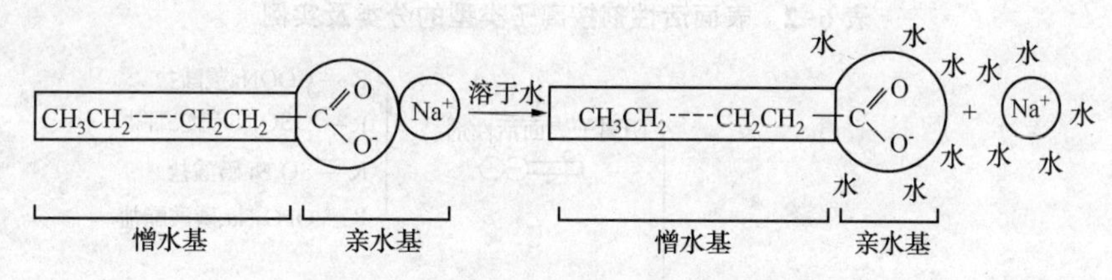

图 6-4　肥皂的亲油基与亲水基示意图

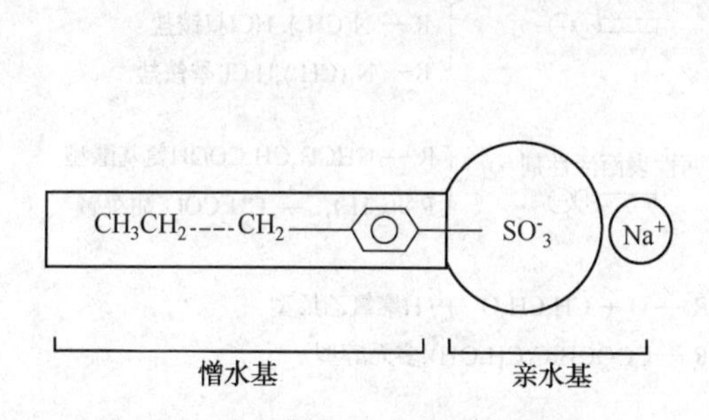

图 6-5　洗衣粉有效成分(十二烷基至十四烷基苯磺酸钠)的亲油基和亲水基示意图

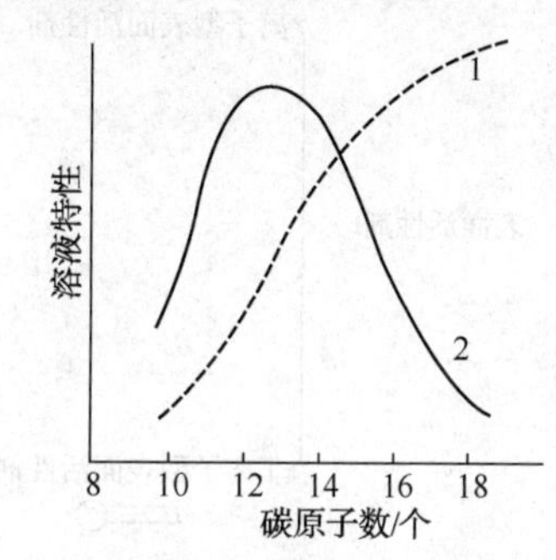

图 6-6　亲油基的碳原子数与性能的关系

1—洗涤力；2—起泡性

表 6-1　表面活性剂的主要亲油基和亲水基

亲油基原子团①	亲水基原子团	亲油基原子团①	亲水基原子团
石蜡烃基 R—	磺酸基—SO_3^-	马来酸烷基酯基 R—OOC—CH— R—OOC—CH_2	磷酸基 —P(=O)(O$^-$)O$^-$
烷基苯基 R—C_6H_4—	硫酸酯基—O—SO_3^-		
	氰基—CN		
烷基萘基	羧基—COO^-	烷基酮基 R—$COCH_2$—	巯基—SH
	酰胺基 —C(=O)—NH—		卤基—Cl、—Br 等
全氟(或高氟代)烷基	羟基—OH	聚氧丙烯基 —O—(CH_2—CH(CH_3)—O)$_n$	氧乙烯基 —CH_2—CH_2—O—
聚硅氧烷基 —Si—O—Si—	铵基 —N^+—		

① R 为石蜡烃链，碳原子数为 8~18。

三、表面活性剂的分类

1. 按离子类型分类

离子类型分类法是常用的分类法，它实际上是化学结构分类法。表面活性剂溶于水时，凡能离解成离子的叫作离子型表面活性剂，凡不能离解成离子的叫作非离子型表面活性剂。而离子型表面活性剂按其在水中生成的表面活性离子种类，又可分为阴离子表面活性剂、阳离子表面活性剂、两性离子表面活性剂，共四大类。如表 6-2 所示。

表 6-2　表面活性剂按离子类型的分类及实例

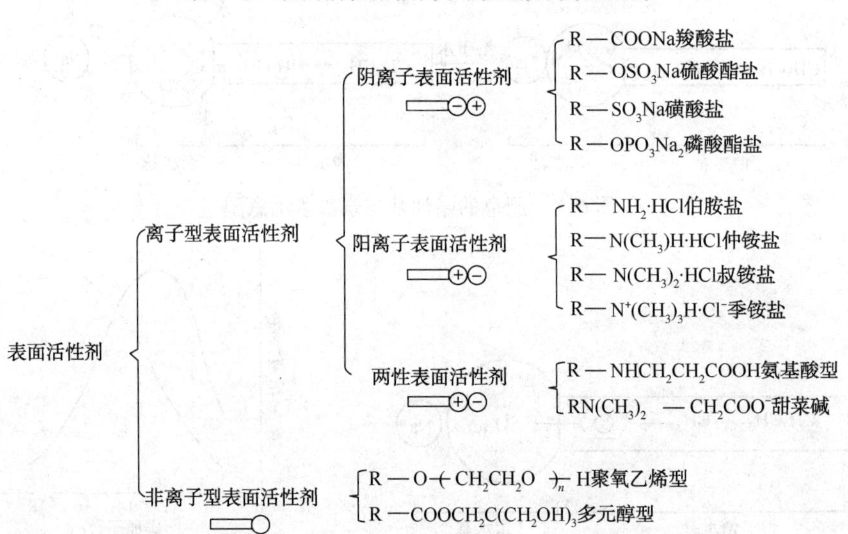

2. 按溶解性分类

按在水中的溶解性，表面活性剂可分为水溶性表面活性剂和油溶性表面活性剂两类，前者占绝大多数，油溶性表面活性剂日显重要，但其品种仍不很多。

3. 按相对分子质量分类

相对分子质量大于 10000 者称为高分子表面活性剂，相对分子质量在 1000~10000 的称为中分子表面活性剂，相对分子质量在 100~1000 的称为低分子表面活性剂。

常用的表面活性剂大都是低分子表面活性剂。中分子表面活性剂有聚醚型的，即聚氧丙烯与聚氧乙烯缩合的表面活性剂，在工业上占有特殊的地位。高分子表面活性剂的表面活性并不突出，但在乳化、增溶特别是分散或絮凝性能方面有独特之处，很有发展前途。

4. 按用途分类

表面活性剂按用途可分为表面张力降低剂、渗透剂、润湿剂、乳化剂、增溶剂、分散剂、絮凝剂、起泡剂、消泡剂、杀菌剂、抗静电剂、缓蚀剂、柔软剂、防水剂、织物整理剂、匀染剂等类。

此外，还有有机金属表面活性剂、含硅表面活性剂、含氟表面活性剂和特种表面活性剂。

第二节 表面活性剂在溶液中的状态

一、表面活性剂的稀溶液和浓溶液

一般情况下，表面活性剂是配成溶液(水溶液或油溶液)使用，因此要了解表面活性剂在溶液中的特性。

图 6-7 是油酸钠水溶液的表面张力与浓度的关系图，从图中可以看到，随着表面活性剂在水中浓度的增加，表面张力先是下降很快，然后逐渐减少，最后基本不变。其他表面活性剂溶液的表面张力随浓度的变化趋势也是类似的。

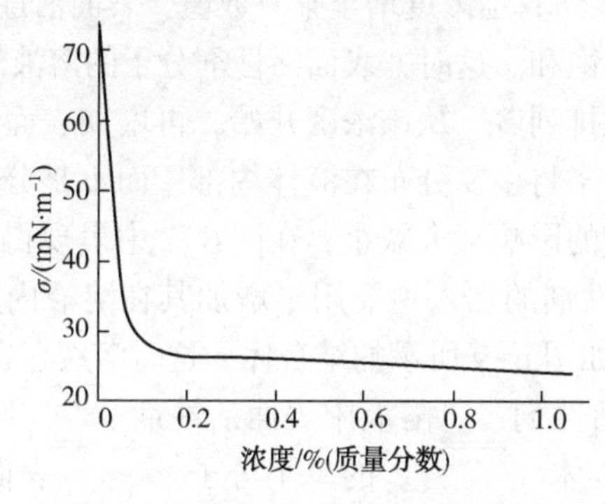

图 6-7 油酸钠水溶液的表面张力与浓度的关系(25℃)

表面活性剂溶液界面张力随浓度的这种变化趋势是由表面活性剂分子在溶液中的分布特性决定的。表面活性剂分子在溶液中随浓度变化的分布特性可用(图 6-8)表示。

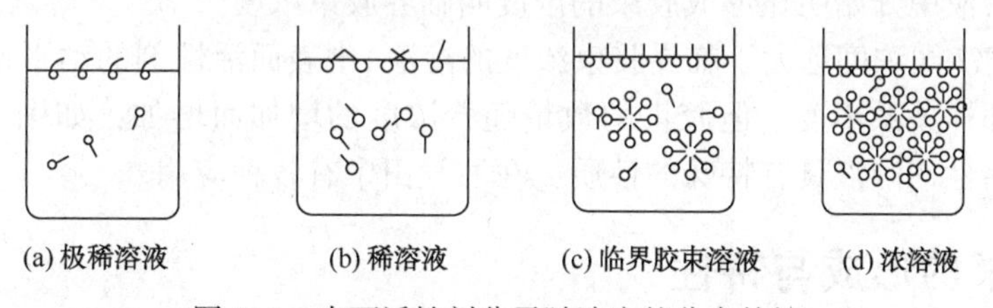

图 6-8 表面活性剂分子随浓度的分布特性

从图 6-8 可以看到：

① 当溶液极稀时，表面活性剂分子带溶液中的分布只有一种动平衡，该动平衡包括两种运动倾向下的平衡。在该动平衡中，一方面是表面活性剂分子由于降低表面能的需要倾向于到液体表面上来；另一方面，由于表面活性剂在液体表面吸附(正吸附)，使表面浓度大于内部浓度，因此表面的表面活性剂分子也倾向于向液体内部扩散，该动平衡可表示为

$$\text{溶液中表面活性剂的单个分子} \rightleftharpoons \text{吸附层中的表面活性剂分子}$$

图 6-8(a)就是表示这两种倾向存在下的动平衡状态。

由于浓度极稀，表面上表面活性剂分子彼此不影响，所有表面活性剂分子可平铺于液面，因此在极稀溶液中表面活性剂对表面张力有显著的影响。

② 当表面活性剂溶液为稀溶液时，由于表面活性剂分子的相互接近，使它们能像图 6-8(b)那样，按极性相近规则缔合。这时，表面活性剂分子在溶液中的分布开始存在两种动平衡，即

$$\text{溶液中表面活性剂的缔合分子} \rightleftharpoons \text{溶液中表面活性剂的单个分子} \rightleftharpoons \text{吸附层中的表面活性剂分子}$$

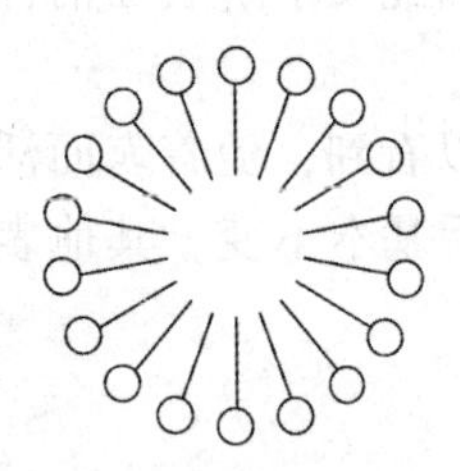

图 6-9 水溶液中表面活性剂分子的结合体（即表面活性剂胶束）

由于表面活性剂分子在表面的浓度增加，所以它们不能像极稀溶液的情况下那样平铺于液面，而是倾斜于液面。因此对表面张力的影响就相对减小，表现在图 6-7 中，则为表面张力随浓度增加而下降趋势变缓。

③ 当浓度增至某一数值，表面活性剂将在液体溶液表面达到吸附饱和。这时，表面活性剂分子的溶液表面将如图 6-8(c)那样紧密地排列着。从该浓度开始，再增加表面活性剂的浓度，表面活性剂分子将主要分布在液体内部，而不是分布在吸附层，所以对表面张力的影响大大减小，在图 6-7 中表现得是曲线接近水平，正是由于表面吸附达饱和后，表面活性剂的加入主要用于增加其在溶液内部的浓度。从而使表面活性剂的缔合分子有条件转变为如图 6-9 所示的结合体。这时溶液存在下列的动平衡：

$$\text{溶液中表面活性剂分子的结合体（胶束）} \rightleftharpoons \text{溶液中表面活性剂的单个分子} \rightleftharpoons \text{吸附层中的表面活性剂分子}$$

溶液中表面活性剂分子的结合体叫胶束。由于不同表面活性剂分子间的吸引力各不相同，所以在相同条件(温度、溶剂等)下，不同表面活性剂开始形成胶束的浓度也各不相同。表面活性剂在溶液中开始明显形成胶束的浓度叫临界胶束浓度

④ 在浓溶液(即浓度远大于临界胶束浓度的溶液)中表面活性剂的动平衡关系仍如临界胶束浓度下的那样关系不变，但胶束的数量随着浓度的增加而增加，如图 6-8(d)所示那样。这种表面活性剂溶液具有特殊的性质，在油气田中有各种应用。

二、胶束的形成与特性

1. 胶束的形成与结构

由上文可知，表面活性剂分子在水溶液中的状态随着浓度的变化而不同。在极低浓度下，通常以单分子状态溶解于水中，并以亲水基朝上吸附在表面，称为表面吸附，在整个表面全部被占满后，多余的表面活性剂分子会自动将亲油基聚集在一起，而将亲水基指向水相，形成所谓的胶束，以避免亲油基与水接触，通常将开始形成胶束的浓度称为临界胶束浓度(CMC)。CMC 的值可通过监测其水溶液表面张力随浓度的变化曲线加以确定。图 6-10示出了烷基磺酸钠的表面张力随浓度的变化曲线。从图中可以看出，浓度较小时，随着浓度的增加水溶液的表面张力迅速下降，当浓度达到某一值时，表面张力趋于稳定，通常可将表面张力突变点所对应的浓度称为临界胶束浓度(CMC)。在这一点处，水溶液表

面正好全部被表面活性剂分子占满，即表面吸附达到饱和，表面张力也趋于定值。CMC 的大小是表面活性剂的表面活性的一种量度。实验证明，CMC 不是一个确定的值，通常表示一个窄的浓度范围。离子型表面活性剂的 CMC 一般在 1~10mmol/L。胶束的存在已被 X 射线衍射谱及光散射实验所证实，在 CMC 前后，不仅表面张力发生了明显变化，其他物理性质(如电导率、渗透压、蒸气压、光学性质、去污能力等)皆发生很大变化。

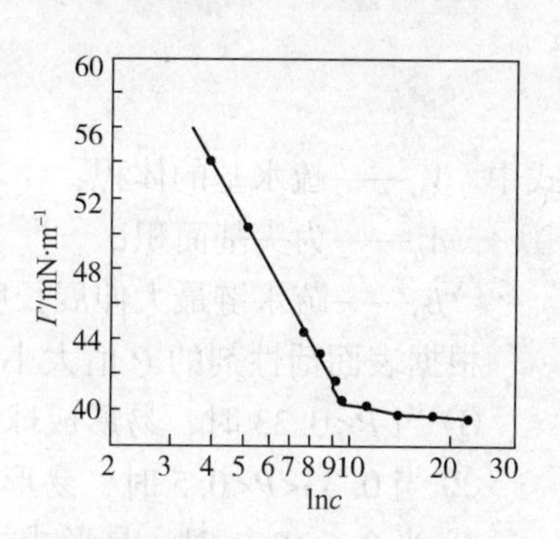

图 6-10 25℃下十二烷基磺酸钠的表面张力与浓度的关系

(1) 胶束的结构

胶束的概念最早由 McBain 于 20 世纪初提出，他发现离子型表面活性剂由离子缔合而成并带有电荷，然后又发现非离子表面活性剂也能形成胶束，但不带电，所以表面活性剂的这种溶液成为缔合胶体。图 6-11 示出了离子型胶束和非离子型胶束的结构示意图。在胶束内核与极性基构成的外层之间，还存在一个由处于水环境中的 CH_2 基团构成的栅栏层。两亲分子在非水溶液中也会形成聚集体，这时亲水基构成内核，疏水基构成外层，叫作反胶束。

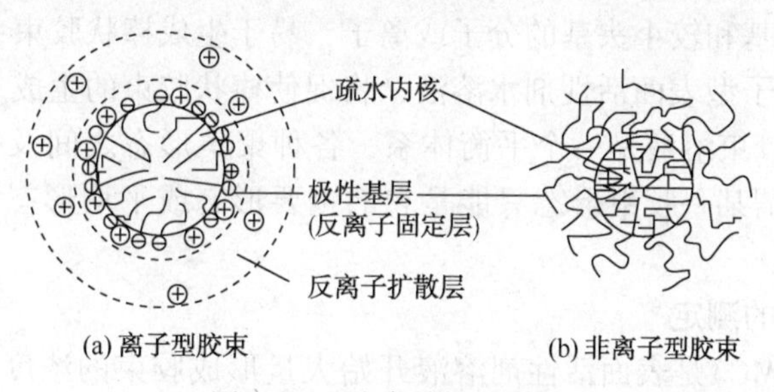

图 6-11 胶束结构示意图

(2) 胶束的形态

胶束有不同形态：球状、椭球状、扁球状、棒状、层状等，如图 6-12 所示。

通常，在简单的表面活性剂溶液中，临界胶束浓度附近形成的多为球状胶束。溶液浓度到达 10 倍 CMC 附近或更高时，胶束形状趋于不对称，变为椭球、扁球或棒状，有时为层状胶束。

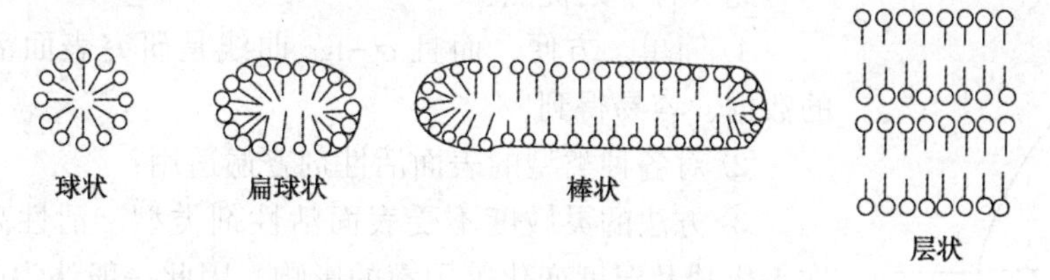

图 6-12 胶束形态示意图

胶束形态取决于表面活性剂的几何形状，特别是亲水基和疏水基在溶液中各自横截面积的相对大小。lsrealachvili 提出了一个与胶束形态密切相关的参数——临界排列参数 P，其定义式为

$$P=\frac{V_0}{A_0L_0} \tag{6-1}$$

式中　V_0——疏水基的体积；

A_0——为头基面积；

L_0——疏水链最大伸展长度。

根据表面活性剂的 P 值大小，可初步判断其所形成胶束的形态，基本规则如下：

① 当 $P<0.33$ 时，易形成球状或椭球状胶束；

② 当 $0.33<P<0.5$ 时，易形成较大的柱状或棒状胶束；

③ 当 $0.5<P<1$ 时，易形成层状胶束；

④ 当 $P>1$ 时，表面活性剂分子易生成反胶束。

由于表面活性剂种类繁多，有许多情况不一定符合此规则。但是定性地看，这个概念是适用的，并可得出如下规律：

① 有较小头基的分子，易于形成反胶束或层状胶束，例如带有两个疏水尾巴的表面活性剂；

② 具有单链疏水基和较大头基的分子或离子，易于形成球状胶束；

③ 具有单链疏水基和较小头基的分子或离子，易于生成棒状胶束；

④ 加电解质于离子型表面活性剂水溶液，将促使棒状胶束的生成。

应该强调的是，胶束溶液是一个平衡体系。各种聚集形态之间及它们与单体之间存在动态平衡。因此，所谓某一胶束形态只能是它的主要形态或平均形态，胶束表面是不平整的、不停地运动着的。

2. 临界胶束浓度的测定

临界胶束浓度(CMC)是表面活性剂溶液开始大量形成胶束的浓度。它是表面活性剂的主要性能参数，可通过实验进行测定。原则上说，一切随胶束形成而发生突变的溶液性质皆可被用来测定溶液的临界胶束浓度。然而，由于各种性质随浓度的变化率不同、测定方法有难易繁简之别，各种方法的实用性因而不同。下面简单介绍其中的两种。

(1) 表面张力法

测定不同浓度溶液的表面张力，并绘制 σ-lg$c$ 曲线。将曲线转折点两侧的直线部分外延，相交点的浓度即临界胶束浓度，如图 6-13 所示。

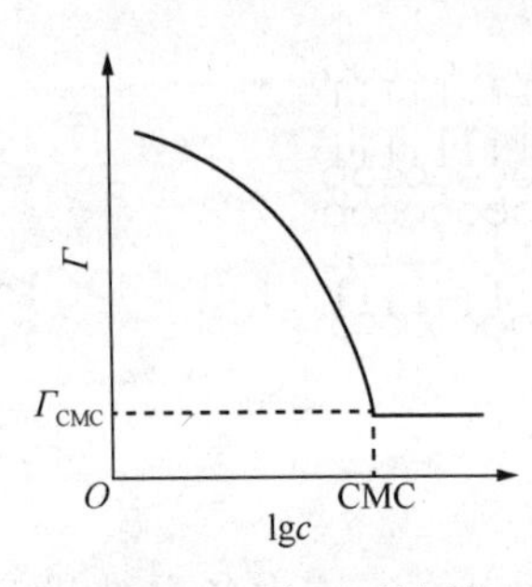

图 6-13　表面活性剂溶液的 σ-lg$c$ 曲线

此法有下列优点：

① 简单、方便，而且 σ-lg$c$ 曲线是研究表面活性剂最基础的数据，容易得到；

② 对各种类型的表面活性剂普遍适用；

③ 方法的灵敏度不受表面活性剂类型、活性高低、是否存在无机盐及温度变化等因素的影响。因此一般认为此法是测定表面活性剂溶液临界胶束浓度的标准方法。不过在溶液中有少量高表面活性杂质存在时，σ-lg$c$ 曲线可能出现最低点，妨碍临界胶束浓度的测定。具有最低点的 σ-lg$c$ 曲线通常表明该表面活性剂样品纯度不高。

（2）电导法

测定表面活性剂水溶液的电导率 k，作 $k-c$ 曲线，如图 6-14所示，按转折点两侧直线部分外延，相交点的浓度就是临界胶束浓度。

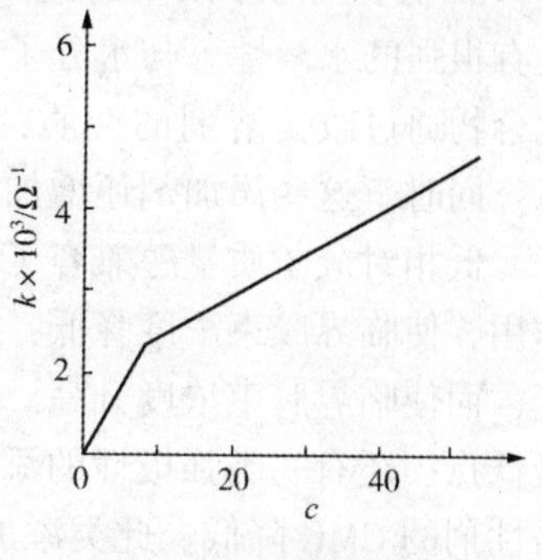

图 6-14　表面活性剂溶液的 $k-c$ 曲线

3. 临界胶束浓度的影响因素

（1）表面活性剂结构的影响

不同类型的表面活性剂在疏水基相同时，离子型表面活性剂的临界胶束浓度比非离子型的大，大约相差两个数量级。同系物中碳链越长者临界胶束浓度越小。对于离子型表面活性剂，当疏水基碳原子数在 8～16 时，同系物中每增加一个碳原子，CMC 将下降约 50%；对于非离子型表面活性剂，则是疏水基每增加两个碳原子，CMC 将下降 90%。

表面活性剂疏水基碳链长度相同、化学组成不同时临界胶束浓度有显著差别。与碳氢链表面活性剂相比，碳氟链表面活性剂的临界胶束浓度要小得多。例如，全氟辛基磺酸钠的 CMC 为 8×10^{-3}mol/L，而辛基磺酸钠的 CMC 为 0.16mol/L。

表面活性剂疏水基分子式相同，但分子结构不同，临界胶束浓度也不同。一般的规律是：疏水基具有分支结构的临界胶束浓度更高一些；亲水基位于疏水链中部的临界胶束浓度要高一些。疏水基上带有其他极性基团或不饱和基团的临界胶束浓度也较高。

聚氧乙烯型非离子表面活性剂的亲水基变化对临界胶束浓度的影响不太大，其规律是聚氧乙烯链越长则临界胶束浓度越高。

（2）添加剂的影响

① 无机盐　加入无机电解质会使离子型表面活性剂的 CMC 显著降低。例如，加 NaCl 达 0.2mol/L 时，十二烷基硫酸钠的 CMC 下降约 50%。在这里起决定作用的是带有与表面活性离子相反电荷的离子，即反离子，反离子价数越高作用越强烈。这是由于加入电解质使更多的反离子与胶束结合，削弱了表面活性剂离子间的电性排斥作用而有利于胶束形成。反离子价数越大，水合半径越小，影响越大。

电解质对非离子型表面活性剂的临界胶束浓度的影响不像对离子型的那样显著。例如，0.4mol/L 的 NaCl 可使十二烷基硫酸钠的 CMC 下降约 94%，而同等浓度的 NaCl 只能使 $C_8H_{17}OCH(CHOH)_5$的 CMC 下降约 40%。电解质对非离子型表面活性剂 CMC 影响的机制主要是通过与溶剂相互作用（溶剂化），从而影响溶液的有效浓度，导致其 CMC 降低。

② 极性有机物　少量极性有机物，如脂肪醇、胺、酸等，可以使表面活性如水溶液的临界胶束浓度及胶束溶液的其他性质发生很大变化，其表面张力曲线在 CMC 附近的最低点现象就是因此而出现的。经典的例子是十二烷基硫酸钠中含有 8%（质量分数）的十二醇时，溶液表面张力曲线出现最低点，σ_{CMC}从添加前的 37mN/m 降低为 23mN/m，表明混合表面活性剂减小表面张力的能力有了明显提升。

极性有机物对表面活性剂 CMC 的影响可以分为三类。

a. 中等长度或更大的极性有机物分子，其水溶性很差，在溶液中只能存在于胶束之中并促进离子型胶束形成，而显著降低表面活性剂溶液的 CMC。

b. 低相对分子质量的极性有机物，如尿素、甲酰胺、乙二醇、1,4-二氧六环等。它们具有很强的水溶性。与水分子的强烈相互作用使它们具有破坏水结构的能力。因此，这类化合物通过改变溶剂的性质，使表面活性剂在水溶液中不易形成胶束，从而提升其 CMC 值。同时，这些添加剂还增加表面活性剂在水中的溶解度。

低相对分子质量醇兼容了上述两类添加剂的作用。加入量较少时，主要表现为前一种作用，使临界胶束浓度降低；添加量多时，则主要改变溶质性质，增加表面活性剂的溶解度，而使临界胶束浓度升高。因此，添加低相对分子质量醇时，CMC 曲线可能显示出一个最低点。还有一类强极性的添加物，如果糖、木糖以及山梨糖醇、环已六醇等，则使表面活性剂的 CMC 降低。此类添加剂的作用很强，甚至在同时存在尿素的情况下，仍能使 CMC 降低。

（3）温度的影响

离子型表面活性剂的 CMC 与温度的关系不大。非离子型表面活性剂的 CMC 随温度呈现明显下降的趋势。表 6-3 列出了三种表面活性剂在不同温度的 CMC 值。

表 6-3　三种表面活性剂在不同温度的 CMC 值

表面活性剂		$n\text{-}C_{10}H_{21}SO_4Na$	$n\text{-}C_{12}H_{25}PyBr$	$n\text{-}C_{12}H_{25}O(EO)_4H$
CMC/(mmol/L)	10℃	48	11.7	0.082
	25℃	43	11.4	0.064
	40℃	40	11.2	0.059

4. 胶束溶液的增溶效应

（1）增溶效应的基本原理

不溶或微溶于水的有机物在表面活性剂水溶液中的溶解度会明显增大，由于这种增溶效应只发生在临界胶束浓度以上的溶液中，所以又称为胶束的增溶效应。胶束的这种独特的性质极有应用价值。例如，可有效地解决一些两相体系均化的问题，还可为一些在常规两相体系中难以完成的化学反应提供适宜的介质。

增溶效应的基本原理：由于胶束的特殊结构，从它的内核到水相提供了从非极性到极性环境的全过渡。各类极性和非极性的有机溶质，在胶束溶液中都可以找到合适的溶解环境而存在于其中。具有疏水性的难溶或微溶有机物能够很轻松地进入胶束内部，被胶束包裹而融为一体。物质的溶解性要求溶剂具有适宜的极性。因此，表面活性剂胶束的增溶现象，应与有机物溶于混合溶剂的现象区别开来。例如，苯在水中的溶解度，可因加入乙醇而大大增加。不过，为此加入的乙醇量比较大。它是由于乙醇改变了溶剂水的性质的结果，叫作水溶助长作用或助溶作用。图 6-15示出难溶物在这两种体系中的溶解度与体

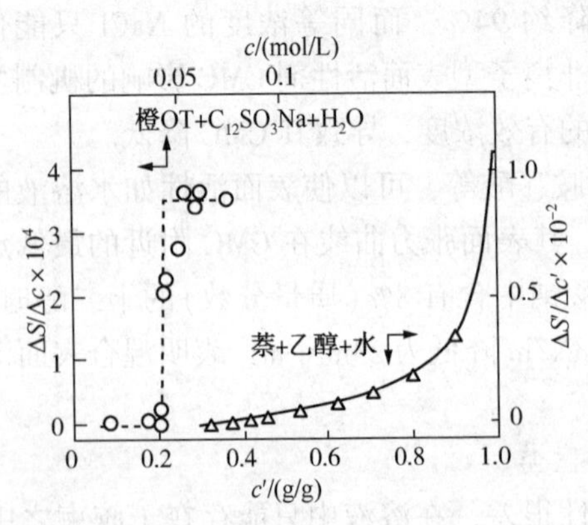

图 6-15　溶解度随浓度的变化曲线

系组成的关系，由此可看出两者的区别。

（2）表面活性剂胶束溶液对溶质的增溶方式

表面活性剂胶束溶液对溶质的增溶方式，大致可以分为以下四种：

① 溶质进入胶束内部，主要适用于非极性有机物的增溶；

② 溶质分子与形成胶束的表面活性剂分子穿插排列，主要适用于具有两亲性的难溶有机物；

③ 溶质分子被吸附于胶束表面，主要适用于某些既不溶于水又不溶于烃的有机物，如苯二甲酸二甲酯以及一些染料；

④ 溶质被包含于胶束的极性基层，这是聚氧乙烯型表面活性剂胶束的一种特殊增溶方式，主要适用于酚类化合物。

上述四种增溶方式示意图如图 6-16 所示。虽然增溶方式主要取决于溶质和表面活性剂的化学结构，但胶束溶液处于动态平衡之中，某一特定溶质分子的位置会随时间迅速改变，因此，上述增溶方式与所适用的溶质之间，只是一种优选方式，该方式发生的概率较大，并不能说溶质就不会以其他方式增溶。事实上，已经发现一些复合型增溶方式，例如苯可以首先加溶于非离子表面活性剂胶束的极性基层，然后又进入胶束的栅栏层及内核。

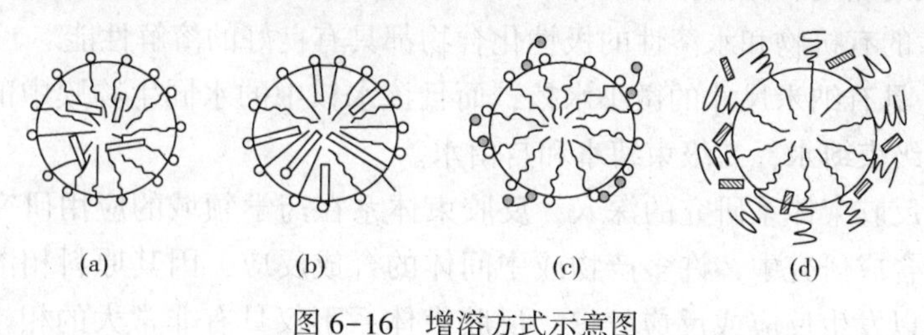

图 6-16　增溶方式示意图

（3）影响增溶效应的因素

增溶效应的强弱首先与体系的化学组成有关，可以从表面活性剂和溶质两方面来分析。表面活性剂的增溶能力受其类型的影响，具有同样疏水基的不同类型表面活性剂的增溶能力常有如下由强到弱的顺序：

非离子型>阳离子型>阴离子型

这是由于表面活性剂分子在各类胶束中排列的紧密程度不同，在不破坏原有结构的条件下，能容纳外来分子的量也各不相同。一般规律如下：

① 表面活性剂的碳链越长，临界胶束浓度越低，聚集数越大，使得胶束对非极性分子的增溶量也越大。

② 疏水链分支化程度越高，体系的增溶能力越低。

③ 非离子型表面活性剂中，聚氧乙烯链长的增加使脂肪烃的增溶量减少。

从溶质方面来看，它的大小、形状、极性及分支状况都对增溶效果有明显影响。通常在同一种表面活性剂胶束溶液中的最大增溶量与溶质的摩尔体积成反比。溶质具有不饱和结构或带有苯环时，增溶量会增加，但萘环却起相反的作用。溶质结构分支化的影响很小。

温度对增溶效应也有一定影响。一方面，温度变化使胶束的形状、大小、临界胶束浓度发生改变，这必然影响其增溶能力；另一方面，温度变化使溶剂和溶质分子间的相互作用改变，致使溶质的溶解性质发生显著变化。一般来说，若温度改变促使临界胶束浓度降低或使聚集数增加则会助长其增溶效应。增溶效应在微乳制备、乳液聚合、三次采油、洗涤、胶束催化等实用过程中都发挥着十分重要的作用。

5. 反胶束现象

两亲分子在非水溶液中也会形成聚集体。此种聚集体的结构与水溶液中的胶束相反。它是以疏水基构成外层，亲水基(常有少量水)聚集在一起形成内核，因此，称之为反胶束，如图 6-17 所示。

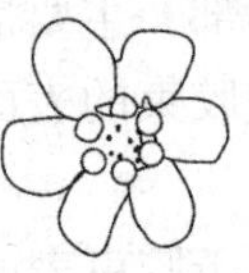
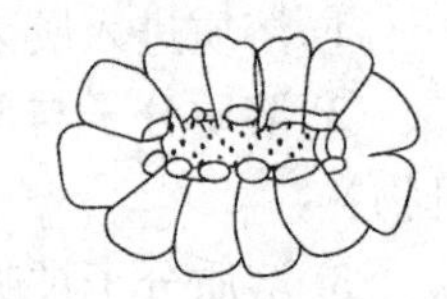

图 6-17　反胶束形态示意图

反胶束的聚集数和尺寸都比较小。聚集数常在 10 左右，有时只由几个单体聚集而成。反胶束形成的动力往往不是熵效应，而是水和亲水基彼此结合或者形成氢键的结合能，也就是说过程的焓变起重要作用。反胶束的形态，也不像在水溶液中那样变化多端，主要是球状。反胶束体系亦称油包水(W/O)型微乳液，是由表面活性剂形成的具有纳米尺寸的含有水核的微小胶束分散在有机溶剂(油相)中构成的体系。它具有以下特点：

① 宏观上为均相透明，并具有高度分散性的热力学稳定体系。

② 具有极低的黏度和界面张力，并具有非常大的界面面积。

③ 对油溶性的有机物和水溶性的极性化合物都具有良好的溶解性能。

④ 内相是一具有纳米尺寸的微小水核，而且该水核中的水同生物膜中的水类似，可分为三种情况：一级束缚水，二级束缚水和自由水。

随着人们对反胶束体系研究的深入，反胶束体系在药学领域的应用研究已成为一个新的热点。在药物合成研究中，许多产物或中间体的合成反应，因其原料相溶性较差或相接触面积过小而难以发生反应或反应较慢。反胶束体系不仅具有非常大的相接触面积，而且对油溶性和水溶性的原料都具有良好的溶解性能，以其作为反应介质则可使上述反应易于进行或大大加快反应速率。

三、表面活性剂的亲水亲油平衡值(HLB 值)

所有的额表面活性剂都是由亲水基与憎水剂两部分组成的，亲水性和憎水性的相对强弱是影响表面活性剂极性的重要性质。由于表面活性剂的亲水基有阳离子的、阴离子的、两性的及非离子的等不同种类，故其性质也各不相同。如果从憎水基的种类和表面活性剂整体的亲水性以及分子形状和相对分子质量等考虑，则表面活性剂的性质就会有更大的差异。因此，从各种不同角度和不同的方法来考察表面活性剂的分子结构与其性质的关系是很重要的，也有助于针对不同的用途选用合适的表面活性剂。

表面活性剂的性质是其分子结构中多种因素所决定的，必须综合考虑各种因素，才能较全面理解其分子结构与性质的关系。

据结构相似原理，表面活性剂分子中的憎水基与被作用的基因越相似，则它们间的亲和力越好。

为了使表面活性剂分子能定向保持在水面上，要求两亲分子的亲水基团的力量与亲油的碳氢链的力量之间能保持平衡。如果分子的极性基越强，越易被拉入水中，需要有足够

长的碳氢链才能使它保持在水面上，例如离子型极性基—COONa—的分子在水面上保持定向平衡就需要有 18 个碳原子以上的碳氢链。反之，非离子型亲水力量较弱的极性基如—CH—CH—，则需要几个这样的极性基能与一个较短碳氢链达到定向平衡。分子在油-水界面上定向平衡保持越好，溶液的表面活性就越大。怎样知道分子的亲水亲油力量的强弱呢？Griffin 提出来用所谓的亲水来油平衡值(Hydrophile-Lipophile Balance，HLB)来衡量，其值实际上表征了表面活性剂的亲水亲油性。

$$表面活性剂的 HLB 值=\frac{亲水基的亲水性}{亲油基的亲油性}$$

HLB 值越大，说明表面活性剂的亲水性越大，越易溶于水；HLB 值越小，亲水性越弱，亲油性越强，水溶性减弱，油溶性增强。

从亲油基来考虑，当表面活性剂的亲水基不变时，亲油部分越长(即相对分子质量越大)，则水溶性就愈差，因此，憎水性可用亲油基的相对分子质量大小来表示。

至于亲水性，对于聚氧乙烯性非离子表面活性剂来说，当亲油部分相同时，相对分子质量越大，其亲水性也随大。

聚氧乙烯型非离子表面活性剂的 HLB 值可以用下方法计算：

$$\begin{aligned}非离子表面活性剂的 HLB 值&=\frac{亲水基部分的分子量}{表面活性剂的分子量}\times\frac{100}{5}\\&=\frac{亲水基质量}{憎水基质量+亲水基质量}\times\frac{100}{5}\\&=(亲水基质量\%)\times\frac{1}{5}\end{aligned}$$

由于石蜡完全没有亲水基，所以 HLB=0，而全是亲水基的聚乙二醇，其 HLB=20。所以非离子表面活性剂 HLB 介于 0~20 之间，HLB 在 10 附近，亲水亲油力量均衡。

例如，1mol 的壬基酚与 9 个环氧乙烷加成的非离子表面活性剂，其 HLB 值为

$$HLB=\frac{44\times9}{220+44\times9}\times\frac{100}{5}=12.8$$

对多数多元醇的脂肪酸酯非离子表面活性剂，可用下式计算其 HLB 的近似值

$$HLB=20\times(1-\frac{S}{A})$$

式中　S——酯的皂化值；

　　A——原料脂肪酸的酸值。

例如，甘油硬脂酸酯的 $S=161$，$A=198$，则其 $HLB=20(1-\frac{161}{198})=3.8$

至于离子型表面活性剂的 HLB，就不能用上述的计算方法，需用实验方法来测定。测定 HLB 值的方法很多，而以浊度法最为简便。该法是将表面活性剂加到一定量水中，仔细观察溶解过程的情况，根据分散溶解程度的不同，可按表 6-4 中的标准进行对照估计。如何通过 HLB 值来选择合适的表面活性剂，表 6-5 可提供参考。

表 6-4　浊度法测 HLB 值对照表值

加水后情况	HLB 值	加水后情况	HLB 值
不分散	1~4	稳定乳白色分散体	8~10
分散得不好	3~6	半透明至透明分散体	10~13
剧烈振摇后成乳剂	6~8	全透明	>13

表 6-5　HLB 范围及应用

范围	应用	范围	应用
3~6	油包水型乳化作用	12~15	润湿作用
7~18	水包油型乳化作用	13~15	去污作用
1~3	消泡作用	15~18	增溶作用

此外，Davies 把表面活性分子结构理解为一些基团，每个基团对 HLB 值都有一定的贡献，由已知实验结果，可得出各种基团的 HLB 值，称其为 HLB 基团数，表 6-6 就是一些基团的 HLB 基团数。将基团数代入下式中，即可计算表面活性剂的 HLB 数值。这一公式适合于离子型表面活性剂。

$$HLB = 7 + \sum(\text{亲水的基因数}) - \sum(\text{亲油的基团数})$$

表 6-6　一些基因的 HLB 基团数

亲水基	基团数	亲油基	基团数
$—SO_4Na$	38.7	$—\overset{\vert}{C}H—$	0.475
—COOK	21.1	$—CH_2$	
—COONa	19.1	$—CH_3$	
$—SO_2Na$	11.0	=CH—	
>N(叔胺)	9.4	$—C_3H_6O—$	
酯(失水山梨醇环)	6.8	$—CF_2—$	0.150
酯(自由)	2.4	$—CF_3$	0.870
—COOH	2.1		
—OH	1.9		
—O—	1.3		
—OH(失水山梨醇环)	0.5		
$—C_2H_4O—$	0.33		

应用 HLB 基团数的方法，虽然仍是经验的，但只要对表面活性剂的化学结构有所了解，就可以方便地计算出 HLB 值。特别是对于一般大量常用的离子表面活性剂，早期的 HLB 数表中很少登录，用此法则可较方便地求出。

四、表面活性剂的主要作用

表面活性剂已广泛应用于石油、纺织、农药、医药、采矿、食品、民用洗涤等各个领域。表面活性剂所起的作用主要为润湿、助磨、乳化、分散、起泡、增溶，以及匀染、除锈、杀菌等。有关这些具体的应用，在许多专著中皆有详细论述，这里仅概述如下。

1. 乳化作用

一种或一种以上的液体以液珠的形式分散在另一种与其不相溶的液体中构成的系统称为乳状液，液珠的大小一般在1~50μm之间。乳状液按液珠大小而论是粗分散系统，为热力学不稳定的多相系统。欲使乳状液稳定、不分层，通常需加入表面前性剂，即乳化剂。

水是构成乳状液最常见的一种液体，油类及在水中不溶解的有机液体是乳状液中常见的另一种液体。为了方便起见，把与油类性质相近的液体都称为“油”。因此，乳状液可以分为两种类型：一种是“油”分散在水中，“油”珠被连续的水相所包围，称为“水包油”型，以“O/W”表示，另一种为水分散在“油”中，水珠被连续的油相包围，称为“油包水”型，以“W/O”表示，如图6-18所示。常见的原油是W/O型乳状液，而牛奶则是O/W型的。

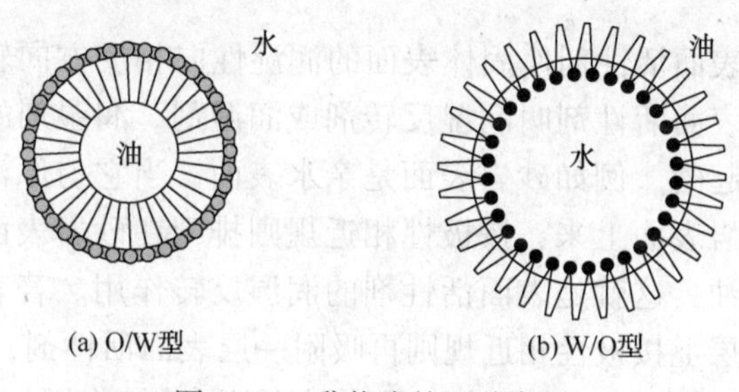

图6-18　乳状液的两种类型

2. 起泡作用

常说的泡沫是指气体在液体中的分散系统（气体在固体中分散也可形成泡沫，但常称为固体泡沫，如泡沫塑料等）。泡沫作为粗分散系统，也是热力学上的不稳定系统。使泡沫稳定的物质称为起泡剂，常用的起泡剂一般都属于表面活性物质，如肥皂、烷基硫酸钠等。起泡剂使泡沫稳定的机理和乳化剂使乳状液稳定的机理相似，即能降低界面能和形成保护膜（图6-19）。

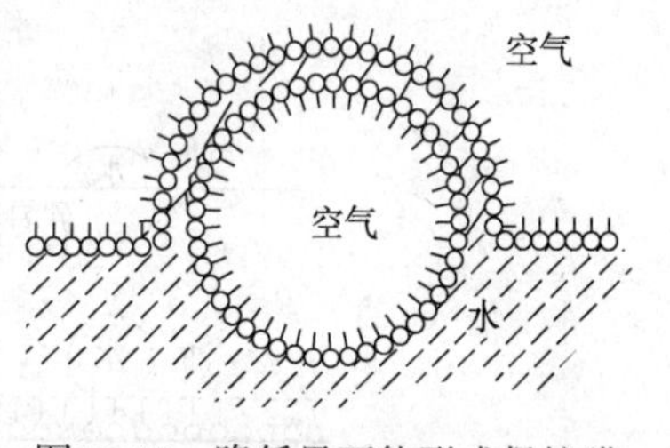

图6-19　降低界面能形成保护膜

泡沫在生产上应用的例子包括利用它进行矿物的富集（泡沫浮选），在毛纺工业上利用泡沫处理洗毛废水以回收羊毛脂等、在应用泡沫时，常要求泡沫稳定一定时间以后就破灭掉，过于稳定的泡沫会给后处理带来困难。如泡沫浮选时，就要求泡沫在载着有用矿石从液相中上升时是稳定的，但将它们从液面取走以后就要求它很快破灭。在某些生产过程（如酿造及制糖工业）中，由于发酵生成CO_2而形成的泡沫则完全是有害无益的。

在泡沫体系中，除了有起泡系外，还必须有某种稳泡剂，它使生产的泡沫更加稳定。稳泡剂不一定都是表面活性剂，它们的主要作用是提高液体黏度，增强泡沫的厚度与强度。泡沫钻井泥浆中所加的起泡剂为C_{12}~C_{14}烷基苯磺酸钠或烷基硫酸盐，稳泡剂是C_{12}~C_{16}的脂肪醇以及聚丙烯酰胺等高聚物。在日用洗发香波中普遍加脂肪醇酰胺类稳泡剂。在实际工作中起泡剂常与稳泡剂复配使用。

在许多过程中，由于产生泡沫给工作增添了不少麻烦，在这种情况下需加消泡剂。消泡剂实际上是一些表面张力低、溶解度较小的物质，如C_5~C_6的醇类或醚类、磷酸三丁酯、有机硅等。消泡剂的表面张力低于气泡液膜的表面张力，容易在气泡液膜表面顶替原来的起泡剂，而其本身由于链短又不能形成坚固的吸附膜，故产生裂口，泡内气体外泄，导致泡沫破裂，起到消泡作用。

3. 增溶作用

当浓度超过 CMC 后，在水溶液内部所生成的胶束往往能使一些不易溶于水的物质因进入水溶液胶束中而增加其溶解度(图 6-20)。如室温下，苯在水中的溶解度很小，100g 水中只能溶解 0.07g 苯，而 100g 浓度为 10%的油酸钠的水溶液可溶解约 9g 苯。增溶过程使系统的吉布斯函数降低，形成的是热力学稳定系统。

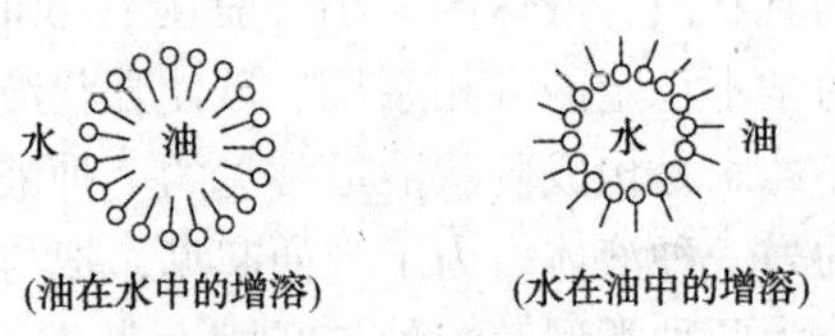

图 6-20　增溶作用

4. 润湿反转作用

润湿反转作用是指表面活性剂使固体表面的润湿性向相反方向转化的作用。能使固体表面润湿性发生反转的表面活性剂叫润湿反转剂或润湿剂。润湿剂的润湿反转作用是由它在固体表面上吸附所引起的。例如砂岩表面是亲水表面，当它与原油接触时，原油中的天然表面活性剂吸附到砂岩表面上来，按极性相近规则排列在砂岩表面，使它如图 6-21(a)所示，由亲水反转为亲油，这就是表面活性剂的润湿反转作用。若表面活性剂浓度足够高时，它可以在第一吸附层上按极性相近规则再吸附一层表面活性剂，使砂岩表面如图 6-21(b)所示，重新变成亲水表面，这也是表面活性剂的润湿反转作用。这也是表面活性剂驱提高原油采收率的主要原理之一。

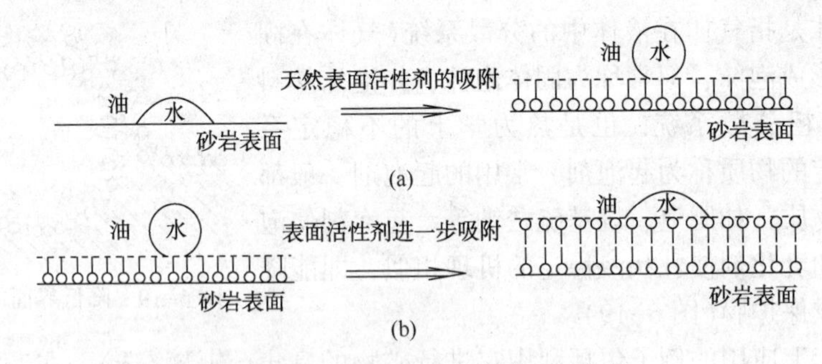

图 6-21　表面活性剂的润湿反转作用

5. 洗净作用

洗净作用是指表面活性剂使一种液体(例如水)将其他物质(例如油)从固体表面洗脱下来的作用。具有洗净作用的表面活性剂叫洗净剂。洗净作用是一种综合的作用，它包括表面活性剂的润湿反转作用、乳化作用和增溶作用。例如当表面活性剂水溶液从砂岩表面将油膜洗下来时，这种洗净作用常包括表面活性剂将砂岩表面反转为亲水表面，当油膜脱落时，表面活性剂可将它乳化在水中，使它不易再黏附到砂岩表面，而且当表面活性剂浓度

足够高时，有些油还可以增溶在表面活性剂胶束中而被带走。可见表面活性剂的洗净作用是表面活性剂几种作用协同作用的结果。

第三节　表面化学在油气田中的应用

强化采油(enhanced oil recovery，EOR)或三次采油提高原油采收率的化学驱油技术都要用到表面活性剂。以表面活性剂体系作为驱油剂的一种提高原油采收率的方法称表面活性剂驱。驱油用的表面活性剂体系有稀表面活性剂体系和浓表面活性剂体系。前者包括活性水和胶束溶液；后者包括水外相微乳和中相微乳(总称为微乳)。因此，表面活性剂驱又可分为活性水驱、胶束溶液驱和微乳驱。

通过降低油水界面张力到超低程度(小于 10^{-2} mN · m^{-1})使残余油流动的方法，叫超低界面张力采油法。又可分为水外相胶束驱、油外相胶束驱及中相微乳液驱方法，它是通过混溶、增溶油和水形成中相微乳液，它与油、水都形成超低张力，而使残余油流动。表面活性剂溶液以段塞形式注入，为保护此段塞的完整性，后继以聚合物段塞，因此统称为胶束/聚合物驱。从技术上讲，表面活性剂驱最适合三次采油，是注水开发的合理继续，基本上不受含水率的限制，可获得很高的水驱残余油采收率。但由于表面活性剂的价格昂贵、投资高、风险大，因而其使用范围受到很大限制。从技术角度来看，目前，只是温度和含盐度还有一定的限制，其他限制都属于经济问题。随着技术的提高、成本的降低，其使用范围会大大展宽。

一、活性水驱

以活性水作为驱油剂的驱油法叫作活性水驱。它是最简单的一种表面活性剂驱。活性水驱是表面活性剂浓度小于临界胶束浓度的表面活性剂驱。活性水驱中常用的表面活性剂为非离子表面活性剂或耐盐性较好的磺酸盐型和硫酸醋盐型负离子表面活性剂。活性水不断富集残余油而形成油墙，油墙在推进驱替过程中不断扩大，进一步驱替残余油，从而提高洗油效率而提高采收率，如图 6-20 所示。

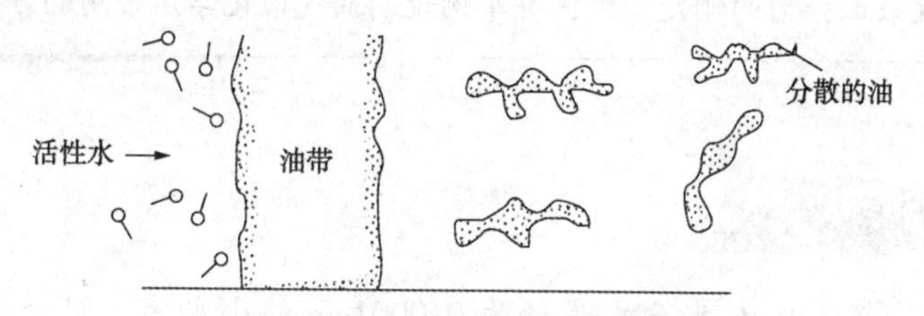

图 6-20　油带在向前移动中不断扩大

二、胶束溶液驱

以胶束溶液作为驱油剂的驱油法叫胶束溶液驱。它是介于活性水驱和微乳驱之间的一种表面活性剂驱。

与活性水相比，胶束溶液有两个特点：一个是表面活性剂浓度超过临界胶束浓度，因此溶液中有胶束存在；另一个是胶束溶液中除表面活性剂外，还有醇和(或)盐等助剂的加入。胶束溶液驱油有活性水驱的全部作用机理。不同的是，胶束溶液还增加了一个由于胶束存在而产生的增溶机理。因胶束可增溶油，提高了胶束溶液的洗油效率。

三、微乳驱

微乳液属于浓表面活性剂体系，它有两种基本类型和一种过渡类型。前者为水外相微乳和油外相微乳，后者为中相微乳。微乳驱是以微乳液作驱油剂的驱油法。即表面活性剂含量大于2%、水含量大于10%的表面活性剂驱。

微乳驱的驱油机理比较复杂，与活性水驱有所不同，因为被驱替的水和油进入微乳液中使微乳状液产生了相应的相态变化。例如，若驱油剂为水外相微乳，当微乳与油层接触时，其外相的水与水混溶，而其胶束可增溶油，即也可与油混溶。因此水外相微乳与油层刚接触时是混相驱油，微乳与水和油都没有界面，没有界面张力的存在，所以其波及系数很高；与油完全混溶，所以洗油效率也很高。当油在微乳的胶束中增溶达到饱和时，微乳液与被驱替液间产生界面，转变为非混相微乳驱，此时驱油机理与活性水相同，但因其活性剂浓度仍较高，所以驱油效果好于活性水驱。当进入胶束中的被驱替油进一步增加时，原来的胶束转化为油珠，水外相的微乳状液转变为水包油型乳状液。其驱油机理同泡沫驱。

此外，为提高驱油效果也将化学剂组合起来形成二元复合驱、三元复合驱。

思考题

【6-1】简述表面活性剂的分类(按离子类型和亲水基的结构)。

【6-2】如何表征表面活性剂的表面活性?

【6-3】什么是表面活性剂的临界胶束浓度，并列举其测定方法。

【6-4】什么是表面活性剂的 HLB 值？该值有什么意义?

【6-5】简述表面张力的测定方法，并举例说明油气田化学用常用的方法有哪几种?

练习题

6-1　25℃时，将1.0mL水分成半径为0.0001cm的小水滴，问分散后的表面能有多大？已知25℃时，水的表面张力为72.0mN·m^{-1}。

6-2　50℃时，将10mL油分散于水中，形成半径为0.001cm的许多油珠，问当油珠合并变大至半径分别为0.01cm、0.1cm时，该分散体系表面能发生了多大变化？已知50℃时油水的表面张力为30.0mN·m^{-1}。

6-3　20℃时水面的压强为100kPa，间距水面下10m处半径为5×10^{-3}mm的气泡内的压

强是多少？已知20℃时水的表面张力为72.75mN·m^{-1}。

6-4 已知50℃时地层油与地层水的表面张力为30.0mN·m^{-1}，地层油和地层水的密度分别为0.920g·cm^{-3}和0.980g·cm^{-3}，水对砂岩表面润湿角为45°。若砂岩毛细管半径变动在0.001~0.01cm范围，试计算水在砂岩毛细管中上升高度的范围。

6-5 油水界面上有一个半径为0.001cm的毛细管，已知50℃时地层与地层水的表面张力为30.0mN·m^{-1}，水对毛细管表面的接触角为45°，油、水的密度分别为0.920g·cm^{-3}和0.980g·cm^{-3}。试计算毛细管与油水界面成90°、60°、45°、30°和0°时水在毛细管中移动的距离(由液面算起)。

6-6 求一个半径R_2为0.05cm的气泡通过半径r'为0.005cm的毛细孔，要克服多大的压强差才能通过？已知水的表面张力为67.94mN·m^{-1}，水对砂岩表面的接触角为30°。

第七章　溶胶

胶体与表面化学(colloid and surface chemistry)是研究胶体分散系统、一般粗分散系统及表面现象的化学分支。胶体系统的两个重要特点是，分散相粒子很小，其与分散介质间有大的相界面。纳米量级的分散相与分散介质构成胶体系统既不是大块均相物质，又不是分子分散系统，而是微观多相系统，有许多独特的物化性质，1915 年 Ostwald 将胶体系统称为被“忽视尺寸的世界”，确立了胶体化学的特殊地位。

随着对胶体系统研究的深入，使人们认识到胶体与表面化学是与生产和生活实际联系最为紧密、应用最为广泛的化学分支。有人认为，世界上有 50%以上的科学家在从事与胶体和界面有关的工作，有 50%以上的产品和天然物质属于胶体系统。并且，胶体与界面化学的研究对象和研究手段日益涉及多种基础科学和应用技术领域。各基础学科(如数学、物理学、材料科学等)的理论研究成果对胶体与界面化学的规律性探讨和理论模型的提出给出了坚实的数理基础，并推动了胶体与界面化学更加深入、广阔地发展，而新的科学仪器的应用使胶体与界面化学得以在分子、原子水平上进行研究，以探索各种胶体与界面现象的微观解释。这一切使得人们在 20 世纪中叶就已提出了“胶体科学”这一术语，以表示胶体与表面化学不仅是化学的分支，而且已发展成为一门含义更为深广的新学科。

第一节　分散系统及溶胶的制备

一、分散系统

一种物质以细分状态分散在另一种物质中构成的系统称为分散系统，也称分散体系(disperse system)。在分散系统中被分散的不连续相称为分散相(disperse phase)，分散系统中的连续相称为分散介质(disperse medium)。

根据被分散物质的分散程度(分散相粒子大小)可将分散系统分为粗分散系统、胶体分散系统和分子分散系统(表 7-1)。

表 7-1　按被分散物质分散程度大小对分散系统的分类

分散系统	分散相粒子大小	分散系统直观性质及实例
粗分散系统(coarse disperse system)	>1μm	粒子粗大，显微镜下可见，易沉降分离，悬浮液，乳状液
胶体分散系统(colloid disperse system)	0. 1μm(或 1μm)~1nm	粒子细小，显微镜下不可见，透明溶胶，微乳液
分子分散系统(molecular disperse system)	<1nm	均相，透明，稳定，真溶液

根据分散相和分散介质的聚集状态进行的分类如表 7-2 所列。

表 7-2　按聚集状态对分散系统的分类

分散相	分散介质	分散系统名称	实　例
气	液	气-液分散系统，泡沫	灭火泡沫
气	固	气-固分散系统，固体泡沫	泡沫塑料，气凝胶
液	气	液-气分散系统，气溶胶	雾，湿气
液	液	液-液分散系统，乳状液	牛奶，乳化原油
液	固	液-固分散系统，凝胶	豆腐，珍珠
固	气	固-气分散系统，气溶胶	烟，尘
固	液	固-液分散系统，溶胶，悬浮体	金溶胶，油漆，牙膏
固	固	固-固分散系统	合金，有色玻璃

在以气体为分散介质时，分散相为小液滴时的称为雾；分散相为固体粒子的称为烟或尘。烟比尘的固体粒子小。雾、尘和烟均可称为气溶胶(aerosol)。

在以液体为分散介质时，分散相为气体的称为泡沫(foam)；分散相为不相混溶的液体的称为乳状(浊)液(emulsion)；分散相为固体小粒子的称为溶胶；分散相为较大固体粒子(如>200nm 或更大)称为悬浮液(体)(suspension)。

在以固体为分散介质时，分散相为气体的称为固体泡沫(solid foam)，气凝胶(aerogel)；分散相为液体的称为凝胶(gel)，固体乳状液(solid emulsion)；分散相为固体的称为固体溶胶(solid sol)。孔性固体与固体泡沫之区别在于前者有双连续相结构，后者的分散相是气体。

二、溶胶的制备

既然胶体颗粒的大小在 1~100nm，故原则上可由分子或离子凝聚而成胶体，当然也可由大块物质分散成胶体，方法虽不一样，但最终均可形成胶体系统(图 7-1)。用第一种方法制备胶体称凝聚法，用第二种方法制备胶体称分散法。

1. 胶体制备的一般条件

(1) 分散相在介质中的溶解度必须极小

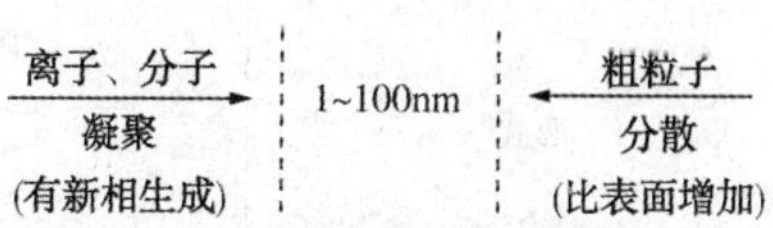

硫在乙醇中的溶解度较大，能形成真溶液。但硫在水中的溶解度极小，故以硫黄的乙醇溶液逐滴加入

离子、分子 → 凝聚 (有新相生成) | 1~100nm | ← 粗粒子 分散 (比表面增加)

图 7-1　胶体形成示意图

水中，便可获得硫黄水溶胶；又如三氧化铁在水中溶解为真溶液，但水解成氢氧化铁后则不溶于水，故在适当条件下使三氯化铁水解可以制得氢氧化铁水溶胶。因此，分散相在介质中有极小的溶解度，是形成溶胶的必要条件之一。当然，在这一前提下，还要具备反应物浓度很稀、生成的难溶物晶粒很小而又无长大条件时才能得到胶体。如果反应物浓度很大，细小的难溶颗粒突然生成很多，则可能生成凝胶。

（2）必须有稳定剂存在

用分散法制备胶体时，由于分散过程中颗粒的总表面积增大，故体系的表面能增大，这意味着此体系是热力学不稳定的。欲制得稳定的溶胶，必须加入第三种物质，即稳定剂(stabilizing agent)。例如制造白色油漆，是将白色颜料(TiO_2)等在油料(分散介质)中研磨，同时加入金属皂类作稳定剂来完成的。用凝聚法制备胶体，同样需要有稳定剂存在，只是在这种情况下稳应剂不一定是外加的，往往是反应物本身或生成的某种产物。这是因为在实际制备时，总会使某种反应物过量，它们可能起到稳定剂的作用。

2. 胶体的制备方法

（1）分散法

分散法有机械分散、电分散、超声波分散和胶溶等各种方法，工业上常用的粉碎设备有气流磨、各种类型高速机械冲击式粉碎机、各种类型搅拌磨、振动磨、转筒式球磨、胶体磨、行星球磨、离心磨、高压辊磨等。产品细度一般在1~74μm范围内，好的胶体磨制备出的分散相粒子可小于1μm。粉碎方式可干、可湿、可连续也可间歇。在粉碎过程中，随着粉碎时间的延长，颗粒比表面积增大，颗粒团聚的趋势增强，这时，除了在物料中添加助磨剂(或称分散剂)外，最重要的是要及时地分出合格粒级产品，避免合格粒级物料在磨机中“过磨”，同时也提高了粉碎效率。为此，必须在粉碎工艺中设置高效率的精细分级设备，如表7-3所示。

表7-3　一些常见的干式和湿式分级机

类　型	设备名称	分级粒径 d_{97}①/μm
干式	涡轮式ATP型分级机	4~180
	MSS超微细分级机	2~20
	WX型微细分级机	5~150
	EPC型超微细分级机	2~20
	WFJ型超微细分级机	5~150
	FYZ型空气分级机	1~150
	TC系列空气分级机	0.5~150
	FUJI微粉分级机	2~3
湿式	卧式螺旋离心分级机	<5
	水力旋分机	$d_{98}=5$，$d_{90}=2$
	Mozley分级机	2~30

① d的右下角标数字表示在表中所列分级粒径范围内的粒子占总粒子数的比例(%)。

电分散法主要用于制备金属(如 Au、Ag、Hg 等)水溶胶。以金属为电极，通以直流电(电流 5~10A、电压 40~60V)，使产生电弧(图 7-2)，在电弧的作用下，电极表面的金属气化，遇水冷却而成胶粒。水中加入少量碱可形成稳定的溶胶。

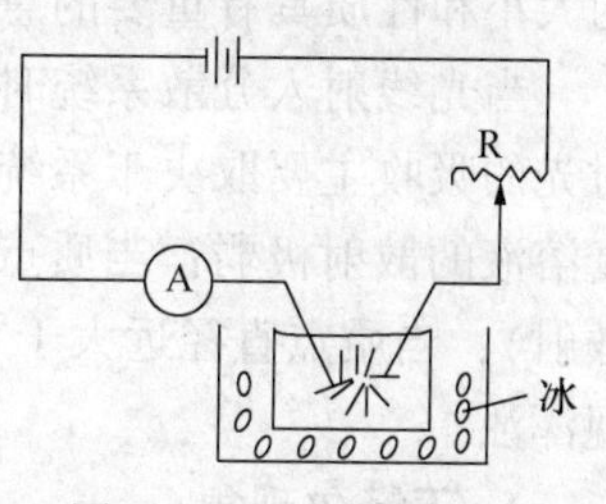

图 7-2　电分散法图示

超声波分散主要用来制备乳状液。

胶溶法是在某些新生成的松散聚集沉淀物中，加入适量的电解质或置于某一温度下，使沉淀重新分散成溶胶。例如，现在国内用的一种正电荷溶胶——MMH(mixed metal hydroxide)或MMLHC(mixed metal layered hydroxide compound)溶胶，用量之多堪为国内溶胶之冠，年需量在 2000t 以上。它就是在一定比例的 $AlCl_3$ 和 $MgCl_2$ 混合溶液中，加入稀氨水，形成混合金属氢氧化合物沉淀(半透明凝胶状)，经多次洗涤(目的在于控制其中的氯离子浓度)后，置该沉淀于 80℃下恒温，凝胶逐渐形成带正电荷的溶胶。MMH 溶胶的用途很广，如钻井液添加剂、聚沉剂、防沉剂等。并且能够制成 MMH 干粉，运输与使用都很方便。又如新生成的 $Fe(OH)_3$ 沉淀中，加入适量的 $FeCl_3$ 可制成 $Fe(OH)_3$ 溶胶。一般来说，沉淀老化后就不容易发生胶溶作用。

(2) 凝聚法

用物理方法或化学方法使分子或离子聚集成胶体粒子的方法叫作凝聚法。将硫黄-乙醇溶液逐滴加入水中制得硫黄水溶胶，是物理凝聚法制备胶体的一个例子。下面列出了主要的化学凝聚法原理。

① 还原法　主要用来制备各种金属溶胶。例如：

$$Au^{3+} + \text{单宁(还原剂)} \xrightarrow[\text{加热}]{\text{少量 } K_2CO_3} \text{Au 溶胶}$$

② 氧化法　如用硝酸等氧化剂氧化硫化氢水溶液，可制得硫溶胶，例如：

$$2H_2S + O_2 \longrightarrow 2S(\text{硫溶胶}) + 2H_2O$$

③ 水解法　多用来制备金属氧化物溶胶。例如：

$$FeCl_3 + 3H_2O \xrightarrow{\text{煮沸}} Fe(OH)_3(\text{溶胶}) + 3HCl$$

④ 复分解法　常用来制备盐类的溶胶。例如：

$$AgNO_3 + KI \longrightarrow AgI(\text{溶胶}) + KNO_3$$

第二节　溶胶系统的基本性质

溶胶系统的性质不同于真溶液。本节主要介绍胶体系统具有的独特的光学性质、动力学性质和电学性质。

一、溶胶的光学性质

溶胶的光学性质是其高度分散性和不均匀性的反映。通过光学性质的研究，不仅可以帮助我们理解溶胶的一些光学现象，而且还能使我们直接观察到胶粒的运动，对确定胶粒的大小和性质具有重要的意义。

当光线射入分散系统时，只有一部分光线能自由通过，另一部分被吸收、散射或反射。对光的吸收主要取决于系统的化学组成，而散射和反射的强弱则与质点大小有关。低分子真溶液的散射极弱；当质点大小在胶体范围内时，则发生明显的散射现象(即通常所说的光散射)；当质点直径远大于入射光波长(如悬浮液中的粒子)时，则主要发生反射，系统呈现浑浊。

1. 丁铎尔现象

1869 年，丁铎尔(Tyndall)发现，若将一束光线通过溶胶，则从侧面(即与光束垂直的方向)可以后到一个光锥，这种现象称为丁铎尔现象(或称丁铎尔效应)，如图 7-3 所示。其他分散系统虽也会产生这种现象，但远不如溶胶显著。因此，丁铎尔现象实际上是判别溶胶与真溶液的最简便的方法。

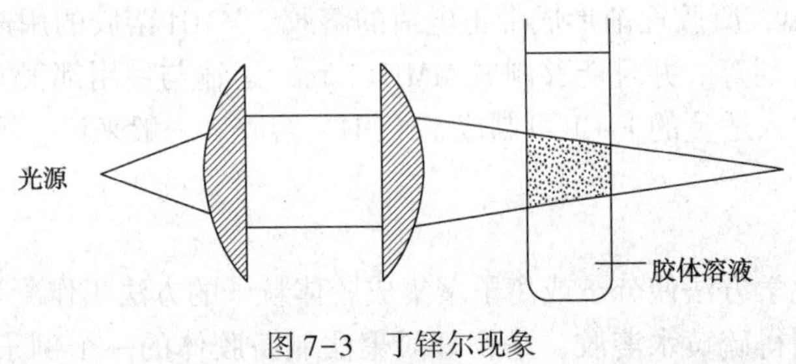

图 7-3　丁铎尔现象

丁铎尔现象是一种散射现象。下面从光的散射原理分析为什么溶胶具有较强的丁铎尔现象。当光线射入分散系统时可能发生两种情况：①若分散相的粒子直径大于入射光的波长，则主要发生光的反射或折射现象，粗分散系统属于这种情况；②若分散相粒子直径小于入射光的波长，则会发生光的散射。因散射是光波绕过粒子而向各个方向射出，所以能从侧面看到乳光。可见光的波长在 400~700nm，而胶粒的直径在 1~100nm，小于可见光的波长，因此发生散射作用而出现丁铎尔现象。

2. 瑞利散射定律

19 世纪 70 年代，瑞利(Rayleigh)研究了散射作用后得出，散射光的强度可用瑞利公式表示为

$$I=\frac{9\pi^2}{2\lambda^4}\cdot\frac{\rho V^2}{l^2}\left(\frac{n^2-n_0^2}{n^2+2n_0^2}\right)^2(1+\cos^2\theta)I_0 \tag{7-1}$$

式中　I_0、λ——入射光的强度及波长；

V——每个分散质粒子的体积；

ρ——粒子的密度；

n、n_0——分散质及分散介质的折射率；

θ——散射角，即观察的方向与入射光方向间的夹角；

l——观察者与散射中心的距离。

由式(7-1)可得到如下结论：

① 散射光的强度与入射光的波长的 4 次方成反比。因此入射光的波长越短，散射越强。

若入射光为白光，则其中的蓝色与紫色部分的散射作用最强。

② 分散介质与分散相之间的折射率相差越大，则散射作用越强。如蛋白质溶液的粒子大小虽与硫溶胶相近，但因后者折射率较大，散射作用更为显著。

③ 散射光强度与每个粒子体积的平方成正比，一般真溶液分子体积非常小，所以仅能产生微弱的散射光。

④ 当其他条件均相同时，由式(7-1)可以得到

$$I=Kcr^3 \tag{7-2}$$

式中 r、c——胶粒的半径和浓度。

利用该式可以通过比较两份相同物质所形成的溶胶的散射光强度来测定溶胶的浓度与胶粒半径及胶团量。

【例 7-1】为什么晴朗的天空呈蓝色？为什么雾天行驶的车辆必须用黄色灯？

答：从瑞利散射公式可知，散射光的强度与入射光的波长的 4 次方成反比，即波长越短的光散射越多。在可见光中，蓝色光的波长比红色光和黄色光的短，因此，大气层这个气溶胶对蓝色光产生强烈的散射作用。而波长较长的黄色光则因散射少而透过得多。这就是万里晴空呈现蔚蓝色和雾天行驶的汽车使用黄色雾灯的原因。

二、溶胶的动力学性质

1. 布朗运动

布朗运动是植物学家布朗(Brown)在 1827 年用显微镜观察悬浮在水中的花粉时发现的(图 7-4)。但理论上的解释直到 19 世纪末应用分子运动学说以后才完成。1903 年，齐格蒙第(Zsigmondy)发明了超显微镜，用超显微镜可以观察到胶粒不断地作不规律“之”字形的连续运动，即布朗运动。齐格蒙第观察了一系列溶胶，得出结论：①胶粒越小，布朗运动越剧烈；②布朗运动的剧烈程度随温度的升高而增加。

1905 年和 1906 年爱因斯坦(Einstein)和斯莫鲁霍夫斯基(Smoluchowski)分别推导了布朗运动扩散方程。其基本假定是认为布朗运动与分子运动完全类似，即溶胶中每个胶粒的平均动能和液体介质分子的一样，都等于 3/2kT，利用分子运动论的一些基本概念和公式，并假设胶粒是球形的，从而推导出布朗运动扩散方程，即

$$\bar{x}=\sqrt{\frac{RT\cdot t}{L\cdot 3\pi\eta r}} \tag{7-3}$$

式中 $\bar{x}$——在观察时间 t 内胶粒沿 x 轴方向的平均位移；

r——胶粒半径；

η——介质黏度；

L——阿伏伽德罗常数。

这个公式也称为爱因斯坦公式，对研究胶体分散系统的动力学性质、确定胶粒的大小与扩散系数等都具有重要意义。许多实验都证实了爱因斯坦公式的正确性，而随后有人应用此式测得 $L=6.08\times10^{23}\text{mol}^{-1}$，与阿伏伽德罗常数的测定值非常接近，这为分子运动论提供了有力的实验依据，此后分子运动论也就成为普遍接受的理论。

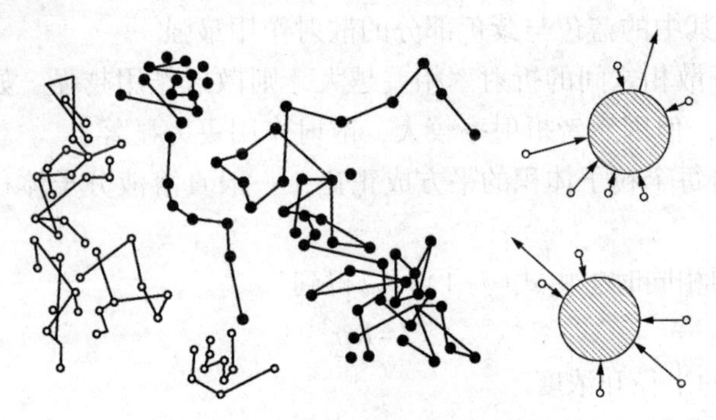

图 7-4 布朗运动

2. 扩散作用

布朗运动会引起溶胶的扩散现象，即与稀溶液一样，在有浓度差的情况下，胶粒会由高浓度区向低浓度区扩散。但由于胶粒远比分子大，其扩散也慢得多，所以不能制成高浓度的溶胶，其扩散与渗透压也表现得不那么显著。

溶胶的扩散量遵守斐克第一定律和第二定律，爱因斯坦曾导出的关于扩散作用的公式为

$$D=\frac{\bar{x}^2}{2t}=\frac{RT}{L}\cdot\frac{1}{6\pi\eta\gamma}\text{或}D=\frac{kT}{f} \tag{7-4}$$

式中 D——扩散系数，可以从布朗运动实验值求得；

γ——胶粒半径；

f——摩擦系数。

若已知胶粒密度，可求得胶粒的摩尔质量为

$$M=\frac{4}{3}\pi r^3\rho L \tag{7-5}$$

3. 沉降与沉降平衡

若分散相的密度大于分散介质的密度，则分散相粒子受重力作用而下沉，这一过程称为沉降。沉降的结果是底部胶粒浓度大于上部，即造成上、下浓度差，而扩散将促使浓度趋于均匀。可见，沉降作用与扩散作用效果相反。当这两种效果相反的作用相等时，胶粒随高度的分布形成一稳定的浓度梯度，达到平衡态，即容器底部胶粒浓度大，随着高度的增加，胶粒浓度逐渐减小，且不同高度处胶粒浓度恒定，不随时间变化。这种状态称为沉降平衡。

胶粒越大、分散相与分散介质的密度差别越大，温度越低，达到沉降平衡时胶粒团浓度梯度也越大。例如，胶粒直径为 8.35nm 的金溶胶，高度每增加 0.025m，胶粒浓度减小一半。而胶粒直径为 1.86nm 的高分散的金溶胶，高度每增加 2.15m，胶粒浓度才减小一半。

对于高分散度的溶胶，由于胶粒的沉降与扩散速率都很慢，要达到沉降平衡往往需要很长时间。在通常条件下，温度波动而引起的对流和由于机械振动而引起的混合等，都妨碍了沉降平衡的建立。因此，很难看到高分散度的胶粒的沉降平衡。

布朗运动能使胶粒扩散而不至于沉降于底部，但布朗运动又容易使胶粒相互碰撞聚结

而变大。胶粒的变大必然导致胶体的不稳定性增强，故布朗运动对胶体的稳定性起着双重的作用。

胶粒在重力场中随高度分布的关系可以从玻耳兹曼能量分布定律简单地导出。设胶粒的半径为 r，在高度 h_1 和 h_2 处的胶粒浓度分别为 n_1 和 n_2(个数/体积)。则根据玻耳兹曼公式，可得

$$\frac{n_2}{n_1}=\exp\left(-\frac{\varepsilon_2-\varepsilon_1}{k_B T}\right) \tag{7-6}$$

式中 ε_1、ε_2——胶粒在 h_1 和 h_2 处的能量，显然它们与重力有关。

胶粒在分散介质中的沉降力应等于其本身所受的重力与所受浮力之差，即

$$F=\frac{4}{3}\pi r^3(\rho-\rho_0)g \tag{7-7}$$

式中 g——重力加速度；

ρ、ρ_0——胶粒与介质的密度。

胶粒在 h 处的势能 $\zeta_i=Fh$，故有

$$\frac{n_2}{n_1}=\exp\left[-\frac{4}{3}\pi r^3(\rho-\rho_0)g(h_2-h_1)/(k_B T)\right] \tag{7-8}$$

此公式即为胶粒的高度分布公式。由此式可知，胶粒的质量越大，则其平衡浓度随高度的降低程度越大。表 7-4 列出了一些分散系统中胶粒半浓度高(胶粒浓度降低 1/2 时所需高度)的数据。可以看出，胶粒半径越大，半浓度高越小。但藤黄溶胶的半浓度高反而比半径小的粗分散金溶胶的大许多，这是由其相对密度比金溶胶小得多而引起的。

表 7-4 不同分散系的半浓度高

分散系统	胶粒直径 d/nm	胶粒半浓度高 $h_{1/2}$/m
氧气	0.27	5000
高度分散的金溶液	1.86	2.15
金溶液	8.36	2.5×10^{-2}
粗分散金溶液	1.86	2×10^{-7}
藤黄悬浮体	230	3×10^{-5}

应该指出，式(7-8)所表示的是已达平衡时的分布情况，对于胶粒不太小的系统，能够较快地达到平衡，一些溶胶甚至可以维持几年仍然不会沉降。

如果沉降现象是明显的，还可以通过测定沉降速率来进行沉降分析，估算胶粒的大小，即在重力场较大而忽略布朗运动的情况下，胶粒在沉降过程中，受到摩擦力的阻碍，当重力与摩擦力相等时，沉降为等速运动。根据斯托克斯定律，胶粒所受摩擦力与其运动速率成正比，即

$$F=6\pi\eta r\frac{dx}{dt}$$

可得

$$r=\sqrt{\frac{9}{2}\frac{\eta \mathrm{d}x/\mathrm{d}t}{(\rho-\rho_0)g}} \tag{7-9}$$

由式(7-9)可知，若已知密度和黏度，测定胶粒的沉降速率，便可计算出胶粒的半径；反之，若已知胶粒的大小，则可通过测定沉降速率而求出溶液的黏度。落球式黏度计就是根据这个原理设计而成的。

由于胶体分散系统的分散相的胶粒很小，在重力场中沉降速率极为缓慢以致实际上无法测定其沉降速率，此时可以利用超离心机(其离心力可达重力的百万倍)测定溶胶团的摩尔质量。计算公式为

$$M=\frac{2RT\ln(c_1/c_2)}{(1-\rho_0/\rho)\omega^2(x_2^2-x_1^2)} \tag{7-10}$$

式中　c_1、c_2——从旋转轴到溶胶平面距离为 x_1 和 x_2 处的胶粒浓度；

ω——超离心机旋转的角速度。

三、溶胶的电学性质

胶体是高度分散的多相热力学不稳定系统，有自发聚结变大最终下沉的趋势。但事实上不少胶体可以存放几年甚至几十年都不聚沉。研究表明，使胶体稳定存在的因素除了胶粒的布朗运动以外，最主要的是胶粒带电。

1. 电泳

在外电场作用下，分散相粒子在分散介质中定向移动的现象，称为电泳。中性粒子在电场中不可能发生定向移动，所以胶体的电泳现象说明胶粒是带电的。

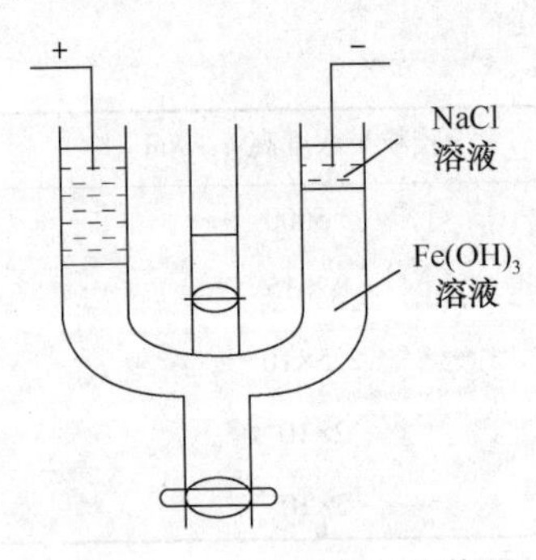

图 7-5　电泳现象实验装置

观察电泳现象的实验装置如图 7-5 所示。如要做 $Fe(OH)_3$溶胶的电泳实验，则在 U 形管中先放入棕红色的 $Fe(OH)_3$溶胶，然后在溶胶液面上小心地放入无色的 NaCl 溶液(其电导率与溶胶电导率相同)，使溶胶与 NaCl 溶液之间有明显的界面。在 U 形管的两端各放一根电极，通入直流电一定时间后，可见 $Fe(OH)_3$溶胶的棕红色界面在负极一侧上升，而在正极一侧下降，这说明 $Fe(OH)_3$胶粒是带正电的。由于整个胶体系统是电中性的，所以胶粒带正电，介质必定带负电。

胶粒的电泳速率与粒子所带电量及外加电势差成正比，而与介质黏度及胶粒大小成反比。胶粒比离子大得多，但实验表明胶粒的电泳速率与离子电迁移速率的数量级大体相当，由此可见胶粒所带电荷的数量是相当大的。

研究电泳现象有助于了解胶粒的结构及电学性质，电泳现象在生产和科研试验中也有许多应用。例如：根据不同蛋白质分子、核酸分子电泳速率的不同来对它们进行分离，已成为生物化学中一项重要的实验技术；陶瓷工业用的优质黏土是利用电泳进行精选而得到的；电镀橡胶就是利用橡胶微粒带负电的电泳而获得橡胶制品(如医用橡胶手套)的。电泳只是胶体的电学性质之一，此外还有电渗、沉降电势及流动电势等。这四种现象均说明分散相带电。

2. 胶粒带电的原因

（1）吸附

胶体分散系统有巨大的比表面积和表面能，所以胶粒有吸附其他物质以降低表面能的趋势。如果溶液中有少量电解质，胶粒就会有选择地吸附某种离子而带电。吸附正离子时，胶粒带正电，称为正溶胶；吸附负离子时，胶粒带负电，称为负溶胶。胶粒表面究竟吸附哪一类离子，取决于胶粒的表面结构及被吸附粒子的本性。在一般情况下，胶粒总是优先吸附构晶离子或与构晶离子生成难溶物的离子。例如用 $AgNO_3$ 和 KI 溶液制备 AgI 溶胶时，若 $AgNO_3$ 过量，则介质中有过量的 Ag^+ 和 NO_3^-，此时 AgI 粒子将吸附 Ag^+ 而带正电；若 KI 过量，则 AgI 粒子将吸附 I^- 而带负电。表面吸附是胶粒带电的主要原因。

（2）解离

胶粒表面上的分子与水接触时将发生解离，其中一种离子进入介质（水）中，结果是使胶粒带包。如硅溶胶的粒子是由许多 SiO_2 分子聚集而成的，其表面分子可发生水化作用。

$$SiO_2+H_2O = H_2SiO_3$$

若溶液显酸性，则

$$H_2SiO_3 \longrightarrow H_2SiO_2^+ + OH^-$$

生成的 OH^- 进入溶液，结果胶粒带正电。若溶液显碱性，则

$$H_2SiO_3 \longrightarrow HSiO_3^- + H^+$$

生成的 H^+ 进入溶液，结果胶粒带负电。由此例可知，介质条件（如 pH 值）改变时，胶粒的电性及带电程度都可能发生变化。

3. 胶粒的结构

胶粒由于吸附或解离作用成为带电粒子，而整个溶胶是电中性的，因此分散介质必然带有等量的相反电荷的离子。与电极-溶液界面处相似，胶体分散相粒子周围也会形成双电层，其反电荷离子层也是由紧密层与扩散居两部分构成。紧密层中反电荷离子被牢固地束缚在胶粒的周围。若处于电场之中，将随胶粒一起向某一电极移动；扩散层中反电荷离子虽受到胶粒静电引力的影响，但可脱离胶粒而移动，若处于电场中. 则会与胶粒反向，朝另一电极移动.

根据上述对胶粒带电及形成双电层的原因的分析，可以推断胶粒的结构。以 $AgNO_3$ 溶液与过量 KI 溶液反应制备 AgI 溶胶为例，其胶粒结构如图 7-6 所示。首先 m 个 AgI 分子形成 AgI 晶体微粒 $(AgI)_m$，称为胶核，胶核吸附 n 个 I^- 而带负电。带负电的胶核吸引溶液中的反电荷离子 K^+，使 $n-x$ 个 K^+ 进入紧密层，其余 x 个 K^+ 则分布在扩散层中。胶核、被吸附的离子以及在电场中能被带着一起移动的紧密层共同组成胶粒，而胶粒与扩散层一起组成胶团。整个胶团是电中性的。胶粒是溶胶中的独立移动单位，通常所说的胶体带正电或带负电，是对胶粒而言的。

在一般情况下，由于紧密层中反电荷离子的电荷总数小于胶核表面被吸附离子的电荷总数，所以胶粒的电性取决于被吸附离子，而带电程度则取决于被吸附离子与紧密层中反电荷离子的电荷之差。胶团的结构也可以用结构式的形式表示。AgI 溶体的胶团结构式如图 7-7所示。

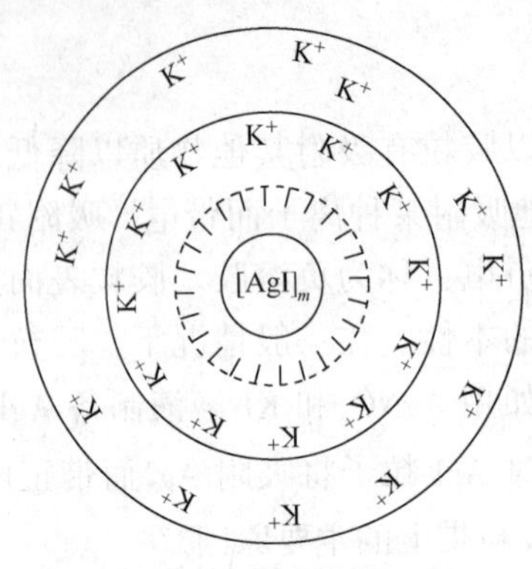

图 7-6　胶粒结构图

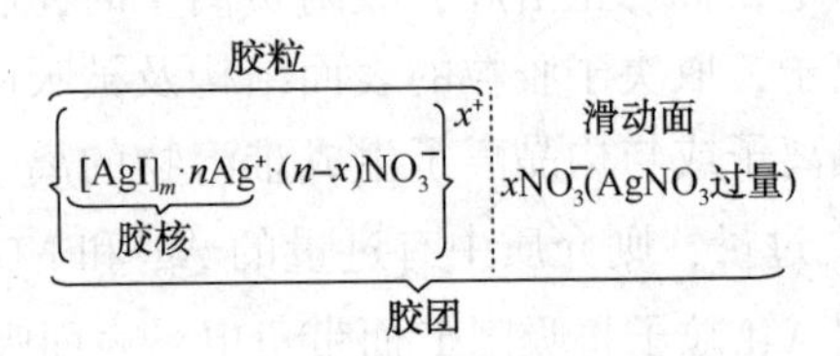

图 7-7　AgI 溶胶的胶团结构式

图 7-7 中，m 为胶核中 AgI 的分子数，m 的值一般很大(约在 10^3)；n 为胶核所吸附的离子数，n 的数值比 m 小得多；$n-x$ 是包含在紧密层中的反电荷离子的数目；x 为扩散层中反电荷离子的数目。对于同一胶体中的不同胶团，其 m、n 和 x 的数值是不同的。也就是说，胶团没有固定的直径、质量和形状。由于离子溶剂化，因此胶粒和胶团也是溶剂化的。

4. 热力学电势和电动电势

胶核表面与溶液本体之间的电势差称为热力学电势，用符号 φ_0 表示。与电化学中电极-溶液界面电势差相似，热力学电势 φ_0 只与被吸附的或解离的离子在溶液中的活度有关，而与其他离子的存在与否及浓度大小无关。

如图 7-8 所示，紧密层外界面(也称为滑动面)与溶液本体之间的电势差，称为电动电势，用符号 ζ 表示，常称电动电势为 ζ 电势。由于紧密层中的反电荷离子部分抵消了胶核表面所带的电荷。故 ζ 电势的绝对值一般小于热力学电势的绝对值。胶粒带正电，则 ζ 电势为正值；胶粒带负电，则 ζ 电势为负值。胶粒带电荷越多即胶团结构式中 x 值越大，ζ 电势越大，电泳速率越大。ζ 电势与电泳(电渗)速率的定量关系为

$$\zeta = \frac{\eta\mu}{\varepsilon_0\varepsilon_r E} \tag{7-11}$$

式中　ε_0——真空的介电常数，$\varepsilon_0 = 8.854\times10^{-12}\,F\cdot m^{-1}$；

ε_r——分散介质的相对介电常数；

η——分散介质的黏度，Pa · s；

μ——电泳(或电渗)的速度，$m\cdot s^{-1}$；

E——单位距离的电势差(即电势梯度)，$V\cdot m^{-1}$；

ζ——电功电势，V，常用单位还有 mV。

一般胶粒的 ζ 电势为几十毫伏。介质中外加电解质的种类及浓度能明显影响 ζ 电势。当外加电解质浓度变大时，会使进入紧密层中的反电荷离子增加，从而使扩散层变薄，ζ 电势下降。如图 7-9 所示，当电解质浓度增加到一定值时，扩散层厚度变为零，ζ 电势也变为零。这就是胶体电泳速率随电解质浓度增大而减小，直至变为零的原因。当 $\zeta=0$ 时，为该胶体的等电点，胶粒不带电，此时胶体最不稳定，易发生聚沉。

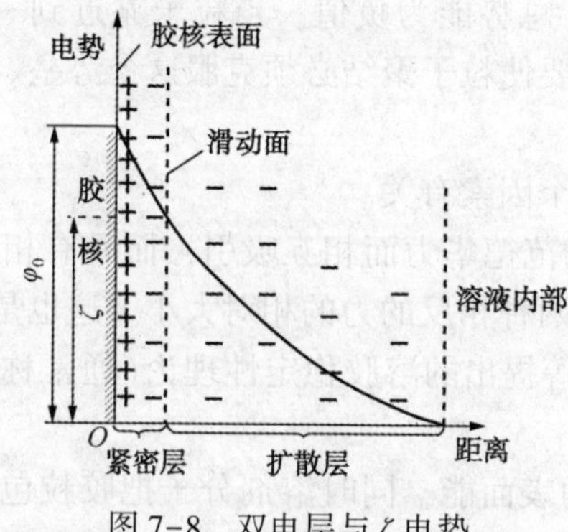

图 7-8 双电层与 ζ 电势

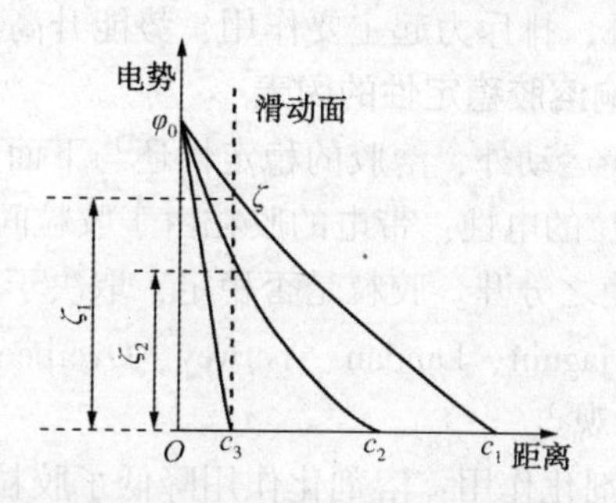

图 7-9 电解质浓度对 ζ 电势的影响

【例 7-2】在 298.15K 时测得 $Fe(OH)_3$ 溶液的电泳速率 μ 为 $1.65\times10^{-5}m\cdot s^{-1}$，两极间的距离 l 为 0.2m，所加电压 U 为 110V，水的相对介电常数 ε_r 为 81，黏度 η 为 1.1×10^{-3} Pa·s，求 ζ 电势的值。

解：电势差

$$E=\frac{U}{l}=\frac{110}{0.2}V\cdot m^{-1}=550V\cdot m^{-1}$$

将有关数据代入 ζ 与 μ 的关系式，得

$$\zeta=\frac{\eta\mu}{\varepsilon_0\varepsilon_r E}=\frac{0.0011\times1.65\times10^{-3}}{8.854\times10^{-12}\times81\times550}V=0.046V$$

第三节 溶胶的稳定性与聚沉

胶体是高度分散的多相热力学不稳定系统。虽然由于胶粒带电和布朗运动，胶体能稳定存在相当长的时间，但这种稳定性终究只是暂时的、相对的和有条件的，最终胶粒还是要聚结成大颗粒。当颗粒聚结到一定程度，就要沉淀析出，这一过程称为聚沉。聚沉是胶体不稳定的主要表现。影响聚沉的因素很多，如胶体的浓度和温度、电解质、高分子化合物等，其中胶体的浓度增大和温度升高，将使胶粒间的碰撞更加频繁，导致聚沉加剧，因而降低了胶体的稳定性。本节只简要介绍电解质和高分子化合物对聚沉的影响。

一、溶胶的稳定性

1. 溶胶的稳定性

① 动力学稳定性是指由于溶胶粒子小，布朗运动激烈，在重力场中不易沉降，使溶胶具有动力稳定性。

② 抗聚结稳定性是指溶胶粒子间不能相互聚集的特性。胶体粒子小，比表面大，故表面能大，在布朗运动作用下，有自发地相互聚集的倾向。但由于粒子表面同性电荷的排斥力作用或水化膜的阻碍，使这种自发聚集不能发生。胶粒之间有相互吸引的能量和相互排

斥的能量。当粒子相距较大时，主要为吸力，总势能为负值；当粒子靠近到一定距离时，双电层重叠，排斥力起主要作用，势能升高。要使粒子聚结必须克服这个势垒。

2. 影响溶胶稳定性的因素

除布朗运动外，溶胶的稳定性还与下面几个因素有关。

① 胶粒的电性：带电的胶粒由于胶粒间的范德华力而相互吸引，而具有相同电荷产生的斥力又使之分开。胶粒是否稳定，取决于这两种相反的力的相对大小。这也是20世纪40年代由Derjaguin、Landan、Verwey、Overbeek等提出的溶胶稳定性理论(通常称为DLVO理论)的主要观点。

② 溶剂化作用：溶剂化作用降低了胶粒的表面能，同时溶剂分子把胶粒包围起来，形成一个具有弹性的水合外壳。当胶粒相互靠近时，水合外壳因受到挤压而变形，但每个变形胶团都力图恢复其原来的形状而又被弹开。可见，水合外壳(溶剂化层)的存在起着阻碍聚结的作用。

③ 电解质作用：外加电解质影响胶粒的带电情况，使电动电势下降，促使胶粒聚结。

另外，浓度增加，粒子碰撞机会增多；温度升高，粒子碰撞机会增多，碰撞强度增大，带不同电荷的胶粒互相吸引而影响溶胶稳定性等。

综上所述，分散相粒子的带电(胶粒的电性)、溶剂化作用、布朗运动是影响溶胶稳定性的三个重要因素。可见，凡是能使上述因素遭到破坏的作用，皆可以使溶胶聚沉。

二、溶胶的聚沉

1. 电解质的聚沉作用

电解质对溶胶稳定性的影响具有两重性。当电解质浓度很小时，胶核点面对离子的吸附还远远没有饱和，电解质的加入将使胶核表面吸附更多离子，胶粒带电程度增加，ζ电势增大，从而使胶粒之间的静电斥力增加而不易聚结，此时，电解质对溶胶起稳定作用。当电解质浓度足够大时，再加入电解质，胶核表面吸附基本不变，但进入紧密层的反电荷粒子大大增加，从而使ζ电势降低，扩散层变薄，胶粒之间的静电斥力减少。当ζ电势的绝对值降低到25~30mV时，胶粒的布朗运动足以克服胶粒之间所剩的较小静电斥力，而开始聚沉。当$\zeta=0$时，溶胶聚沉速率达到最大。

由以上分析可知，外加电解质需要达到一定浓度时才能使溶胶聚沉。使一定量的胶体在一定时间内完全聚沉所需电解质的最小浓度称为电解质的聚沉值。聚沉值越小，聚沉能力越强。外加电解质时溶胶聚沉的影响有以下几点经验规则。

① 电解质中起聚沉作用的主要是与胶粒带相反电荷的离子，称为反离子。反离子的价数越高，聚沉能力越强。这一规则称为舒尔策-哈迪(Schulze Hardy)价数规则。一般来说，一价反离子的聚沉值为25~150mmol·L^{-1}，二价反离子的为0.5~2mmol·L^{-1}，三价反离子的为0.01~0.1mmol·L^{-1}，三类离子的聚沉值的比例大致为1：$(1/2)^6$：$(1/3)^6$，即聚沉值与反离子价数的6次方成反比。应当指出，当离子在胶粒表面强烈吸附或发生表面化学反应时，舒尔策-哈迪价数规则不能应用。例如对As_2S_3溶胶来说，一价吗啡离子的聚沉能力比二价Mg^{2+}和Ca^{2+}还要强得多。

② 同价离子的聚沉能力略有不同。例如同为一价阳离子硝酸盐，其对负电性溶胶的聚

沉能力不同，可按聚沉能力由强到弱排列为

$$H^+>Cs^+>Rb^+>NH_4^+>K^+>Na^+>Li^+$$

而同为一价阴离子的钾盐对带正电溶胶的聚沉能力也不同。可按聚沉能力由强到弱排列为 $F^->Cl^->Br^->NO_3^->I^->SCN^->OH^-$

这种将带有相同电荷的同价离子按聚沉能力大小排列的顺序，称为感胶离子序。

③ 与胶粒带有相同电荷的同离子对溶胶的聚沉也略有影响。当反离子相同时，同离子的价数越高，聚沉能力越弱(这可能与这些同离子的吸附有关)。

【例 7-3】将浓度为 0.04mol · L^{-1}的 KI 溶液与 0.1mol · L^{-1}的 $AgNO_3$溶液等体积混合后得到 AgI 溶胶，试分析下述电解质对所得 AgI 溶胶的聚沉能力的强弱。

解：由于的 $AgNO_3$ 过量，故形成的 AgI 的胶粒带正电，即为正溶胶，能引起包它聚沉的反离子为负离子。反离子价数越高，聚沉能力越强，所以 K_2SO_4 和 $Al_2(SO_4)_3$ 的聚沉能力均强于 $Ca(NO_3)_2$。由于和溶胶具有相同电荷的离子的价数越高，则电解质的聚沉能力越弱，以 K_2SO_4 的聚沉能力强于 $Al_2(SO_4)_3$。综上所述，聚沉能力由强到弱排列为 $K_2SO_4>Al_2(SO_4)_3>Ca(NO_3)_2$。

2. 正、负胶体的相互聚沉

胶体的相互聚沉是指带相反电荷的正溶胶与负溶胶混合后，彼此中和对方的电荷，而同时聚沉的现象。它与电解质聚沉的不同点在于它要求的浓度条件比较严格。只有当一种溶胶的总电荷恰好中和另一种溶胶的总电荷时，才能发生完全聚沉，否则只能发生部分聚沉，甚至不聚沉。

日常生活中用明矾净化饮用水就是正、负溶胶相互聚沉的实际例子。因为天然水中含有许多负电性的污物胶粒，加入明矾 $KAl(SO_4)_2 \cdot 12H_2O$ 后，明矾在水中水解生成 $Al(OH)_3$正溶胶，两者相互聚沉而使水得到净化。

3. 高分子化合物的聚沉作用

高分子化合物对溶胶稳定性的影响具有两重性。一般高分子化合物(如明胶、蛋白质、淀粉等)都具有亲水性，因此若在溶胶中加入足够量的某些高分子化合物，由于高分子化合物吸附在胶粒表面上，完全覆盖了胶粒表面，增强了胶粒对介质的亲和力，同时又防止了胶粒之间以及胶粒与电解质之间的直接接触，使溶胶稳定性大大增加，甚至加入电解质后也不会聚沉，这种作用称为高分子化合物对溶胶的保护作用。

如果加入极少量的高分子化合物，可使溶胶迅速沉淀，沉淀呈疏松的棉絮状，这类沉淀称为絮凝物，这种作用称为高分子化合物的絮凝作用，能产生絮凝作用的高分子化合物称为絮凝剂。高分子化合物产生絮凝作用的原因是长链的高分子化合物可以吸附许多个胶粒，以搭桥方式把它们拉到一起，导致絮凝，如图 7-10 所示。另外，离子性高分子化合物还可以中和胶粒表面的电荷，使胶粒间斥力减小。

高分子化合物对溶胶的聚沉作用主要有以下机理：

① 搭桥效应：利用人分子化合物在分散质微粒表面上的吸附作用，将胶粒拉扯到一块儿使溶胶聚沉，如常用聚丙烯酰胺处理污水就是搭桥效应的一个应用实例。

② 脱水效应：高聚物对水的亲和力往往比溶胶强，它将夺取胶粒水合外壳的水，胶粒由于失去水合外壳而聚沉，如羧酸、丹宁等物质常用作脱水剂。

③ 电中和效应：离子型的大分子化合物吸附在胶粒上而中和了胶粒的表面电荷，使胶粒间的斥力减少并使溶胶聚沉。

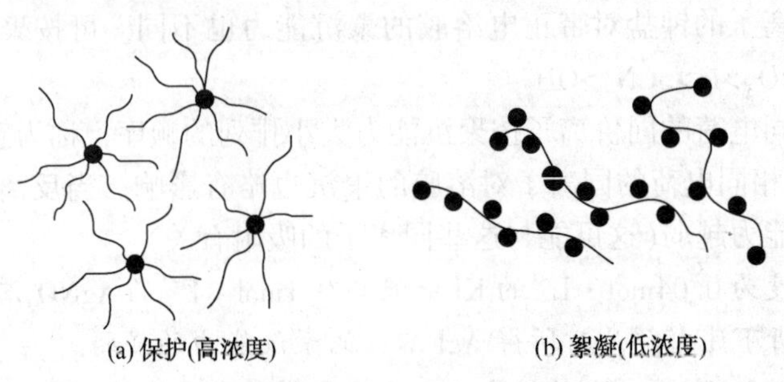

图 7-10　高分子化合物的保护和凝聚作用

与电解质的聚沉作用相比，高分子化合物的絮凝作用具有迅速、彻底、沉淀疏松块大、易过滤、絮凝剂用量小等特点。一般只需要加入质量比约为 10^{-6} 的絮凝剂即可有明显的絮凝作用，通常在数分钟内沉淀完全。此外，在合适条件下还可以有选择地絮凝。因此，絮凝作用比聚沉作用更有实用价值。絮凝剂广泛应用于各种工业部门的污水处理和净化、化工操作中的分离和沉淀、选矿以及土壤改良等。常用的絮凝剂是聚丙烯酰胺及其衍生物。

第四节　凝胶及其在油气田中的应用

一、凝胶的分类

一定浓度的高分子溶液或溶胶，在适当条件下，黏度逐渐增大，最后失去流动性，整个体系变成一种外观均匀并保持一定形态的弹性半固体，这种弹性半固体称为凝胶。一定浓度的溶胶或大分子化合物的真溶液在放置过程中自动形成凝胶的过程称为胶凝。凝胶有一定的几何外形，具有力学性质，有一定的强度、弹性和屈服值等。从内部结构看，它和通常的固体大不一样，属于胶体分散系，具有液体的某些性质，在新形成的水凝胶中，不仅分散相是连续相，分散介质也是连续相，这是凝胶的主要特征。

形成凝胶的原因是：凝胶形成立体网状结构，溶剂被包围在网眼中间，不能自由流动，因而形成半固体。由于构成网架的高分子化合物或线性胶粒仍具有一定的柔顺性，所以整个凝胶也具有一定的弹性。水凝胶(如血块、肉冻)脱水后即成干胶(如干硅胶、半透膜等)。凝胶在石油工业中有广泛应用。

根据凝胶分散质点的性质以及形成凝胶结构时质点联结的特点，凝胶可以分为弹性凝胶和非弹性凝胶两类。凝胶的特点是具有网状结构，充填在网眼里的溶剂不能自由流动，而相互交联成网架的高分子或溶胶粒子仍有一定柔顺性，使凝胶成为弹性半固体。各种凝胶在冻态时(溶剂含量多的叫作冻)弹性大致相同，但干燥后就显出很大差别。一类凝胶在干燥后体积缩小很多，但仍保持弹性，叫作弹性凝胶；另一类凝胶烘干后体积缩小不多，但失去弹性，并容易磨碎，叫作非弹性凝胶(或脆性凝胶)。肌肉、脑髓、软骨、指甲、毛发、组成植物细胞壁的纤维素以及其他高分子溶液所形成的凝胶都是弹性凝胶；而氢氧化铝、硅酸等溶胶所形成的凝胶则是脆性凝胶。

二、凝胶的形成

1. 凝胶形成的条件

从固体干胶或液体出发都可以制得凝胶。从固体干胶制得凝胶的制备方法比较简单，干胶吸收亲和性液体后体积膨胀就可形成凝胶，许多大分子物质都具有这个特点，例如明胶在水中因吸收水膨胀而形成凝胶。从液体制备凝胶应满足两个基本条件：降低溶解度，使被分散的物质从溶液中以“胶体分散状态”析出；析出的质点既不沉淀，也不能自由移动，应构成骨架，在整个溶液中形成连续的网状结构。凝胶形成过程中，与体系的浓度、温度及电解质等因素有关。

2. 凝胶形成的方法

① 改变温度。许多物质在热水中能溶解，冷却时溶解度降低，质点因碰撞相互连接而形成凝胶。

② 加入非溶剂。在果胶水溶液中加入酒精，可形成凝胶。试验中应注意溶剂的用量要适当，混合速度要快且使体系均匀。固体酒精就是用这种方法将高级脂肪酸钠盐与乙醇混合制得的。

③ 加入盐类。在亲水性较大和粒子形状不对称的溶胶中，加入适量的电解质可形成凝胶。电解质引起溶胶凝胶过程可以看作是溶胶整个聚沉过程中的一个特殊阶段。溶胶是牛顿型液体，在其中加入电解质后胶粒相连，部分形成结构，出现反常黏度(聚集体)。当盐类浓度增到一定值时，由于体系内部结构进一步发展，将整个分散介质包住，体系固化变成凝胶。

对于大分子溶胶，加入盐类的浓度必须很高才能引起胶凝作用，胶凝作用除与盐的浓度有关外，还与盐的性质、介质的 pH 值等因素有关。

④ 化学反应。利用化学反应生成不溶物，控制合适的条件可形成凝胶。要求在产生不溶物的同时生成大量小晶粒，晶粒的形状最好不对称，这样有利于搭成骨架。一些大分子溶液也是在反应过程中形成凝胶。例如在加热时，鸡蛋清蛋白质分子发生变性，从球形分子变成纤维状分子，这当然有利于形成凝胶，这就是鸡蛋清蛋白质加热凝固的原因；血液凝结是血纤维蛋白质在酶作用下发生的胶凝过程；凝胶渗透色谱中常用的有机聚苯乙烯胶也是通过苯乙烯与胶联剂二乙烯苯在适当条件下经聚合反应而制得的。

三、凝胶的性质

1. 触变作用

在浓溶胶中加入少量电解质时，溶胶的黏度增大并转变为凝胶，而将凝胶稍加振动，便转为溶胶，此溶胶静置又成凝胶，这种操作可重复多次，溶胶与凝胶的性质均没有明显变化，这种现象就是触变作用。触变作用实际上是“有结构体系”与“无结构体系”的相互转化。钻井用泥浆要求有一定的触变作用。

2. 膨润(溶胀)

当弹性凝胶和溶剂接触时，便自动吸收溶剂而膨胀，体积增大，这个过程叫作膨润或溶胀。有的弹性凝胶膨润到一定程度，体积增大就停止了，称为有限膨润，例如木材在水中的膨润就是有限膨润；有的弹性凝胶能无限地吸收溶剂，最后形成溶液，叫作无限膨润，例如牛皮胶在水中的膨润就是无限膨润。

3. 离浆(脱水收缩)

新制备的凝胶搁置较久后，一部分液体可自动地从凝胶分离出来，而凝胶本身的体积缩小，这种现象叫作离浆，又叫作脱水收缩。例如，硅酸冻放在密闭容器中，搁置一段时间，冻上就有水珠出现；血块搁置后也有血清分出。离浆本质上是膨润的相反过程，其发生的原因是由于高分子之间继续交联的作用将液体从网状结构中挤出。

4. 吸附

一般来说，非弹性凝胶的干胶都具有多孔性的毛细管结构，比表面能较大，有较强的吸附能力。弹性凝胶干燥时高分子链段收缩，形成紧密堆积，它们的比表面积较非弹性凝胶的干胶要小得多，一般比非弹性凝胶的干胶吸附能力差。

四、凝胶在油气田的应用

凝胶在油气田开发中的很多过程都有应用，钻井过程中利用凝胶封堵钻遇的高渗透层和裂缝等。石油开采中凝胶起着重要作用，高强度的凝胶在注水开发油气田时，用作堵水调剖剂；而低强度的凝胶兼有驱油和调整吸水剖面使用，可有效地提高石油采收率。

油气田上常用凝胶作堵水调剖剂，对其性能一般从七个方面进行评价：成胶时间、凝胶强度、稳定性、黏弹性、膨胀倍数(初膨、终膨)、抗剪切及韧性、抗压强度。

水溶性聚合物凝胶通过被地层吸附而使渗透率不均衡降低，从而使水相渗透率降低幅度大于油相和气相渗透率的降低幅度。具有代表性的凝胶类堵水剂包括：延缓交联型凝胶堵水剂、互穿聚合物网络型油气田堵水剂、预凝胶和二次交联凝胶。

(1) 延缓交联型凝胶堵水剂

所使用的堵水剂在配制初期，交联剂与聚合物不发生反应，注入地层后在地层条件下缓慢交联，成胶后强度高，主要封堵大孔道和高渗透层。目前人们常采用单液法和双液法，也就是地面交联和地下交联两种方法，以期达到延缓交联的目的，其中以单液法为主。延缓交联型凝胶堵水剂较为优秀的代表是 Cr^{3+}/HPAM 凝胶，是由部分水解聚丙烯酰胺(HPAM)和 Cr^{3+}交联剂发生交联反应形成具有三维网格结构的凝胶。

(2) 互穿聚合物网络型油气田堵水剂

互穿聚合物网络(Interpenetrating Polymer Network，IPN)是由两种或两种以上的聚合物网络相互穿透或缠结所构成的一类化学共混网络合金体系，其中一种网络在另一种网络的直接存在下现场聚合或交联形成，各网络之间为物理贯穿。

(3) 预凝胶

采用部分水解聚丙烯酰胺溶液与乙酸铬在地面条件下快速交联形成预凝胶来降低裂缝性油藏调剖作业的滤失量，降低滤失的机理是通过在裂缝壁面上形成凝胶滤饼来控制堵水剂的滤失。

(4) 二次交联凝胶

在地面条件下，将部分水解聚丙烯酰胺溶液、乙酸铬(第一交联剂)和甲醛、苯酚(第二交联剂)混合。由于室内研制的乙酸铬交联剂反应活性较高，在地面温度下部分水解聚丙烯酰胺与乙酸铬发生交联反应形成了预凝胶，而第二交联剂酚醛不会在地面温度下发生交联反应。预凝胶被挤入地层，然后在地层温度下(大于60℃)与酚醛发生第二次交联形成的高强度二次交联凝胶。与预凝胶相比，二次交联凝胶强度更高，适用于强力封堵大裂缝，而预凝胶适用于封堵中小裂缝。

思考题

【7-1】分别写出硅胶和 $Fe(OH)_3$ 溶胶的胶团结构简式，确定它们的电泳方向，并指出这两种溶胶胶粒带电的原因。

【7-2】在3个烧杯中各盛放等量的 $Al(OH)_3$ 溶胶，分别加入电解质 NaCl、Na_2SO_4 和 Na_3PO_4 使其聚沉，需加入电解质的量多少排序为 $NaCl>Na_2SO_4>Na_3PO_4$。试判断胶粒带电符号，并确定其电泳方向。

【7-3】将等体积的 $0.01mol \cdot L^{-1}$ KCl 和 $0.008mol \cdot L^{-1}$ $AgNO_3$ 溶液混合；将等体积的 $0.01mol \cdot L^{-1}$ $AgNO_3$ 和 $0.008mol \cdot L^{-1}$ KCl 溶液混合，可分别制得带不同符号电荷的 AgCl 溶胶。现将等量的电解质 $AlCl_3$、$MgSO_4$ 及 $K_3[Fe(CN)_6]$ 分别加到上述两种 AgCl 溶胶中。试分别写出3种电解质对这两种溶胶聚沉能力的大小顺序。

第八章 乳状液与泡沫

第一节 乳状液类型及乳状液稳定性影响因素

一、乳状液的基本概念

乳状液在工业生产和日常生活中有广泛的用途。油气田钻井用的油基泥浆是一种用有机黏土、水和原油构成的乳状液。为了节省药量和提高药效，常将许多农药制成浓乳状液或乳油，使用时掺水稀释成乳状液。护肤品中的面霜等都是浓乳状液。油脂在人体内的输送和消化也与形成乳状液有关。

乳状液(emulsion)是一种多相分散系统，它是一种液体以极小的液滴形式分散在另一种与其不相混溶的液体中所构成的，其中被分散成液滴的那一相叫作分散相或内相，液滴周围的另一种液体叫作分散介质或外相。显然分散相是不连续的，而分散介质是连续的。分散相粒子直径一般在0.1~50μm之间，有的属于粗分散体系，甚至用肉眼即可观察到其中的分散相粒子。

乳状液总有一相是水，叫作水相；另外一相是与水互不相溶的有机液体，叫作油相。

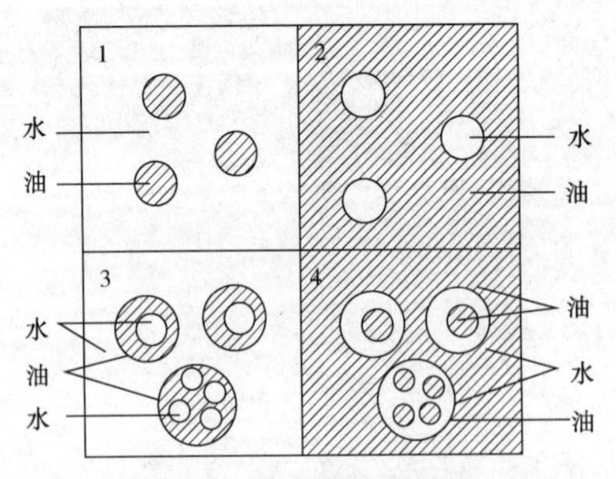

图 8-1 乳状液类型示意图

1—油/水型；2—水/油型；

3—水/油/水型；4—油/水/油型

水作外相、油作内相形成的乳状液叫作水包油型乳状液，以符号O/W表示；油作外相、水作内相形成的乳状液叫作油包水型乳状液，以符号W/O表示。牛奶属于O/W型乳状液，而原油则属于W/O型乳状液。乳状液可分为三大类，如图8-1所示。

① 油/水型(O/W)乳状液，即水包油型乳状液，分散相也叫内相(inner phase)为油；分散介质也叫外相(outer phase)为水。

② 水/油型(W/O)乳状液，即油包水型乳状液，内相为水，外相为油。

③多重乳状液(即W/O/W或O/W/O等)，

有其特殊用途，如液膜分离技术等。

只有水、油两相组成的乳状液显而易见是不稳定的，在强烈搅拌下只能形成短暂的稳定性，静止后油、水很快分层。但是若在油、水混合物中加入少量适当的活性剂，便可形成稳定的乳状液，这种有利于乳状液的形成和稳定的物质叫作乳化剂。

使油、水两相形成O/W型乳状液并使之稳定的乳化剂叫作O/W型乳化剂；使油、水两相形成W/O型乳状液并使之稳定的乳化剂Ⅱ叫作W/O型乳化剂。在制备乳状液时，必须使乳化剂与所制备的乳状液类型相一致，才能得到稳定的乳状液，否则不能形成稳定的乳状液。

凡由水相和油相混合生成乳状液的过程，称为乳化(emulsification)。但有时也需要破乳(demulsion)，即将乳状液破坏，使油、水分离。如牛奶脱脂制奶油、原油输送和加工前除去原油中乳化的水、在某些药物的提取过程中要设法防止因乳化所造成的分离效率降低等均需破乳。

当液体分散成许多小液滴后，体系内两液相间的界面积增大，界面自由能增高，体系成为热力学不稳定的，有自发地趋于自由能降低的倾向，即小液滴互碰后聚结成大液滴，直至变为两层液体。为得到稳定的乳状液，必须设法降低分散体系的界面自由能，不让液滴互碰后聚结。为此，主要的是要加入一些表面活性剂，通常也称为乳化剂。此外，某些固体粉末和天然物质也可使乳状液稳定，起到乳化剂的作用。

以上讨论表明，形成乳状液要具备3个条件：首先要有油、水两相，其次要有适当的乳化剂，第三要对油、水混合物进行适当的搅拌。地下油层本身就含有油、水和天然乳化剂3种物质，因此，在采出过程中经过油层孔隙、深井泵或气举阀的搅拌以及油嘴节流等作用，最后可形成稳定的W/O型乳状液。这给原油破乳脱水造成困难，因此应尽量防止乳状液的形成。

二、乳状液的制备

在工业生产和科学研究中，必须用一定的方式来制备乳状液，因为不同的混合方式或分散手段常直接影响乳状液的稳定性甚至类型。

1. 混合方式

(1) 机械搅拌

用较高速度($4000 \sim 8000 r \cdot min^{-1}$)螺旋桨搅拌器制备乳状液是实验室和工业生产中经常使用的一种方式。胶片生产中油溶性成色剂的分散采用的就是这种方式。此法的优点是设备简单、操作方便，缺点是分散度低、不均匀，且易混入空气。

(2) 胶体磨

将待分散的系统由进料斗加入到胶体磨中，在磨盘间切力的作用下使待分散物料分散为极细的液滴，乳状液由出料口放出。上下磨盘间的隙缝可以调节，国内的胶体磨可以制取10μm左右的液滴。

(3) 超声波乳化器

用超声波乳化器制备乳状液是实验室中常用的乳化方式，它是靠压电晶体或磁致伸缩方法产生的超声波破碎待分散的液体。大规模制备乳状液的方法则是用哨子形喷头，将待分散液体从一小孔中喷出，射在一极薄的刀刃上，刀刃发生共振，其振幅和频率由刀的大小、厚薄以及其他物理因素来控制。

（4）均化器

均化器(homogenizer)实际是机械加超声波的复合装置。将待分散的液体加压，使之从一可调节的狭缝中喷出，在喷出过程中超声波也在起作用。均化器设备简单，操作方便，其核心是一台泵，可加压到60MPa，一般在20~40MPa下操作。均化器的优点是分散度高，均匀，空气不易混入。国产均化器已在轻工、农药等行业中普遍使用。目前高剪切混合乳化机，集乳化、均化、粉碎于一体，可使液滴的细度高达0.5μm左右，所制备的乳状液在长达2年的时间内不分层。

2. 加料顺序

乳状液的类型、稳定性以及分散度的大小除了与制备方法有关外，还与加料顺序有关。若加料顺序适当，甚至不必剧烈搅拌便可形成稳定的乳状液。

（1）将乳化剂加入油中，使用时再将其倒入大量水中，稍加搅拌即可形成稳定的乳状液。这是制备O/W型乳状液最简便的方法，通常称之为自然乳化分散法。例如，日常生活中使用的杀虫剂DDV乳液就是采用此法制成的O/W型乳状液，使用时将其倒入水中便可。

（2）将乳化剂加入水中，然后在搅拌下加入被乳化的油即可得到O/W型乳状液，继续加油最终将得到W/O型乳状液；反之，若先将乳化剂加入油中，在搅拌下加水即可形成W/O型乳状液，继续加水最终将得到O/W型乳状液。上述方法常称之为转相乳化法。

（3）成皂乳化法。将脂肪酸溶于油中，将碱溶于水中，然后在搅拌下将两相混合，在两相界面上形成脂肪酸盐，使油、水两相形成稳定的乳状液。碱性水溶液驱油就是利用了这个原理。

3. 影响分散度的因素

（1）混合方式

不同的混合方式对液滴直径大小即分散度的影响是不同的，表8-1列出了3种混合方式对分散度的影响。从表8-1中数据可见均化器乳化效果最好，所要求的乳化剂的浓度也比较低，1%便可形成稳定的乳状液。

表8-1 混合方式与分散度的关系

混合方式	分散相液滴的直径/10^{-6}m		
	1%(质量分数)乳化剂	5%(质量分数)乳化剂	10%(质量分数)乳化剂
机械搅拌法、手摇法(胶体磨)	6~9	4~7	3~5
机械搅拌法(螺旋桨)	不乳化	3~8	2~5
均化器乳化法(均化器)	1~3	1~3	1~3

（2）分散时间

对于同一体系，使用一定的分散手段，分散度是有一定限制的，达到此限制后，延长分散时间是徒劳无益的。因此在制备乳状液时确定达到最大分散度所需时间是重要的，这可节省劳动力并提高效率。

（3）乳化剂的浓度

在一定的范围内，增加乳化剂的浓度可使分散度增大。但乳化剂浓度超过一定限度后分散度便不再改变了，如用油酸钠乳化甲苯和水的混合物，当油酸钠的浓度达到 $0.2mol \cdot L^{-1}$以后，液滴的直径即分散度就不再改变了，所以过高的乳化剂浓度不但浪费，而且也是无益的。

三、乳状液类型的鉴别和影响类型的因素

1. 乳状液类型的鉴别

（1）稀释法

将数滴乳状液滴入蒸馏水中，若在水中立即散开则为 O/W 型乳状液，否则为 W/O 型乳状液。

（2）染色法

往乳状液中加数滴水溶性染料（如亚甲蓝溶液），若被染成均匀的蓝色，则为 O/W 型乳状液，如内相被染成蓝色（这可在显微镜下观察），则为 W/O 型乳化状液。

（3）导电法

O/W 型乳状液的导电性好，W/O 型乳状液差。但使用离子型乳化剂时，即使是 W/O 型乳状液，或水相体积分数很大的 W/O 型乳状液，其导电性也颇为可观。

2. 决定和影响乳状液类型的因素

影响乳状液类型的理论大多是定性的或半定量的看法。这些理论主要有以下 4 种。

（1）相体积与乳状液类型

从立体几何知识可知，某一油-水体系，相体积分数在 0.26~0.74 之间，W/O 和 O/W 型乳状液均可形成，在 0.74 以上和 0.26 以下则只能得到一种类型的乳状液。此种说法有很多实验证据，例如，橄榄油在 0.001mol/L KOH 溶液中形成乳状液时此规则适用。但是也有人用非离子型乳化剂制备了只含 4%水的稳定的 O/W 型乳状液。

（2）几何因素（或定向楔）与乳状液类型

乳化剂在油-水界面吸附并成紧密排列时，若其亲水基和疏水基体积相差很大，大的一端亲和的液相将构成乳状液的外相，另一液相成内相。如 1 价金属皂为乳化剂时，则得 O/W 型乳状液；若为高价金属皂时，则得 W/O 型乳状液。几何因素说常称其为定向楔理论，这是因为乳化剂在油-水界面的定向排列如同定向楔。这一理论有助于理解于 1 价皂稳定的 O/W型乳状液中加入高价金属盐可使乳状液转变为 W/O 型的道理。当然，也有实例与此理论不符的，如银皂形成的是 W/O 型乳状液（图 8-2）。

（3）液滴聚结速度与乳状液类型

将油、水、乳化剂共存的体系进行搅拌时，乳化剂吸附于油-水界面，形成的油滴、水滴都有自发聚结减小表面能的趋势。在界面吸附层中的乳化剂，其亲水基有抑制油滴聚结的作用，其亲油基则阻碍水滴聚结。因此，与乳化剂亲水基或亲油基占优势一侧亲和的液相将构成乳状液的外相。如乳化剂亲油性占优势则形成 W/O 型乳状液。

（4）乳化剂的溶解度与乳状液类型

在形成乳状液的油和水两相中，乳化剂溶解度大的一相构成乳状液的外相，形成相应

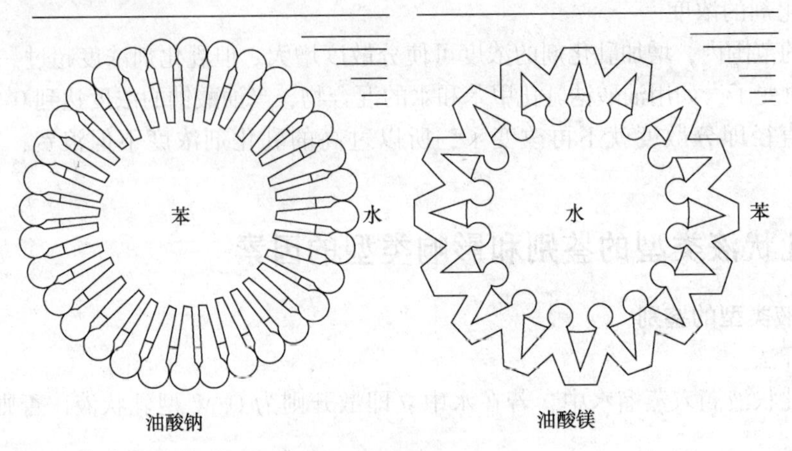

图 8-2　定向楔理论图例

类型的乳状液，此经验规则称为 Bancroft 规则。对此规则可做如下解释：在油-水界面定向吸附的乳化剂，疏水基与油相和亲水基与水相可看作各形成一界面，界面张力大的一侧力图减小界面面积，收缩成乳状液内相液滴，另一相则为外相。

四、乳状液稳定性的影响因素

1. 乳状液是热力学不稳定系统

乳状液是高度分散的系统，为使分散相分散，就要对它做功，所作功即以表面能形式储存在油-水界面上，使系统的总能量增加。例如将 $10cm^3$ 正辛烧在水中分散成半径为 0.1μm 的小液滴，其总表面积为 $300m^2$，正辛烷-水的界面张力为 50.8mN/m，故系统的表面能为 15.24J。显然，表面自由能增加的过程不是自发的，而其逆过程(即液滴自动合并以减小表面积的过程)是自发的，故从热力学观点看，乳状液是不稳定的系统。

在分散度不变的前提下，为使乳状液的不稳定程度有所减少，必须降低油-水界面张力，加入表面活性剂可以达到此目的。例如，煤油-水的界面张力为 40mN/m，加入适当表面活性剂后界面张力可降至 1mN/m 以下，也就是说，该系统易于将油分散，油滴重新聚结困难，系统相对地也就稳定了。

2. 油-水间界面膜的形成

在油-水系统中加入表面活性剂后，它们在降低界面张力的同时必然在界面上吸附并形成界面膜，此膜有一定的强度，对分散相液滴起保护作用，使其在相互碰撞后不易合并。

当表面活性剂浓度较低时，界面上吸附的分子较少，界面张力降低较小，吸附膜的强度也差，乳状液的稳定性也差。表面活性剂浓度增高时，膜的强度较好，乳状液的稳定性也较好。显然，要达到最佳乳化效果，所需加入的表面活性剂的量是一定的，不同乳化剂的加入量不同，这与所形成膜的强度有关。吸附分子间相互作用越强，一般所形成界面膜的强度越大。

人们发现，混合乳化剂形成的复合膜具有相当高的强度，不易破裂，所形成的乳状液很稳定。例如，将含有胆甾醇的液体石蜡分散在十六烷基硫酸钠水溶液中，可得到很稳定

的O/W乳状液，而只用胆甾醇或只用十六烷基硫酸钠则只生成不稳定的O/W型乳状液。又如，在甲苯-0.01mol·L^{-1}十二烷基硫酸钠水溶液中加入十六醇，界面张力可降低至接近零的程度，这有利于乳化。表面活性剂在界而上吸附量的增加导致界面张力降低，再加上乳化剂分子与极性有机分子之间的相互作用，使界面膜中分子的排列更紧密，膜强度因此增加。对于离子型表面活性剂，界面吸附量的增加还使界面上的电荷增加，促使液滴间的排斥力增大。凡此种种因素都使乳状液的稳定性增加。

复合膜理论表明，只有界面膜中的乳化剂分子紧密地排列形成凝聚膜，方能保证乳状液稳定。一般凡能在空气-水界面上形成稳定复合膜的，也能增强乳状液的稳定性，例如，十六烷基硫酸钠与胆甾醇就是这样。而十六烷基硫酸钠与油醇因油醇的空间构型关系不能形成紧密的复合膜，得到的乳状液很不稳定。

3. 界面电荷

大部分稳定的乳状液液滴都带有电荷。这些电荷的来源与通常的溶胶一样。是由于电离、吸附或液滴与介质间摩擦而产生的。对乳状液来说，电离与吸附带电同时发生。例如阴离子表面活性剂在界面上吸附时，伸入水中的极性基团因电离而使液滴带负电，而阳离子表面活性剂使液滴带正电荷，此时吸附和电离是不可分的。以上皆指O/W型乳状液。W/O型乳状液或由非离子型乳化剂所稳定的乳状液，其电荷主要是由于吸附极性物质和带电离子产生的，也可能是两相接触摩擦产生的。按经验，介电常数较高的物质带正电，而水的介电常数通常均高于“油”，因此O/W型乳化液中油滴常带负电；反之，在W/O型乳状液中水滴常带正电。

因乳状液中液滴带电，故液滴接近时能相互排斥，从而防止它们合并，提高了乳状液的稳定性。关于乳状液的带电性质，亦可用扩散双电层理论解释。和溶胶一样，其ξ电位也可通过电泳实验计算出来。

4. 乳状液的黏度

一方面，增加乳状液的外相黏度，可减少液滴的扩散系数，并导致碰撞频率与聚结速率降低，有利于乳状液稳定。另一方面，当分散相的粒子数增加时，外相黏度亦增加，因而浓乳状液比稀乳状液稳定。

工业上，为提高乳状液的黏度，常加入某些特殊组分，如天然的增稠剂或合成的增稠剂。乳白鱼肝油(O/W型乳状液)中用的阿拉伯胶和黄原胶既是乳化剂也是良好的增稠剂。

5. 液滴大小及其分布

乳状液液滴大小及其分布对乳状液的稳定性有很大影响，液滴尺寸范围越窄越稳定。当平均粒子直径相同时，单分散的乳状液比多分散的乳状液稳定。

6. 粉末乳化剂的稳定作用

许多固体粉末(如$CaCO_3$、$BaSO_4$、黏土、炭黑、某些金属的碱式硫酸盐，甚至淀粉等)也是良好的乳化剂。粉末乳化剂和通常的表面活性剂一样，只有当它们处在内外两相界面上时才能起到乳化剂的作用。

固体粉末处在油相、水相还是两相界面上，取决于粉末的亲水亲油性。若粉末完全被水润湿，就会进入水相；粉末完全被油润温，就会进入油相；只有当粉末既能被水润湿同时又能被油润湿时，才会停留在油-水界面上。目前普遍用接触角θ来衡量粉末的亲水亲油性。

第二节　乳状液的分层、变型与破乳

一、乳状液的变型

变型也叫反相，是指 O/W 型（W/O 型）乳状液变成 W/O 型（O/W 型）的现象。变型需在某些因素作用下才能发生。在显微镜下观察变型过程，大体如图 8-3 所示。由图 8-3 可见，处于变型过程中的图 8-3（b）和图 8-3（c）是一种过渡状态，它表示一种乳状液类型的结束及另一种类型的开始在变型过程中，很难区别分散相和分散介质。

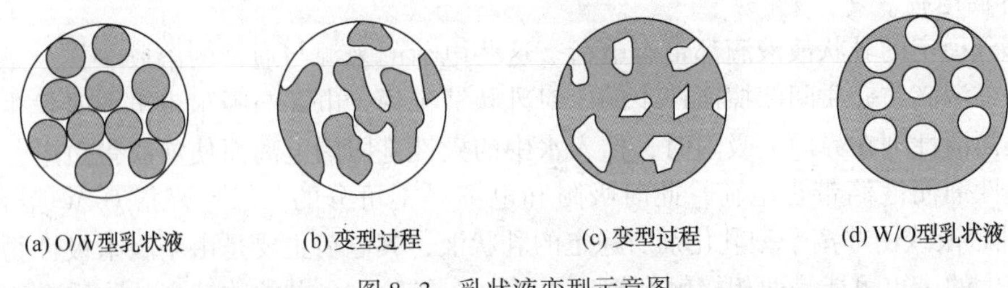

(a) O/W型乳状液　(b) 变型过程　(c) 变型过程　(d) W/O型乳状液

图 8-3　乳状液变型示意图

变型过程究竟是怎样进行的？Schulman 曾研究过荷负电的 O/W 型乳状液，在其中加入多价阳离子用以中和液滴上的电荷，这时液滴聚结，水相被包在油滴中，油相逐渐成为连续相，最后变成 W/O 型乳状液。此变型过程的机理如图 8-4 所示。

二、影响乳状液变型的因素

1. 乳化剂类型

在钠皂稳定的 O/W 型乳状液中加入钙、镁和钡等 2 价正离子 M^{2+}，便能使乳状液变型成 W/O 型乳状液。因为钠皂和 M^{2+} 反应生成另一种构型的 2 价金属皂：

$$钠皂+M^{2+} \rightleftharpoons 价金属皂+2Na^{+}$$

显然，当 M^{2+} 的数量不够多时，钠皂占优势，乳状液不会变型；只有当 M^{2+} 的数据相当大（即 2 价金属皂占优势）时，才能使乳状液变型。当钠皂数量与 2 价金属皂数量不相上下时，乳状液是不稳定的。

2. 相体积比

据球形液滴的密堆积观点，人们很早就发现，在某些系统中当内相体积在 74% 以下时体系是稳定的，当继续加入内相物质使其体积超过 74% 时则内相变成外相，乳状液发生变型。

3. 温度

有些乳状液在温度变化时会变型。例如，由相当多的脂肪酸和脂肪酸钠的混合膜所稳定的 W/O 型乳状液升温后，会加速脂肪酸向油相中扩散，使膜中脂肪酸减少。因而易变成由钠皂稳定的 O/W 型乳状液。用皂作乳化剂的苯/水乳状液，在较高温度下是 O/W 型乳状

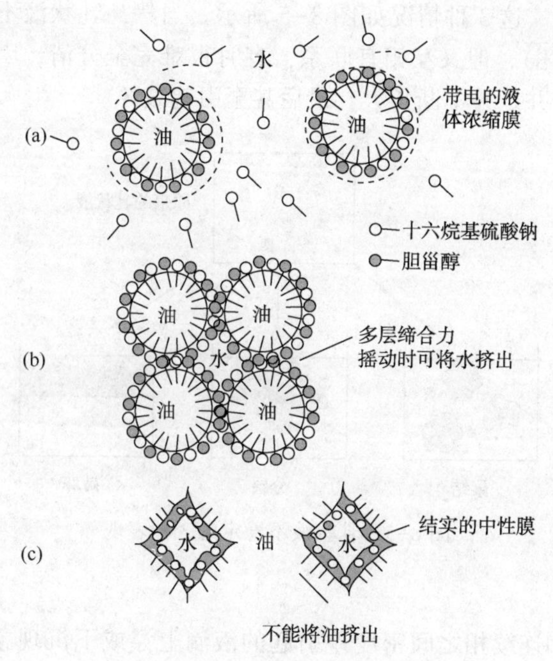

图 8-4 O/W 型乳状液变型机理示意图

(a) 乳状液为胆甾醇和十六烷基硫酸钠所成的混合膜所稳定，表面的负电荷使乳状液更加稳定；(b) 表面电荷被高价离子中和，界面膜的重新排列导致形成不规整的水滴；(c) 油滴聚结成连续相，完成变型过程

液，降低温度可得 W/O 型乳状液。发生变型的温度与乳化剂浓度有关。浓度低时，变型温度随浓度增加变化很大，当浓度达到一定值后，变型温度就不再改变。这种现象实质上涉及了乳化剂分子的水化程度。

4. 电解质

在用油酸钠乳化的苯/水乳状液中加入适量 NaCl 后变为水/苯乳状液，这是由于加入电解质后减少了分散相粒子上的电势，使表面活性荆剂离子和反离子之间的相互作用增强，降低了亲水性，有利于变为 W/O 型乳状液。在上述实验中加入也解质时，在水相和油相中都有部分皂以固体状态析出，析出量小于 20%时乳状液不发生变形，析出量大于 20%时才发生变型。将水相和油相中析出的皂过滤掉，得到苯/水乳状液，说明在电解质作用下固体皂析出，而且只有在固体皂参加下才能形成水/苯型乳状液。

三、乳状液的破坏

在许多生产过程中，往往遇到如何破坏乳状液的问题。例如，原油输送前必须将其中的乳化水尽可能除去，否则设备会严重腐蚀。又如气缸中，凝结的水常会和润滑油乳化形成 O/W 型乳状液，为避免事故，必须将水和油分离。将油和水分离的过程叫作破乳。

乳状液的破坏表示乳状液不稳定。乳状液的不稳定有多种表现：它可以分层，较轻的油滴上浮但并不改变分散度(如浮在新鲜牛奶上的奶油粒子轻轻摇动都仍可分散到牛奶中去)；它可以絮凝或聚结，此时液滴聚结成团，但个液滴仍然存在并不合并；它也可以破乳，使油、水完全分离。这3种情况如图8-5所示。当然，乳状液不稳定的这几种情况有区别(特别是分层和破坏)，但又互相有联系，有时很难完全分清，因为聚结之后往往会导致其中的小液滴相互合并。并不断长大，最后甚至引起破坏。

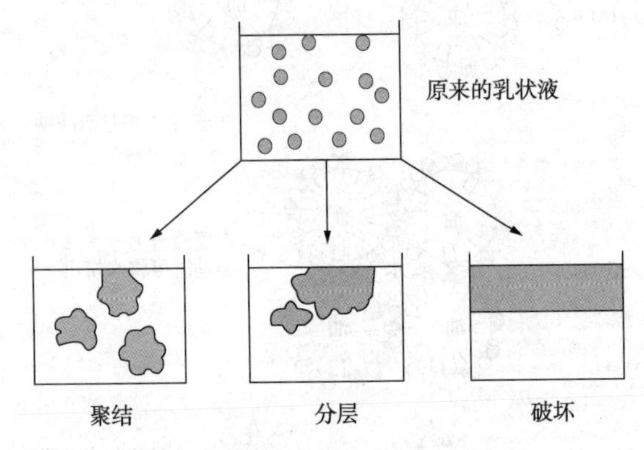

图8-5　乳状液不稳定的3种表现

1. 分层

分层是由分散相和连续相之间密度差引起的液滴上浮或下沉现象，它使乳状液的浓度上下变得不均匀。对于O/W型的原油乳状液，因油珠上浮，使上层中的油珠浓度比下层大得多。而对于W/O型的原油乳状液，则水珠下沉，使乳状液下部的含水率大于乳状液上部的含水率。分层时，乳状液未被真正破坏，轻微摇动，上下浓度可变得均匀。通常分层速度的大小与内外两相的密度差、液珠大小、外相黏度等有关。

2. 絮凝

絮凝则是分散相的液滴聚集成团，但在团中各液滴皆仍然存在，这些团是可逆的，经搅动后可以重新分散。乳状液中液滴的絮凝是由于它们之间的范德华力在较大的距离起作用的结果，液滴的双电层重叠时的电排斥作用将对絮凝起阻碍作用。从分层的角度考虑，絮凝作用形成的团类似于一个大液滴，它能加速分层作用。

3. 聚结

聚结是多个小液滴的油-水界面破裂，合并成大液滴的过程，此过程是一个不可逆过程，它将导致液滴数目逐渐减少和液滴平均直径不断增大，最后使乳状液完全破坏——相分离。一般来说，分层、絮凝是聚结的前奏，而聚结则是乳状液破坏的直接原因。

4. 相分离

相分离是乳状液完全破坏的最终结果，油、水彻底分成上下两层。

在实际的乳状液破坏的过程中，上述四种现象可同时发生，并且相互促进和影响。由于液珠大小不同，上浮或下沉的速度差异很大，其结果会使絮凝加剧，而絮凝又会促进分层、聚集和相分离，聚结形成的大液珠反过来又会促进分层。在一定条件下，有的乳状液表现为明显分层，有的则絮凝严重，而有的聚结较快，使乳状液迅速破坏，两相彻底分离，这将取决于这些过程的速率大小。

5. 破乳方法

乳状液稳定的主要因素是应具有足够机械强度的保护膜。因此，只要是能使保护膜减

弱的因素原则上都有利于破坏乳状液。下面介绍几种常用的破乳方法。

（1）化学法

在乳状液中加入反型乳化剂，会使原来的乳状液变得不稳定而破坏，因此，反型乳化剂即是破乳剂。例如，在用钠皂稳定的 O/W 型乳状液中加入少量 $CaCl_2$(加多了将会变为 W/O 型乳状液)，可使原来的乳状液破坏。

在用金属皂稳定的乳状液中加酸亦可破乳，这是因为所生成的脂肪酸的乳化能力远小于皂类。此法常称为酸化破乳法。在橡胶汁中加酸得到橡胶即为应用实例之一。

在稀乳状液中加入电解质能降低其 ζ 电位，并减少乳化剂在水相中的水化度，亦能促使乳状液破坏。

（2）顶替法

在乳状液中加入表面活性大的物质，它们能吸附到油-水界面上，将原来的乳化剂顶走。它们本身由于碳氢链太短，不能形成坚固的膜，导致破乳。常用的顶替剂有戊醇、辛醇、乙醚等。

（3）电破乳法

此法常用于 W/O 型乳状液的破乳。由于油的电阻率很大，工业上常用高压交流电破乳(电场强度 $2000V \cdot cm^{-1}$以上)。高压电场的作用为：①极性的乳化剂分子在电场中随电场转向，从而能削弱其保护膜的强度；②水滴极化(偶极分子的定向极化)后，水滴相互吸引。使水滴排成一串，成珍珠项链式，当电压升至某一值时，这些小水滴瞬间聚结成大水滴，在重力作用下分离出来。

（4）加热法

升温一方面可以增加乳化剂的溶解度，从而降低它在界面上的吸附盘，削弱了保护膜；另一方面，升温可以降低外相的黏度，从而有利于增加液滴相碰的机会，所以升温有利于破乳。冷冻也能破乳。但只要是由足够量的乳化剂制得的乳状液，或者用效率较高的乳化剂制得的乳状液，一般在低温下都可保持稳定。

（5）机械法

机械法破乳包括离心分离、泡沫分离、蒸馏和过滤等，通常先将乳状液加热再经离心分离或过滤。过滤时，一般是在加压下将乳状液通过吸附剂(干草、木屑、砂土或活性炭等)或多孔滤器(微孔塑料、素烧陶瓷)，由于油和水对固体的润湿性不同或是吸附剂吸附了乳化剂等，都可以使乳状液破乳。

泡沫分离是利用起泡的方法，使分散的油滴附着在泡沫上而被带到水面并分离，此法通常适用于 O/W 型乳状液的破乳。

总之，破乳的方法多种多样，究竟采用哪种方法，需根据乳状液的具体情况来确定，在许多情况下常联合使用几种方法。例如，油气田要使含水原油破乳，往往是加热、电场、表面活性剂三者并举。原油是 W/O 型乳状液，它是借皂、树脂(胶质)等表面活性物质而稳定的。同时，沥青质粒子和微晶石蜡等固体粉末也有乳化作用，且是 W/O 型乳化剂。能使原油破乳的物质具有以下特点：

① 能将原来的乳化剂从液滴界面上顶替出来，而自身又不能形成牢固的保护膜；

② 能使原来作为乳化剂的固体粉末(如沥青粒子或微晶石蜡)完全被原油或原油中的水

润湿，使固体粉末脱离界面进入润湿它的那一相，从而破坏了保护了保护层；

③ 破乳的物质是一种 O/W 型乳化剂，目前常用的是聚醚型表面活性剂——聚氧乙烯-聚氧丙烯的嵌段共聚物，国内常用的破乳剂商品名称是 SP-169。它们能强烈地收附在油-水界面上，顶替原来存在的保护膜，使保护作用减弱，有利于破乳。表面活性剂分子链上聚氧乙烯基因较多，而且用于破乳的量不多，故在界面上吸附的分子大致是平躺着的，分子间的引力不大，界面膜厚度较薄、强度差，因而易于破乳。

第三节　微乳液

一、微乳液的制备

所谓微乳液，是相对普通乳状液而言的，大多数乳状液是乳白色不透明且长期静置后容易分层的热力学不稳定体系；而微乳液是热力学稳定的分散体系，其分散相液滴直径为纳米级(10~100nm)，一般透明或半透明。

微乳液的制备与乳状液不同。制备微乳状液除了油、水主体外，需要加入较多的乳化剂和足量的极性有机物(助表面活性剂)。

例如在苯或十六烷中加入相当数量的油酸(大约10%，质量分数)，然后用 KOH 水溶液中和，搅拌均匀可得到混浊的乳状液；若在搅拌下逐渐加入正己醇至一定量以后，可得到透明的液体——微乳液。将石油、戊醇和石油磺酸盐等与水混合也可制得微乳液。由于石油磺酸盐制作方法简单、成本低廉，目前已广泛用于制备微乳液，并以此提高石油采收率。

微乳液的常规制备方法有两种：一是把油、水、乳化剂混合均匀，然后在该乳状液中滴定醇，滴加到一定程度后，该体系会突然变得透明，即形成微乳液；二是把油、醇、乳化剂混合均匀，向该体系中加入水，体系也会在某瞬间变得透明，形成微乳液。另外，还有不加醇的第三种方法：用强极性单体如丙烯酰胺、三甲基氯化铵等，在选择适当的乳化剂条件下也能得到微乳液。这种体系和方法为什么会形成微乳液，许多研究人员就它的性质进行了研究。

二、微乳液形成机理

(1) 增溶理论

表面活性剂能使难溶于水的有机物在水中的溶解度明显提高的现象叫作增溶。增溶理论认为，微乳液实际上是在一定条件下表面活性剂胶束溶液对油和水增溶形成增溶的胶束溶液。增溶作用只有在表面活性剂的浓度高于 CMC 时才能明显地表现出来。在 CMC 以上表面活性剂的浓度越高，生成的胶团束越多，增溶作用越强。

(2) 相平衡理论

相平衡理论可以给予增溶理论合理的解释：在有机硅微乳液体系中，有机硅、水、表面活性剂、助表面活性剂等相间存在着相平衡，当体系中水层增溶油的能力大于油层增溶

水的能力时，就形成 O/W 型微乳液，反之，则形成 W/O 型微乳液；若油层和水层的增溶能力相当，则形成层状液晶结构；若部分油层的增溶能力大于水层，同时有部分水层的增溶能力大于油层，则有可能形成双连续相结构的微乳液；若表面活性剂的亲水性较强，在富水区有利于形成 O/W 型微乳液，在富油区可达到 O/W 型微乳液和过量油的平衡；若表面活性剂的亲油性较强，在富油区有利于形成 W/O 型微乳液；在富水区可达到 W/O 型微乳液和过量水的平衡。

（3）界面张力

界面张力理论主要考虑的是表面活性剂、水、油体系的界面张力与形成稳定微乳液的关系。研究表明，当油水界面张力低于 $10^{-5}N \cdot m^{-1}$时，就可以获得稳定微乳液。瞬时界面张力理论对微乳液的形成有以下解释：在微乳体系中，表面活性剂油相和水相中的溶解度很小，被吸附在油水界面上，从而降低了两相间的界面张力，同时在助表面活性剂的协同作用下产生混合吸附，界面张力可降至零，甚至出现瞬时负值；一旦界面张力低于零后，体系将会自发扩张界面，然后吸附更多的表面活性剂和助表面活性剂，直至其本体浓度降至使界面张力恢复至零或微小的正值为止，从而自发形成稳定的微乳液。

（4）界面弯曲理论

微乳液胶束的形成需要界面的高度弯曲。表面活性剂亲油基和亲水基交界处空间位阻越大，越有利于界面弯曲；亲油基分子结构差异越大，越有利于表面活性剂亲油基的不规则排列，也就越有利于界面弯曲。添加油水两亲的小分子物质助表面活性剂，如低分子醇、多元醇和有机酸等，将会极大地改善界面流动性，导致界面弯曲和微乳液形成。

（5）界面膜理论

界面膜的强度对微乳颗粒的形成及最后产物的质量均有很大影响。如果界面膜强度较低，颗粒之间相互碰撞时，界面膜容易被打开，不同水核的固体核或超细粒子之间将会发生凝并，导致粒子粒径难以控制，产物的大小分布不均匀。表面活性剂浓度越高，界面膜强度和液滴聚结所受的阻力越大，微乳液的稳定性越高。

三、微乳液的性质

微乳液为透明或半透明的分散体系，粒子直径大小在 1.0×10^{-7}m 以下，具有极高的稳定性，长久放置也不会分层、破乳，甚至用高速离心机也不能使其分层。微乳液的另一个特点是其黏度较低，比普通乳状液的黏度要小得多。为了便于比较，我们把乳状液、微乳液和胶团溶液的一些主要特征列于表 8-2 中。

表 8-2　乳状液、微乳液和胶团溶液性质比较

性　质	体　系			性　质	体　系		
	乳状液	微乳液	胶团溶液		乳状液	微乳液	胶团溶液
分散度（分散相粒子的直径）	$>0.1\times10^{-6}$m	$<0.1\times10^{-6}$m	$<0.1\times10^{-6}$m	助表面活性剂	可不用	必须用	可不用

续表

性质	体系			性质	体系		
	乳状液	微乳液	胶团溶液		乳状液	微乳液	胶团溶液
透光度	乳白色不透明	透明或半透明	透明	与油混溶性	W/O 型乳状液混溶	混溶	油外相胶团溶液混溶
稳定性	不稳定	稳定	稳定	与水混溶性	O/W 型乳状液混溶	混溶	水外相胶团溶液混溶
乳化剂用量	少	多	乳化剂浓度大于临界胶束浓度(CMC)	黏度	较大	较小	较小

四、微乳液的应用

微乳液一直被广泛应用于生产实践中，特别是近年来微乳液逐渐进入石油开发领域中，越来越受到重视。因为靠天然能量和注水采油不可能将地下石油全部采出，而只能采出一部分，采用微乳液可使地下石油采出率大大提高，这是因为微乳液可以和油混溶，使界面张力消失，故洗油效率高。

由于制备微乳液乳化剂用量大，成本高，因此在应用时一般只用少量微乳液作段塞，然后用水推动此段塞前进，达到驱油目的。在水和微乳液段塞之间设置一段缓冲液以防止微乳液与水混相，如图 8-6 所示。这样微乳液就好像气缸的活塞一样被水推向油层中，并把油驱出油层，故把这种驱油方法称之为微乳液段塞驱油法。但是由于油层情况复杂，采用微乳液段塞驱油风险大、成本高，目前基本上尚处于试验阶段。

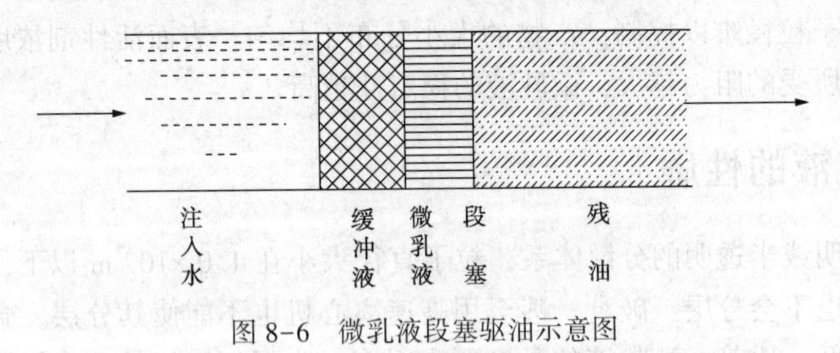

图 8-6　微乳液段塞驱油示意图

第四节　泡沫的形成及性质

泡沫相关的技术在石油开采中应用非常广泛。在三次采油中，泡沫驱油技术可以大幅度提高原油采收率。泡沫还被广泛应用于石油工业的泡沫钻井液、泡沫压裂液、泡沫酸化、泡沫排水采气、泡沫调剖、泡沫驱油等工艺过程中。冶金工业上常利用泡沫进行矿物“浮选”，已达到富集、精选的目的。具有量轻、隔音、隔热特性的建筑材料(如泡沫玻璃、泡

沫水泥等)生产更是泡沫应用的实例。这些都是泡沫应用有利的一面。另一方面泡沫的形成也会给生产带来不便，如泡沫驱产出流体，蔗糖的精制，造纸工艺，以及各种液体蒸馏过程中，生成泡沫都会使操作困难或使产品质量下降。于是消泡措施又成为急需研究的课题。由此可见，泡沫在生产实践中的作用应一分为二，有其利则必有其弊，关键在于人们如何掌握泡沫生成与破坏的规律，以便做到趋利避害。

一、泡沫的形成

泡沫是大量气泡的聚集体，是一种以气体为分散相，以液体或固体为分散介质的粗分散体系。以液体为分散介质时通常称为泡沫(foam)，以固体为分散介质时称为固体泡沫。在泡沫体系中，分散相气泡间有液体或固体的薄膜(film)。以水溶液为分散介质的泡沫中95%是气体，液体只有不足5%。在这种液体中95%是水，其余为表面活性剂和其他物质。

由于气体和液体的密度差大，泡沫形成后气泡会上浮，形成液膜隔开的气泡聚集体，通常常称之为泡沫的即指这种有一定稳定性的气泡聚集体。而在液体中形成的球状气体分散相只能称为气泡。

二、泡沫的稳定性及其影响因素

泡沫属热力学不稳定体系，同时由于稳泡剂的作用，泡沫又具有一定的动力学稳定性。针对不同的泡沫，需要选择不同的泡沫稳定性评价方法。

1. 泡沫的稳定性评价方法

与胶体稳定性的研究一样，泡沫稳定性也没有公认的标准方法。但有几种方法可供选择。可以衡量泡沫的起泡性和泡沫的稳定性，也把泡沫消失一半所用的时间称为半衰期或半生存期。

(1) 气流法

使一气流以一定流速通过以下端有玻璃砂滤的量筒(内置待测溶液)，在量筒内形成泡沫，测量泡沫的平衡高度 h，以此作为形成泡沫稳定性的量度。这一结果反映起泡能力和泡沫稳定性的综合性能(图8-7)。

(2) 搅动法

在量筒中放入待测液体，用气体或其他物理方法搅动液体形成泡沫，在规定量筒规格、加液量、搅拌方式、速度、时间等条件下比较形成泡沫的体积 V。为表示试液的起泡性能，停止搅作后，记录泡沫体积 V 随时间的变化，由

$$L_{\mathrm{f}} = \int (V/V_0)\,\mathrm{d}t$$

可求出泡沫寿命 L_{f}(V 为时间 t 时之泡沫体积；V_0是泡沫层最大体积；$\int V\mathrm{d}t$ 为 V–t 曲线下的面积)。

(3) 单泡(寿命)法

这是在实验室中常用的方法。此法是向插入试液中的毛细管鼓气，记录气泡升至液面后到破裂所需时间(图8-8)，即为单泡寿命，须多次测量取平均值才有代表性。这种方法

还可以测出气泡大小随时间的变化率以求出气体的透过性。泡沫破坏的过程，主要是隔开液体的液膜由厚变薄，直至破裂的过程。因此，泡沫的稳定性主要取决于液膜排液的快慢和液膜的强度。影响泡沫稳定性的主要因素，亦即影响液膜厚度和表面膜强度的因素，比较复杂。下面列举一些有关因素，进行初步讨论。

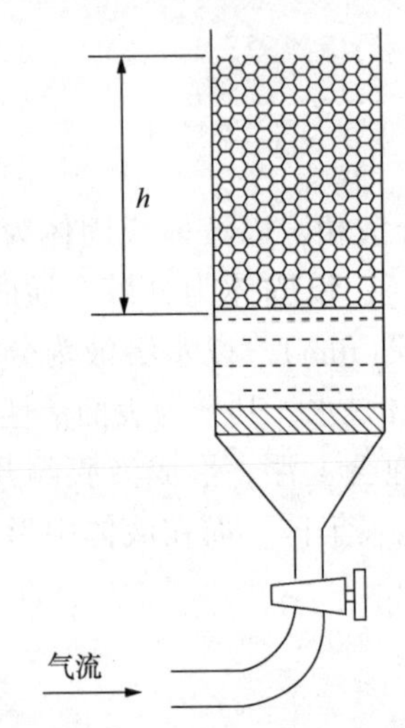

图 8-7　气流法测定泡沫性能

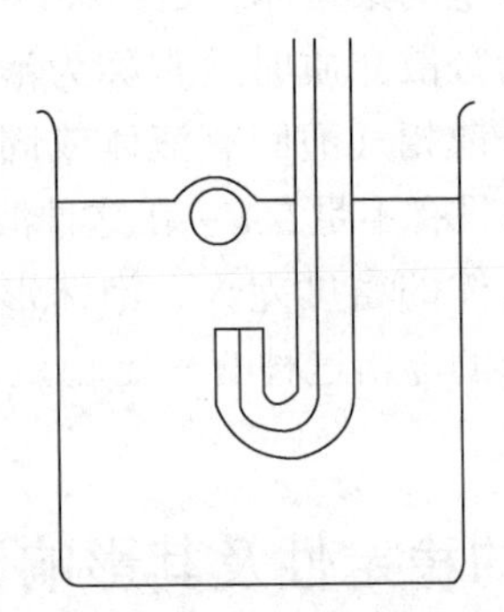

图 8-8　单泡法测定泡沫寿命

2. 泡沫稳定性影响因素

(1) 液膜的表面黏度

表面黏度越大，液膜越不易受外界扰动破裂，表面黏度大也将使排液减缓，使气体不易透过液膜扩散，从而增加泡沫稳定性。

(2) 表面张力的影响

一般来说，低表面张力对形成泡沫有利，因为形成一定总表面积的泡沫时少做功。

(3) 表面电荷的影响

以离子型表面活性剂为起泡剂时，在泡沫液膜上形成带有同种电荷的表面活性剂吸附层，当液膜排液变薄至一定程度时，液面两边的双电层重叠，电性相斥，阻碍液膜进一步变薄，有利于泡沫稳定。但是，若溶液中电解质浓度较大，双电层压缩变薄，电性斥力减小，表面电荷对泡沫稳定性的影响也变弱。

(4) 气泡透过性的影响

透过性常数大的表面黏度小，泡沫稳定性差，这种关系虽不能完全一致，但透过性与表面膜的紧密程度有关，液膜上吸附分子排列紧密则气体透过性一定不好，泡沫也更稳定。

(5) 表面活性剂结构对起泡性能的影响

对于同系列表面活性剂，通常在某一碳链长度时起泡能力有最佳值。另外，非离子型表面活性剂比离子型表面活性剂的起泡能力和形成的泡沫稳定性都差。

三、起泡剂和稳泡剂

良好的起泡剂应有以下特点：较低的 CMC 值。起泡剂能形成牢固的、紧密的能抗拒机

械或其他物理条件改变、有一定弹性的稳定薄膜。起泡剂的疏水链应是长而直的碳氢链(烷基硫酸盐和其他皂最好有10~12个碳原子的直链，若应用于更高的温度，碳氢链应加长，如60℃可应用16个碳的，接近水沸点的可用18个碳的)。

添加某些有机化合物可有效地改进表面活性剂溶液的起泡性质。最常应用的是有直长碳氢链的极性有机物，其长度最好与起泡剂的大致相同或完全相同。如十二烷基硫酸钠用作起泡剂可加入十二醇，十二醇用作十二酸钠体系的添加物等。

添加物可以抵消或缓冲离子型表面活性剂的电荷的作用，使表面张力降得更低，有利于泡沫的形成和稳定。这些化合物称为稳泡剂。表8-3列出一些有机添加物对十二烷基苯基硫酸钠的CMC和起泡性能的影响。

表8-3　一些有机添加物对十二烷基苯基硫酸钠CMC和起泡性能的影响

添加物	CMC/g·L^{-1}	ΔCMC/%	泡沫体积①/mL
十二烷氧基丙三醇	0.29	−51	32
十二烷基乙醇胺	0.31	−48	50
癸氧基丙三醇	0.33	−44	34
十二烷基环丁砜胺	0.35	−41	40
辛氧基丙三醇	0.36	−39	32
正癸醇	0.41	−31	26
辛酰胺	0.50	−15	17
十四碳醇	0.60	约0	12

① 2min的值。

研究表明，各种类型的有机添加物对泡沫稳定性提高的效力有如下的顺序：伯醇<甘油醚<磺酰醚<胺<*N*-取代胺

这一顺序与对CMC的影响是一致的。

四、消泡和消泡剂

泡沫破裂消失即为消泡。可达到消泡目的的外加物质即为消泡剂(antifoaming agent，defoamer)。有时将能抑制泡沫形成的物质称为泡沫抑制剂。

消泡的主要机理是：①消泡剂一般都有很高的表面活性，可取代泡沫上的消泡剂和泡沫稳定剂，降低泡沫液膜局部表面张力(即此处表面压增大)，吸附分子由此处向高表面张力处扩散，同时带有部分液体流走，液膜变薄而破裂；②消泡剂能破坏液膜弹性，使其失去自修复能力而破裂；③消泡剂能降低液膜表面黏度，加快液膜排液和气体扩散速度，缩短泡沫寿命。

常用的消泡剂分为天然的和合成的两大类。

消泡剂有脂肪酸酯类(如乙二醇和甘油的脂肪酸酯)、聚醚类(如聚氧乙烯醚、聚氧乙烯和聚氧丙烯嵌段共聚物、聚氧丙烯甘油醚、甘油聚醚脂肪酸酯等)和有机硅(如聚硅氧烷，聚醚聚硅氧烷等)等。

泡沫抑制剂的作用原理是在其存在下，表面扩大或收缩时不能形成局部表面张力的降低，因而也无表面压升高使液膜局部变薄的变化。如聚醚类表面活性剂就有这种作用。而

长链脂肪酸的钙盐等取代烷基硫酸钠或烷基苯磺酸钠形成的泡沫时，钙皂的膜易破裂、不稳定，从而也能抑制泡沫的形成。但是，若其能与起泡剂形成混合膜，则可能使泡沫稳定。

其他泡沫抑制剂还有：用于造纸和电镀液的辛醇、硅烷（含量在 $10\mu g \cdot g^{-1}$ 时即有效）；4-甲基-2-戊醇和2-乙基己醇可用做去污剂的泡沫抑制剂。

消泡剂和泡沫抑制剂本无原则区别，如全氟醇既是良好的起泡剂也是好的泡沫抑制剂。

第五节　乳状液与泡沫在油气田中的应用

一、稠油的乳化降黏

稠油的乳化降黏就是使一定浓度的表面活性剂水溶液，在一定温度下与井下稠油充分混合，使高黏原油以粗油滴分散于活性水中，形成低黏度的水包油型乳状液，这种乳状液降低了原油在井筒和管线中的运动阻力。

原油中加入亲水表面活性剂后，因亲水基表面活性很强，替代油水界面上的疏水自然乳化剂而形成定向的吸附层，吸附层将强烈地改变着分子间相互作用和表面传递过程，致使原油黏度显著下降。实践证明，原油黏度越高，使用表面活性剂降黏效果越好。

乳化降黏的关键是选择质优、价廉、高效的乳化降黏剂。较好的降黏剂应具有以下两个特性：一是对稠油具有较好的乳化性，能形成比较稳定的水包稠油乳状液，降黏效率高；二是形成水包稠油乳状液不能太稳定，否则影响下一步的原油脱水。近年来，有关乳化降黏剂的配方研究十分活跃，其中有非离子型-阴离子结合型、阴离子型、阳离子型及复配型。

二、乳化原油的破乳

乳化原油是指以原油做分散介质或分散相的乳状液。由于乳化原油含水会增加泵、管线和储罐的负荷，引起金属表面腐蚀和结垢，因此乳化原油外输前都要破乳，将水脱出。

常用的乳化原油破乳的方法有热法、电法和化学法。这些方法通常是联合起来使用的，叫热-电-化学法。

（1）热法

这是用升高温度破坏乳化原油的方法。由于升高温度可以减少乳化剂的吸附量，减小乳化剂的溶剂化程度，降低分散介质的黏度，因而有利于分散相的聚结和分层。

（2）电法

对于油包水乳化原油，这是在高压的直流电场或交流电场下破坏乳化原油的方法。在电场作用下，水珠被极化变成纺锤形，表面活性物质则取向并聚集在变形水珠的端部，使垂直电力线方向的界面保护作用削弱，导致水珠沿垂直电力线方向聚结，引起破乳。

对于水包油乳化原油，电法破乳是在中频或高频的高压交流电场下进行的（考虑到水的导电性，在通电的电极中必须有一个是绝缘的）。在电场作用下，由于乳化剂吸附层的有序性受到干扰而保护作用削弱，导致油珠聚结，引起破乳。

（3）化学法

这是用破乳剂破坏乳化原油的方法。

三、泡沫驱提高原油采收率

向油藏中注蒸汽适用于稠油开采，而注气(如二氧化碳和氮气)则适用于驱替轻质油。在气驱和蒸汽驱过程中经常遇到以下问题。在注入过程中，由于气相和液相之间的密度差，油藏中较轻的气相倾向于顶部流动并超越液相。气体选择性地在油藏上部的运动成为重力上浮。在储层条件下，注入气体的黏度一般为原油黏度的1%～10%。在这样不利的流度比条件下，气体有很大超越原油窜流(指进)的潜力。

油藏是非均质的，蒸汽或气体就优先通过高渗透层而不是低渗透层，这种现象也叫窜流。

为了解决气驱和蒸汽驱过程中遇到的这些问题以提高驱油效率，一种驱油方式就是使蒸汽或气体以泡沫的形式存在，泡沫做驱油剂的驱油法即泡沫驱。

1. 泡沫驱油机理

一般认为泡沫驱油机理如下。

（1）贾敏效应叠加机理

对泡沫而言，贾敏效应是指气泡对通过喉孔的液流所产生的阻力效应。当泡沫中气泡通过直径比它小的喉孔时，就发生这种效应。贾敏效应可以叠加，所以当泡沫通过不均质地层时，它将首先进入高渗层。由于贾敏效应的叠加，所以它的流动阻力逐渐提高。因此，随着注入压力的增加，泡沫可以依次进入渗透性较小、流动阻力较大而原先不能进入的中渗透、低渗透层，提高波及系数。

（2）增黏机理

泡沫的黏度除来源于相对移动的分散介质液层间的内摩擦之外，还来源于分散相间的相互碰撞。当泡沫特征值超过一定数值(0.74)时，泡沫黏度急剧增加的原因是由于泡沫特征值超过该数值后，分散相已开始互相挤压，引起气泡变形。分散相间相互碰撞成为产生泡沫流动阻力的重要因素。由于泡沫的黏度大于水，所以它有大于水的波及系数，因而泡沫驱有比水驱高的采收率。

（3）乳化降黏机理

产生泡沫所用的起泡剂一般都是具有较高活性的表面活性剂，能够降低油-水界面张力，将原油乳化成水包油乳状液，大幅度降低原油的黏度，提高原油的流动性。

2. 聚合物增强泡沫驱

油气田上使用的传统泡沫是由一种气体分散在表面活性剂溶液中形成的。表面活性剂作为起泡剂对液体内的分散气体起稳定作用。聚合物增强泡沫由起泡性气体分散在含有水溶性聚合物的表面活性剂水溶液中形成的。稳定泡沫的聚合物一般是油气田上常用的部分水解聚丙烯酰胺，平均相对分子质量范围一般在$10000\sim5000\times10^4$，最好在$100\times10^4\sim1500\times10^4$。泡沫液体中聚合物浓度至少为500mg·L^{-1}。由于聚合物的存在，聚合物增强泡沫具有更高的稳定性，尤其是在与地层油接触时。同时，其具有更高的黏度和极好的流度控制能力，聚合物极大地降低了起泡剂对各种因素的敏感性。

3. 泡沫复合驱

泡沫复合驱是在三元复合驱(碱、表面活性剂、聚合物)及天然气驱基础上发展起来的新的三次采油技术。泡沫复合体系由碱、表面活性剂、聚合物及天然气组成。气体(天然气、氮气等)侵入充满三元复合体系(碱、表面活性剂、聚合物)的孔隙介质中，挤压孔隙中的液体形成液膜或孔隙喉道处的液相截断气体，形成分离气泡。泡沫的生成使气相渗透率降低而形成较高的视黏度；同时，泡沫液膜的组分是由三元复合体系组成的，液膜可以随着泡沫进入储层较差的部分降低油-水界面张力，驱替剩余油。所以，它既能大幅度降低油-水界面张力，提高驱替效率，又能降低油水流度比，提高波及效率。室内模型实验结果表明：泡沫复合驱可比水驱提高采收率30%。近年来，泡沫驱已经在各大油气田进行了应用，均取得了较好的效果。

思考题

【8-1】如何区分油包水型和水包油型乳状液，请列举几种常用方法。

【8-2】简述影响乳状液类型的因素。

【8-3】简述影响乳状液稳定性的因素。

【8-4】常用的破乳方法有哪些？其作用机理如何？

【8-5】简述泡沫的破坏机理。

【8-6】在影响泡沫稳定的因素中，哪个因素是最重要的？

练习题

8-1 分别写出硅胶和$Fe(OH)_3$溶胶的胶团结构简式，确定它们的电泳方向，并指出这两种溶胶胶粒带电的原因。

8-2 在3个烧杯中各盛放等量的$Al(OH)_3$溶胶，分别加入电解质NaCl、Na_2SO_4和Na_3PO_4使其聚沉，需加入电解质的量多少排序为$NaCl>Na_2SO_4>Na_3PO_4$。试判断胶粒带电符号，并确定其电泳方向。

8-3 将等体积的$0.01mol \cdot L^{-1}$ KCl 和$0.008mol \cdot L^{-1}$ $AgNO_3$溶液混合；将等体积的$0.01mol \cdot L^{-1}$ $AgNO_3$和$0.008mol \cdot L^{-1}$ KCl 溶液混合，可分别制得带不同符号电荷的AgCl溶胶。现将等量的电解质$AlCl_3$、$MgSO_4$及$K_3[Fe(CN)_6]$分别加入到上述两种AgCl溶胶中。试分别写出3种电解质对这两种溶胶聚沉能力的大小顺序。

参 考 文 献

[1] 徐端钧，方文军，聂晶，等. 普通化学[M]. 北京：高等教育出版社，2012.
[2] 魏无际，俞强，崔益华. 高分子化学与物理基础[M]. 北京：化学工业出版社，2011.
[3] 曾作祥，孙莉. 界面现象[M]. 上海：华东理工大学出版社，2016.
[4] 齐欣，高鸿宾. 有机化学简明教程[M]. 天津：天津大学出版社，2011.
[5] 沈钟，赵振国，康万利. 胶体与表面化学[M]. 北京：化学工业出版社，2012.
[6] 刘耘，周磊. 无机及分析化学[M]. 北京：化学工业出版社，2015.
[7] 赵福麟. 化学原理[M]. 东营：中国石油大学出版社，2006.
[8] 赵福麟. 油田化学[M]. 东营：中国石油大学出版社，2010.
[9] 鄢捷年. 钻井液工艺学[M]. 东营：中国石油大学出版社，2011.
[10] 崔正刚，表面活性剂、胶体与界面化学基础[M]. 北京：化学工业出版社，2013.
[11] 付美龙，陈刚. 油田化学原理[M]. 北京：石油工业出版社，2015.
[12] 魏福祥. 现代仪器分析技术及应用[M]. 北京：中国石化出版社，2011.
[13] 林树坤，卢荣. 物理化学[M]. 武汉：华中科技大学出版社，2016.
[14] 苏焕华，姜乃皇，任冬苓. 有机质谱在石油化学中的应用[M]. 北京：化学工业出版社，2010.
[15] 戴咏川，赵德智. 石油化学基础[M]. 北京：中国石化出版社，2017.
[16] 唐善法，刘忠运，胡小冬. 双分子表面活性剂研究与应用[M]. 北京：化学工业出版社，2011.
[17] 于涛，丁伟，曲广淼. 油田化学剂[M]. 北京：石油工业出版社，2008.
[18] 潘祖仁. 高分子化学[M]. 北京：化学工业出版社，2004.
[19] 岳湘安，王尤富，王克亮. 提高石油采收率基础[M]. 北京：石油工业出版社，2007.
[20] 彭朴. 采油用表面活性剂[M]. 北京：化学工业出版社，2003.
[21]《油气田腐蚀与防护技术手册》编委会. 油气田腐蚀与防护技术手册[M]. 北京：石油工业出版社，1999.